Musa balbisiana（イトバショウ）

花および実

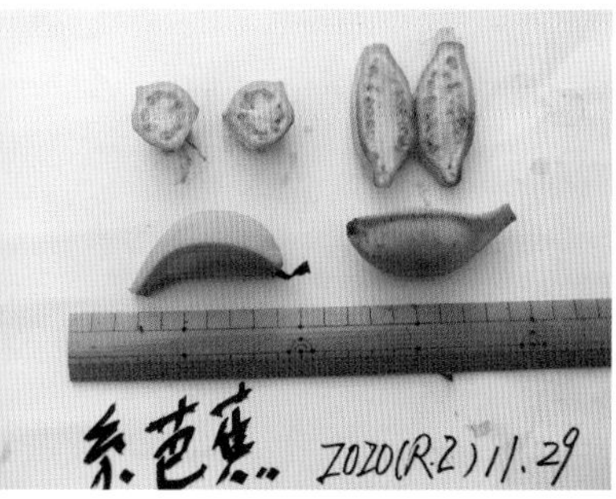

果実中の種子

口絵 1　イトバショウ（バナナの原種の 1 つ）
[写真提供：（株）沖縄 TLO]
図 1.1 参照

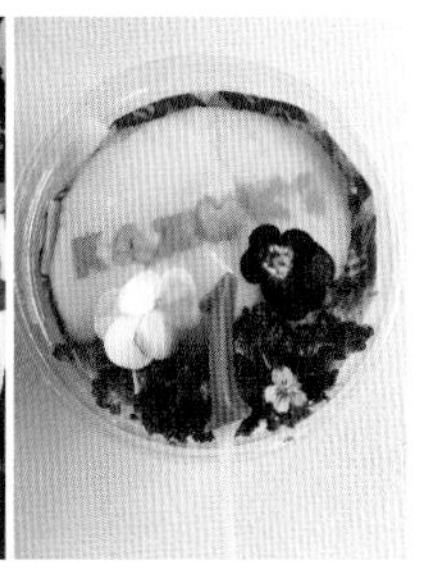

口絵 2　食用花（エディブルフラワー）を活用した彩りの良い食品
[写真提供：（左）焼き菓子屋リ・アメリ，（中）末次彩乃氏，（右）岸本ファーム]
図 1.6 参照

口絵 3　沖縄県におけるコムギ栽培（沖縄県恩納村）
播種日（10 月），収穫期（4 月）。
[写真提供：溝江冨久雄氏]
図 1.10 参照

口絵 4　沖縄県におけるオオムギ栽培（沖縄県南城市）
（左）品種はるか二条の出穂（手前）と同時期のサトウキビ機械収穫（奥），（右）播性 V 品種フクミファイバーの出穂。はるか二条（播種日 11 月，収穫期 3 月），フクミファイバー（播種日 11 月，収穫期 4 月）
[写真提供：街クリーン（株），オリオンビール（株）]
図 1. 11 参照

口絵 5　沖縄県におけるパイナップル畑
図 4. 2 参照

口絵 6　低窒素条件下における植物の生育と窒素欠乏症状
図 5. 3 参照

口絵 7　カルシウム不足によるトマト尻腐れ症
図 5. 7 参照

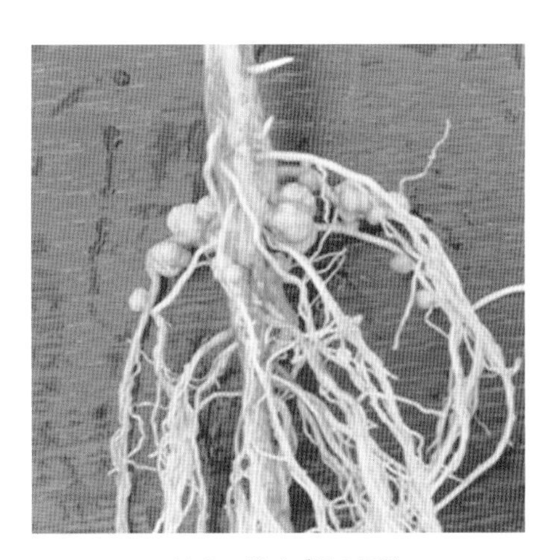
口絵 8　ダイズ根の根粒
図 5. 11 参照

口絵 9　浮イネの浸水に伴う茎の伸長
水位を点線で示した。浮イネはバングラデシュ産。別名 Dowai38/9。
［写真提供：名古屋大学生物機能開発利用研究センター 芦刈基行教授］
図 6. 4 参照

口絵 10　メキシコに自生する柱サボテン（ブリンチュウ，スペイン語名：Cardon，英語名：Elephant cactus，学名：*Pachycereus pringlei*）。バハ・カルフォルニア半島にて撮影。
図 6.9 参照

口絵 11　ハス田と水田およびハスと水稲の通気組織
図 6.10 参照

口絵 12　佐賀県有明海干潟に自生する塩生植物
A：ヒロハマツナ *Suaeda malacosporma*, B：ウラギク *Aster tripolium*, C：フクド *Artemisia fukuco*, D：シチメンソウ *Suaeda japonica* 8月，E：同11月。
図 6. 12 参照

口絵 13　塩生植物を用いたファイトレメディエーション
2011 年に発生した東日本大震災で津波の被害を受けた土壌で塩生植物のアイスプラント（*Mesembryanthemum crystallinum*）を栽培した。NaCl や重金属（Cu, Co，および Ni 等）を含む土壌でも生育した。
図 6. 13 参照

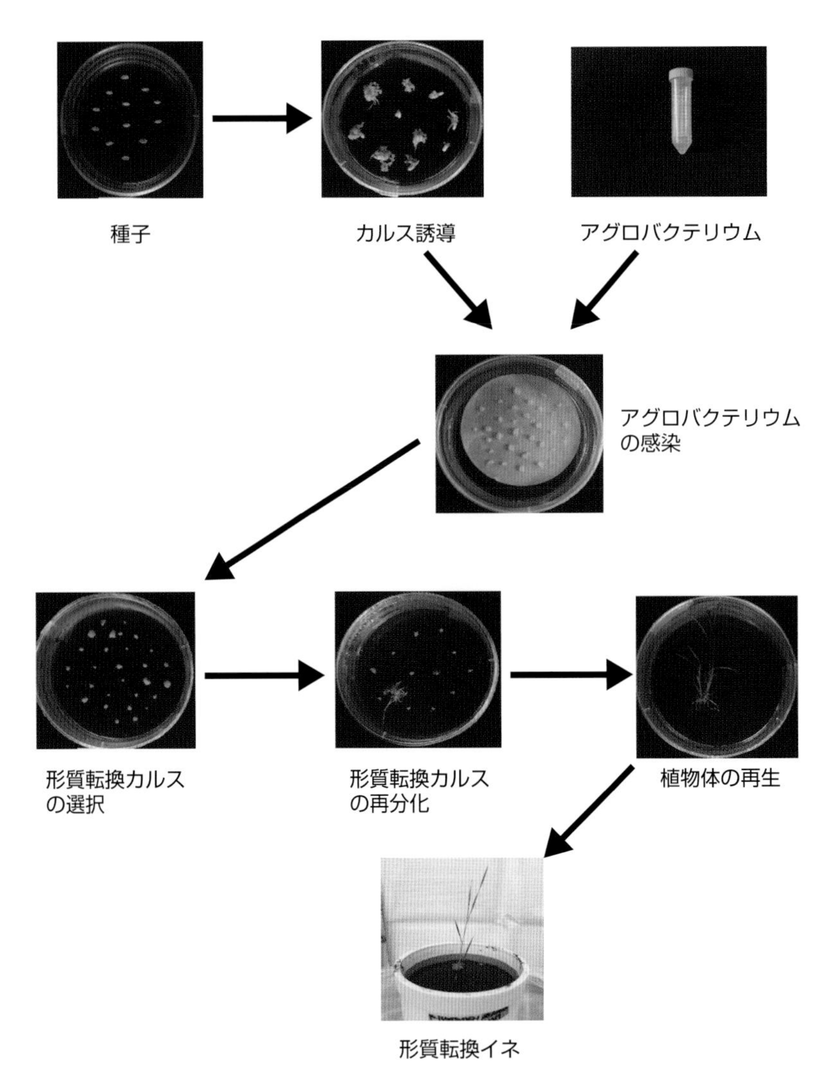

口絵 14　アグロバクテリウムを用いた形質転換イネの作出過程
図 7.4 参照

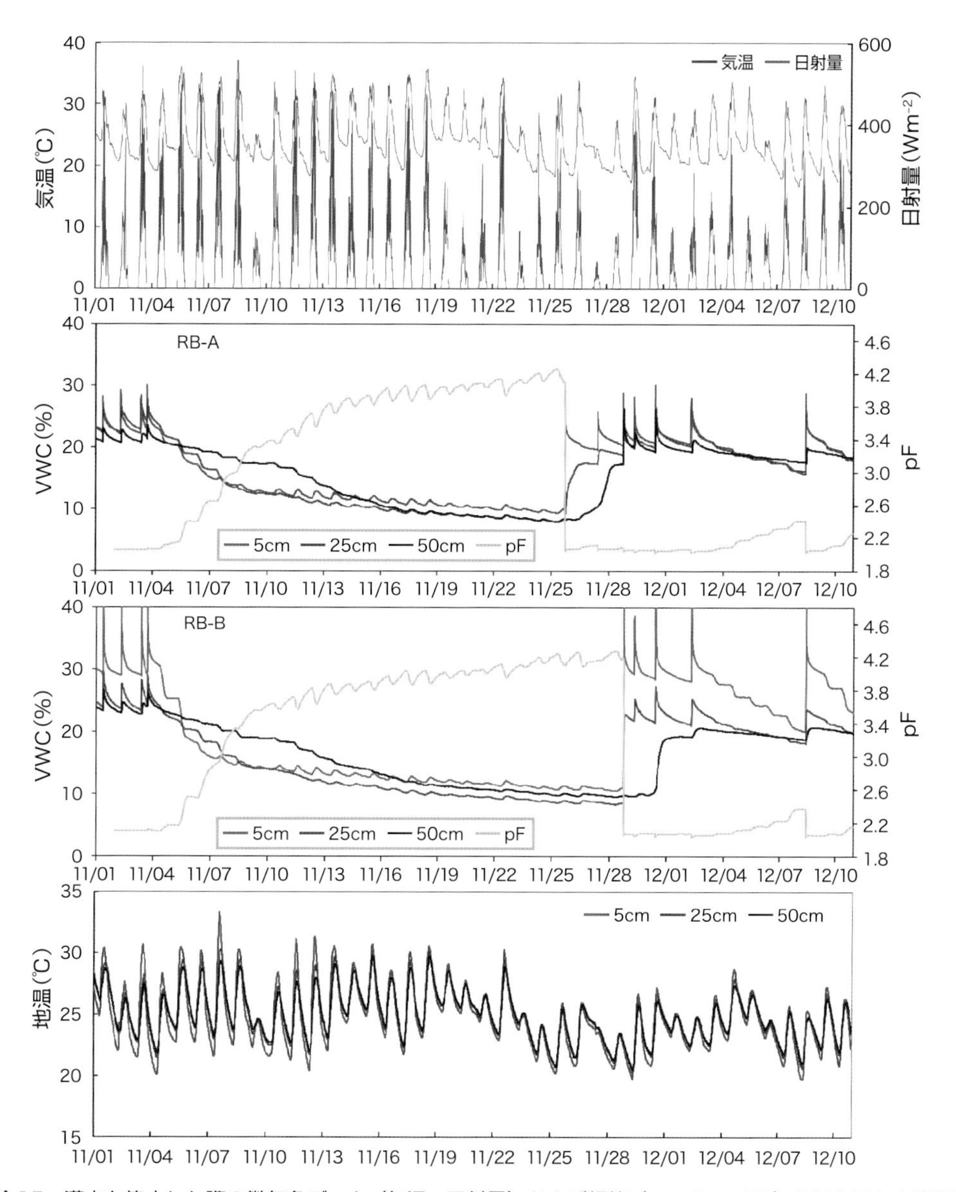

口絵 15　灌水を停止した際の微気象データ（気温，日射量）および根箱（root box：RB）の深さごとの体積含水率（VWC），20 cm 深の pF，および地温の経時変化。また，RB-A は 11 月 26 日に，RB-B は 11 月 29 日の夕方に再灌水を行った。
図 8. 9 参照

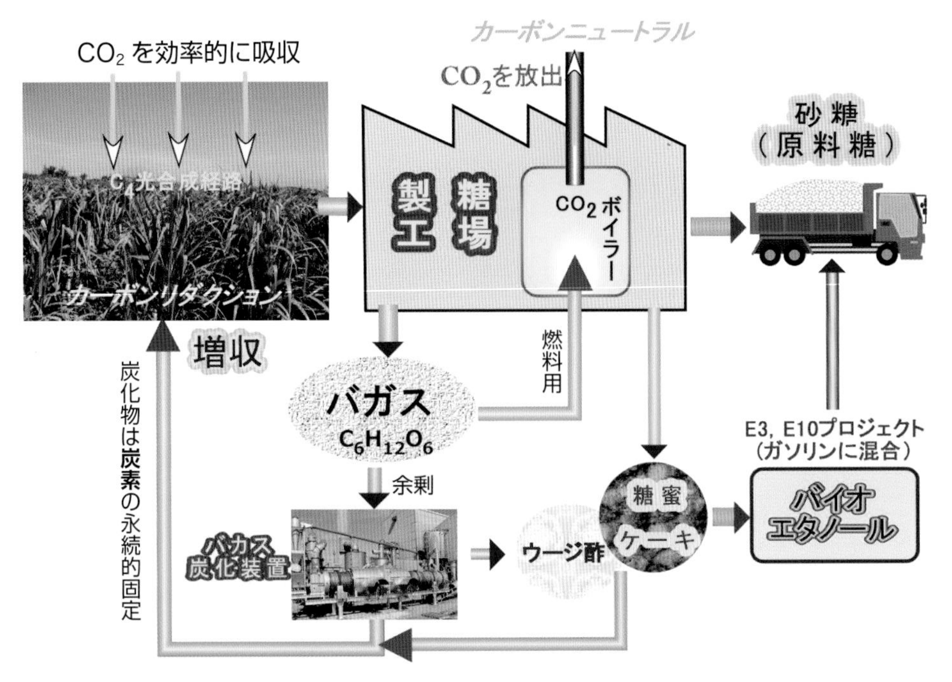

口絵 16　サトウキビの葉の光合成機能を利用した大気 CO_2 の永続的固定方法
図 8.1 参照

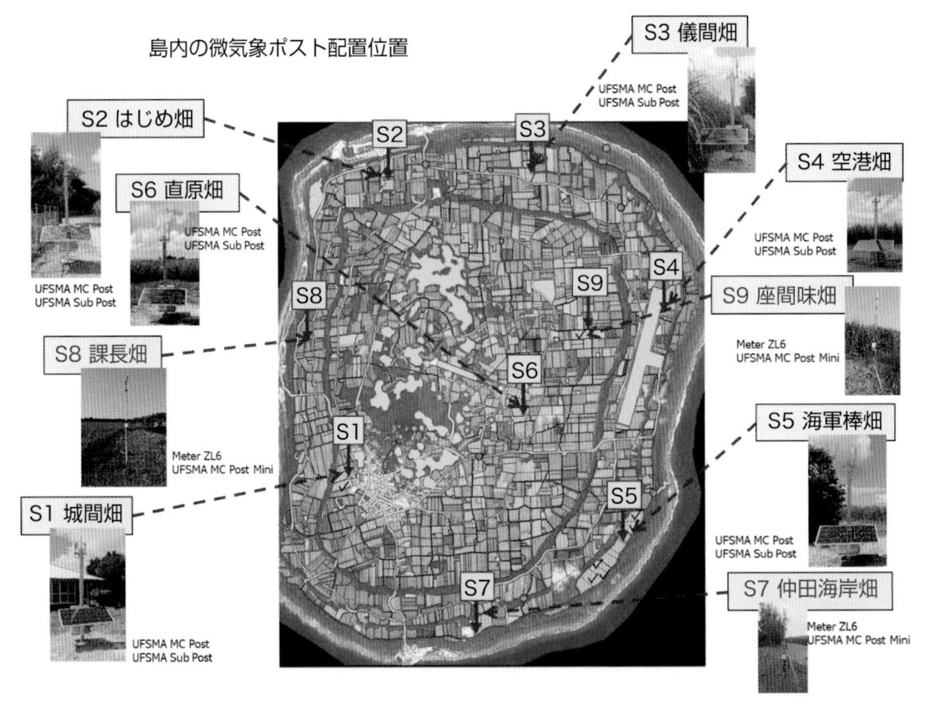

口絵 17　南大東島の 9 地点に設置したスマート農業用微気象観測システム
メインポストでは日射量，気温，風向，風速，湿度，気圧，雨量，CO_2 などを計測し，土壌水分（pF）と多点（30 点）温度センサーを有する移動可能なサブポストは圃場内（50 m 以内）に設置可能である。
図 8.22 参照

植物
バイオサイエンス

Plant Bioscience

編著　川満芳信・実岡寛文

著　東江　栄・上田晃弘・菊田真由実・齋藤和幸
諏訪竜一・冨永るみ・長岡俊徳

共立出版

はじめに

地球上には数多くの植物が分布しているが，私たちが食料として利用している植物は数少ない。人類は，古くから，野生植物の中から生産性や品質の優れた植物を取捨選択し，育種などを通じて作物化し，栽培，利用してきた。

近年，農耕地の劣化，地球環境の変化に伴う異常気象，化石エネルギーや肥料資源の枯渇，高齢化による人手不足など，食料生産の基盤となる環境が変化し，安定した生産が危うくなっている。将来に向けた持続可能な食料の生産を行っていくためには，実践的な食料生産科学や技術の創出が必要であり，そのためにも植物の生産のしくみと生産技術を様々な視点から科学的に学習し，解き明かすことが重要である。

本書では，まず初めに，野生植物から農作物への栽培化がどのようにして行われ，そして，それが世界各地へ伝播し農耕文化の発展にどのように寄与したかを見る。続いて，植物の形態やその形成機構，生命活動の基となる光合成のしくみ，植物の生産を支える土壌の構造やその働き，植物の生育に必要な元素の種類とその役割など，植物の生産を理解するうえで重要な基礎的分野を紹介する。さらに，植物の環境ストレスへの適応機構，SDGs（持続可能な開発目標）への取り組み，そして，新たな品種を作り出す遺伝子組換え法とゲノム編集技術を解説し，最後にロボット技術やICT（情報通信技術）等の先端技術を活用したスマート農業など，今後，農業において必要とされる技術を紹介する。

本書は，農学，生物生産学，植物生理学を学ぶ学生のためのテキスト（参考書）となるよう執筆した。また，農業分野に関わる研究者，農家，新規就農者，農業の技術普及に従事する方々にも役立てていただけるものと考えている。

最後に，本書の企画から出版まで，有益なご助言とご支援をいただいた共立出版株式会社の清水 隆氏，中川暢子氏に心よりお礼を申し上げる。

2021年10月

執筆者を代表して　実岡寛文

目　次

第3章　光合成　43

第4章　植物生産と土壌　61

第5章　植物の必須元素とその役割　85

第6章　環境ストレスと作物生産　113

第7章 植物の形質転換とゲノム編集 139

第8章 スマート農業とカーボンニュートラル 159

第1章 作物の伝播と種類

現在地球上に存在する植物の種類は約30万種と言われているが，穀類，イモ類，野菜，果樹など，私たちの生活のために利用される農作物と呼ばれる**栽培植物**の種類は世界で2,200種，わが国では480種ほどである。作物はもともと野生植物が改良されたものである。食物を自然界から採取していた狩猟時代の人々が野生種の中から目的にかなった種を選び栽培し始め，さらにその中から生産効率や利用性のよいものを選別・改良（育種）してきた。作物とは，「特別に準備した場所に植え育て，収穫する植物」と定義されている。本章では，農耕文化や作物の起源とその特徴，作物の分類と利用，さらに，日本へ伝播したイネ，コムギ，トウモロコシなどの世界の三大作物や，その他主要作物について解説する。

1.1 農耕文化の起源

地球の誕生は46億年前で，人類の歴史は450～600万年程度とされている。狩猟採取による食糧の調達から始まり，食糧を意図的に生産するようになったのはおよそ1万年前のこととされている。狩猟生活に伴う移動生活から，ある程度の定住生活をするようになり農業が始まった。**農耕文化**が発達するにつれて栽培作物の種類は増加し，生産性を高めるために改良され，やがて世界各地域へと伝播してゆく。農耕の起源について，かつてはヨーロッパを中心に「農耕文化は地中海から世界に広まった」といった学説なども有力であった。しかし，『栽培植物と農耕の起源』[1]などで述べられている，西アフリカ，中東，東南アジア，中南米の4系統の農耕文化が独立して発生したとされる多元的農耕起源論等が現在では有力な説と考えられている。以下にその4つの農耕文化について説明する。

1.1.1 根菜農耕文化

オセアニアのメラネシア，ミクロネシア，ポリネシアなどの東南アジアの熱帯雨林地帯が発祥とされている。タロイモ，ヤムイモ，サトウキビ，バナナ等を中心とする**栄養繁殖**による植物体を主とし，焼畑を活用した農耕を行っていた。パンの木を利用する地域もあり，果実を石焼きにして食べていた。ヤムイモ類などには毒を含むものもあり，あく抜きを行う必要がある場合もある。品種の改良においては植物の倍数体の性質がうまく活用されるなど，技術の程度が高い。バナナやパンの木の三倍体や，サトウキビやヤムイモの高次倍数体などがその例としてあげられる。奇数の倍数体は一般に**不稔性**となるため，食用としての利用に有利である種なしのバナナやパンの木の果実の利用が可能となる性質や，高い倍数性により細胞などが大きくなる作用をうまく活用した。

農耕用の直接の道具としては掘り棒が利用された。これ以外には木を倒すため石斧が使われ

Musa balbisiana（イトバショウ）

花および実

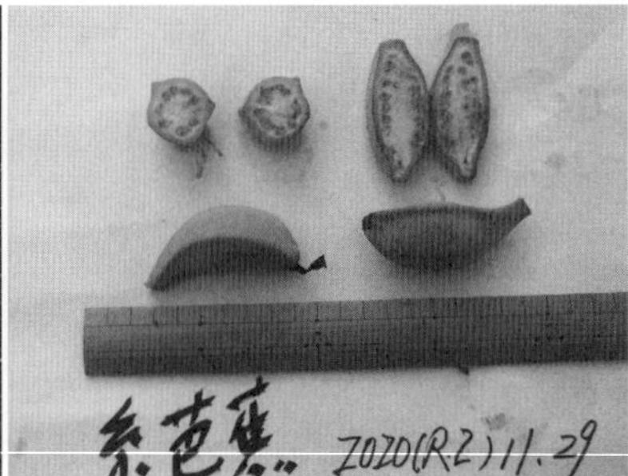

果実中の種子

図 1.1　イトバショウ（バナナの原種の 1 つ）
[写真提供：（株）沖縄 TLO]
口絵 1 参照

たが，犂（すき）などの農機具は利用されなかった。栄養摂取の点においては，デンプン，糖などの炭水化物の摂取は十分にできたとしても，マメ科の利用や油料作物の利用がなかったため，タンパク質，脂質等の摂取は農耕のみでは十分にできなかった。これを満たすためには狩りや漁労も必要であった。料理の方法としては土器がなかったため，石焼きの料理が中心であった。家畜としてイヌ，ブタ，ニワトリが飼われていた。

わが国でも気候の温暖な南西諸島において，この特徴的な農耕文化が色濃く反映されている珍しい例がいくつか存在する。クーガ芋（別名トゲドコロ，学名 *Dioscorea esculenta*，英名 Lesser Yam）と呼ばれる，とげのある希少なヤムイモの一種が栽培され，地域の特産品となっている。また，野生のバナナには 2 つの祖先が確認されており，1 つはムサ・アクミナータ（*Musa acuminata*，マレー半島から生じている）であり，もう 1 つはムサ・バルビシアーナ（*Musa balbisiana*，フィリピンとインドに生じている）である。バナナの原種の 1 つである，*Musa balbisiana* が沖縄および奄美諸島などで栽培されており，これらの地域ではイトバショウと呼ばれ，この繊維から作られた糸を原材料とする芭蕉布は世界的にもきわめて文化的な価値が高いものとして評価されている。この種は二倍体の原種であるため，種子の採取や，播種による栽培を行うことも可能である（図 1.1）。なお沖縄県大宜味村喜如嘉（おおぎみそんきじょか）の芭蕉布は，国指定の無形文化材として世界的に見ても歴史のある貴重な織物の 1 つとして評価をされている。一方，これらの原材料の確保や，これを用いた採繊や織作業など，後継者の育成が課題となっている。

1.1.2　サバンナ農耕文化

西アフリカからインドにかけての乾燥地帯に広がっていた。イネを含む雑穀類，マメ類，果菜類，油科作物を食糧とする農耕文化である。アワ，ヒエなど雑穀穀粒では小さいものが多く，これらの皮をむくなどの精白作業のため，臼（うす）と杵（きね）が利用された。雑穀類の食糧化は，イモ類と違って，貯蔵や輸送に便利な食糧の開発に成功できたと言える。さらにマメ類が加わることで，栄養摂取の幅を広げることを可能とした。マメ類を利用するためには硬い子実を柔らかくする必要があるうえ，イモ類の毒抜きなどよりも難しい有毒性のものもあるため調理の難易度は高い。これを解決するため鍋などの道具が必要となる。このため，マメ類の利用は土器が出現して以降可能となったと考えられる。また，未熟な果実を食べる果菜類も栽培された。特にウリ類などは豊富であった。さらに，種子中の油脂を利用するゴマなどの油料作物を利用したこともこの文化の大きな特徴であり，この栽培も同農耕文化における栄養摂取の幅を広げることを可能とした。この文化の作物はいずれも夏作物であり，モンスーンによる雨期を利用する作物で，高温に適応し，秋の短日に反応して開花結実する。デンプン糖質のみならず，栄養的には様々な要素を農産物の利用のみで摂取できることは優れた点であった。

1.1.3　地中海農耕文化

オリエントと呼ばれる西アジア（現在の中東）が発祥とされている。この地域は地中海性気候と呼ばれる，冬に降雨が多く，寒くなく，夏は暑く乾燥した地域である。ムギ類はこの地域の気候に最も適合している。ムギは秋になって種から発芽し，冬の間は適当な湿度に恵まれて根を張り，春になって温度が上がるにつれて急速に成長，出穂する。穂が成熟する頃には温度は高く，乾燥した空気のもとできれいな黄色のムギ畑となる。ムギ類としては，コムギ，オオムギ，ライムギ，エンバクなどが挙げられる。この地帯の麦作農業の特色として，畑地灌漑農法の導入も挙げられる。また加工用に，粉挽きのための臼や，パン焼きの炉[3]などが用いられた。その他にマメ類のエンドウ，ソラマメや根菜類のビート，タマネギ，カブ，ダイコンなどを主作物として農業が成立した。

家畜の利用も積極的であり，ウシ，ヤギ，ヒツジなどの家畜化が行われ，乳製品の加工も発達した。畜力を活用した犂（すき）の利用により，作物の大規模生産を可能とした。これに加え，ムギ類は乾燥，貯蔵，輸送が便利であるため，これを集約した権力が発生し，強大な階層社会からなる古代帝国が生まれてきた。この農耕文明は，西のエーゲ海地方，北アフリカ，イタリア，さらに西ヨーロッパに伝播し，今日のヨーロッパ文明を作りあげた。またユーラシア大陸の乾燥した草原（ステップ）などに家畜飼育を専業とする遊牧民を生むもととなった。ムギ類はチベット・ルートとシベリア・ルートで東アジアの中国へ伝播し，インドにはイラン高原から伝えられ，いずれの地域でも最初の古代帝国の形成の基礎となった。

1.1.4　新大陸農耕文化

南北のアメリカ大陸においては，作物の種類は同一ではないものの，これまで述べてきた根菜類農耕文化とサバンナ農耕文化とやや類似している。根菜類農耕文化においてヤム，タロイモなどの栄養体繁殖の作物が利用されてきたように，この地域においては同様に栄養体による繁殖を行うキャッサバ，サツマイモ，ジャガイモのようなイモを食する耕作文化を有した。一方で，この農耕文化圏は南北に長く，標高差も大きい地域にまたがるため，これらのイモは生育の適する温度帯も広く異なる。キャッサバの発生地はベネズエラの海抜がほとんど0 m に近い地域の熱帯起源であり，サツマイモは海抜2,000 m 程度のメキシコ付近の温暖帯であるとされており，ジャガイモにおいては海抜3,000 m 程度のペルー，ボリビアなどの冷温帯地帯とされている。

また一方で，サバンナ農耕文化と類似する種子繁殖を利用した夏作栽培による穀類，マメ類，果菜類が存在するのも特徴である。穀類としてはトウモロコシを挙げることができる。また，その他キヌアなども存在する。マメ類としてはインゲンマメ，ラッカセイなどが挙げられる。野菜類ではカボチャ類，トマト，トウガラシ等，果物ではパイナップル，パパイヤ，アボカドなどが存在する。嗜好作物としてタバコやカカオなどがある。この大陸に起源する作物は，現在においても生活に重要な位置を占める作物が多い。

1.2 野生種と栽培種

1.2.1 野生種

栽培植物の祖先（現在栽培されている作物の直接の**野生種**）が，いかなる地域が起源であるかについて，これまでに様々な研究者らが情報を蓄積してきた。現在まとめられている知見に至る初期の代表的研究者として，スイス（フランス系）の植物学者アルフォンス・ドゥ・カンドール（Alphonse Louis Pierre Pyrame de Candolle, 1806-1893 年），また，さらに後の世代では，ソ連の植物学者ニコライ・イヴァノヴィッチ・ヴァヴィロフ（英語名 Nikolai Ivanovich Vavilov, Николай Иванович Вавилов, 1887-1943 年）や，アメリカの植物学者ジャック・ハーラン（Jack Rodney Harlan, 1917-1998 年）らがあげられ，上述の研究者らを含む個々の報告には若干の相違は認められるものの，その起源地については比較的重複した地域にまとまっている。

ヴァヴィロフは 1924 年から 1933 年にかけて世界 60 以上の国（1929 年には日本にも来日）の栽培植物の探索を行い，収集した栽培植物の地方品種や系統の採集地の地理的な分布調査を行った。その結果，それぞれの栽培植物ごとに品種や系統の多様性の中心が特定地域に局在していることを発見した。このような多様性が局在する地域をその植物の起源地と特定した。これらを解析すると，主として世界の 8 つの地域にそのほとんどが集中していることが示された。この分類の提唱は現在でも頻繁に用いられている学説であり，その地域は①中国北部地域，②中国雲南・東南アジア・インド地域，③中央アジア地域，④近東地域，⑤地中海地域，⑥西アフリカ・アビシニア地域，⑦中央アメリカ地域，⑧南アメリカ地域である。これらの地域を多くの作物の中心地とした（図 1.2）。

1.2.2 栽培種

現在，我々が食用およびその他の目的で利用するために栽培している植物のほとんどは**栽培種**と呼ばれている。この栽培種とは人が利用するための植物を，利用する側に利点があるような性質を有するように選んだものである。一方，野生種は人が利用するための性質などは加わっていない自然に自生しているものであり，その性質は種子を広範囲に散布し，多くの子孫を残すことや他の多くの植物や動物からどうにか生き残ることである。身近な例として，我々が主食とするイネの穀実となる種子では，脱粒性や休眠性などの性質を挙げることができる。

栽培種のイネは，子実が無事に充実した後に，稲穂として多くの子実とともに一括で収穫を

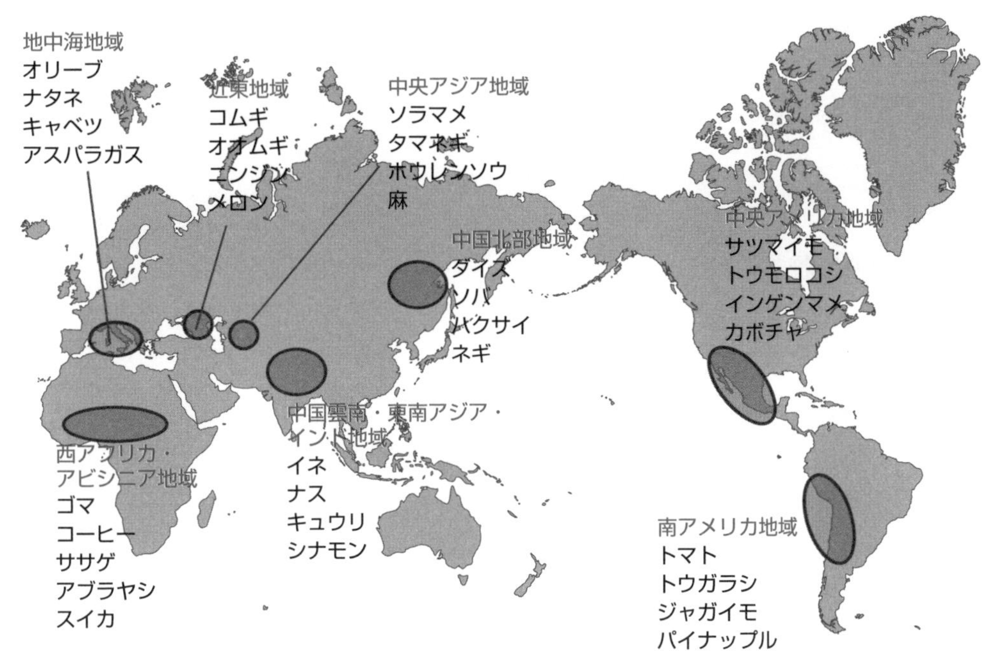

図1.2　主要な作物の起源地と種類
[文献7を参考に作成]

行うことが可能である。一方，野生種であるイネでは子実がたわわに実ることはなく，その多くは子実が充実したのち，ただちに地面に落ちるため，効率よく多くの子実を収穫することができない。このような性質を**脱粒性**という。また，野生種の種子では播種を行ったとしてもすぐに発芽せず，一定の発芽を行うために寒さを必要とする場合などがある。このような性質を**低温要求性**という。栽培種では収穫を行うための作付け時期の調整のため，素早く発芽することが望まれるが，秋期に行われたイネの収穫後，これらが地中に落ち発芽を行う場合，厳しい冬期を迎えると枯死してしまう。一方，野生種では，厳しい冬を迎えたのち発芽するので，次世代に生き残ることが可能である。このような特性を**休眠性**という。

種子の収穫を行う際，一斉に刈り取りを行うほうが効率的である。栽培種の場合はイネの個体ごとの生育のずれなどが少なく，同調して開花，結実することが望まれる。一方，野生種ではこの同調の振れ幅が大きい。様々な環境要因などの危険からわずかでも生き残り，種を維持させることを目的としているからである。他にも様々な特徴の変化が認められる。一般的に野生種は栽培種に近づくにつれ，多年生のものが，一年生へと移り変わり，1株の穂の数や，1つの穂あたり粒数が増えるなどにより大きな穂をつけることで収穫量が増加する。収量の増加を顕著にするための要因として，**収穫指数**（収穫部重を作物体全重で割った値，harvest index）の増加が挙げられる。

近代的な育種および栽培学の知見の発展により，収穫指数の増加にともなう収量の拡大が可能となった。これらの技術進歩により，限られた農地から膨大な地球人口への食糧供給に大きく貢献していることは事実である。ただし，収量を高めるために生じる諸問題（多肥栽培および灌漑農法導入による塩類集積による土地荒廃や，環境への影響等）についても十分考慮しながら耕作を考えていく必要がある。このように革新的な技術の持つ正負両面の特性について十分に把握しその対策を組み合わせることにより，これらの技術を有意義に活用できることとなる。

1.3 作物の分類

我々が利用する作物は，その作付け様式や用途により，様々に分類することができる（表1.1）。

まず，作付け様式により農作物（field crop）と園芸作物（horticultural crop）に大別される。農作物は，大規模な耕地（畑地や水田等）を用い，粗放的に栽培を行うことにより収穫される作物を示し，園芸作物は，小規模な施設栽培などの手法を用い集約的に栽培を行うことにより収穫される作物を示す。また，農作物は利用用途により以下の4つに大別される。

1.3.1 農作物

1）食用作物（food crop）

人の食用とされる作物で，主として熱量の摂取源となり，主食となりうる。さらに食用作物を類別することができ，**穀類**（cereal crops, cereals），**マメ類**（pulse crops, pulses）および**イモ**

表 1.1 様々な作物の分類

農作物	食用作物	イネ科：イネ，コムギ，オオムギ，トウモロコシなど マメ科：ダイズ，ソラマメ，ラッカセイなど イモ類：ジャガイモ，サツマイモなど
	工芸作物	繊維料：綿花，イグサ，イトバショウ，ケナフなど 油料：ナタネ，アブラヤシ，ダイズ，ヒマワリなど 嗜好料：コーヒー，茶，タバコなど 香辛料：コショウ，ワサビ，肉桂など 糖料：サトウキビ，テンサイ，ステビアなど デンプン：サツマイモ，ジャガイモ，コンニャクイモ，トウモロコシなど ゴム・樹脂料：パラゴム，漆，ハゼなど 芳香油料：ラベンダー，ゼラニウム，ヒノキ，クロモジなど 染料：アイ，ウコン，ベニバナなど 薬料：ヤクヨウニンジン，カンゾウ，シャクヤクなど
	飼料作物	牧草類：オーチャードグラス，イタリアンライグラス，アルファルファなど 青刈飼料類：トウモロコシ，ソルガム，エンバクなど 根菜類：カブ，飼料用ビートなど
	緑肥作物	緑肥類：レンゲ，ダイズ，ソルガム，ヘアリーベッチ，エンバクなど
園芸作物	蔬菜	果菜類：キュウリ，ナス，トマト，イチゴ，カボチャ，スイカ，メロンなど 葉菜類：ハクサイ，キャベツ，タマネギ，レタス，ホウレンソウ，ネギなど 根菜類：ダイコン，ニンジン，ゴボウ，サトイモ，ジャガイモなど
	果樹	果樹類：リンゴ，カキ，ミカン，ナシ，ブドウ，モモ，ブルーベリーなど
	花卉	切り花：キク，バラ，切り葉，切り枝など 球根：チューリップ，ユリなど 鉢もの類：洋ラン類，観葉植物，花木類（盆栽含む）など

類（root and tuber crops, potatoes）がそのほとんどを占める。また，これ以外の珍しい例としてヤシ科サゴヤシ属やソテツ目ソテツ属のいくつかの属は，樹幹から大量のデンプンを採取することができ，これらのデンプンをサゴと呼ぶ。わが国においても南西の島嶼地域などではソテツ樹幹や実に含まれるデンプンを食用として用いる食文化を有する地域も存在する。

一方，この植物には毒性成分が含まれているため，食用として用いる場合はこの成分を除去する必要がある。かつて食糧が不足した際に，このソテツを救荒食として用いた際に毒抜きなどが不十分であったため食中毒や死者などを出すこともあったため，時としてソテツ地獄などと呼ぶ事例もあるが，必ずしもその植物の実態を表す言葉ではない。この植物に含まれるデンプンはたとえ食糧が不足していない平常時においても地域食文化として重用されており，毒抜きの過程を経る必要があるにもかかわらず，人々からその良質のデンプンを求められる地域食文化を彩る高貴な植物であると言える。

2）工芸作物（industrial crop）

人が食用作物の目的以外で利用する作物を**工芸作物**といい，そのほとんどは工芸や工業などの原料となる。繊維料類（fiber crops；綿花，イグサ，イトバショウ，麻），油料類（oil crops；ナタネ，アブラヤシ，ダイズ），嗜好料類（recreation crops；コーヒー，茶，タバコ），香辛料類（spice crops；胡椒，ワサビ，肉桂（シナモン）），糖料（sugar crops；サトウキビ，テンサイ），デンプン・糊料類（starch and paste crops；サツマイモ，ジャガイモ，コンニャクイモ），ゴム・樹脂料類（rubber, gum and resin crops；パラゴム，漆，ハゼ），芳香油料類（essential oil crops；ラベンダー，ゼラニウム，ヒノキ，クロモジ），染料類（dye crops；藍，ウコン），薬料類（medicinal crops；ヤクヨウニンジン，カンゾウ（甘草），シャクヤク（芍薬））等，用途により分類される。

さらに近年，**エネルギー作物**（energy crops）として，植物中のデンプン（グルコースの重合体）や，糖をエタノールに発酵させてガソリンなどの代替燃料（バイオエタノール）として利用する作物（トウモロコシやサトウキビなど）が注目されている（図1.3）。製造方法は，醸造酒や蒸留酒の製法と基本的には同じである。一方，デンプンの他に，植物体の骨格を形成する細胞壁（主にセルロース，ヘミセルロース，リグニンなど）を利用してエタノールを製造する技術の開発が進んでいる。

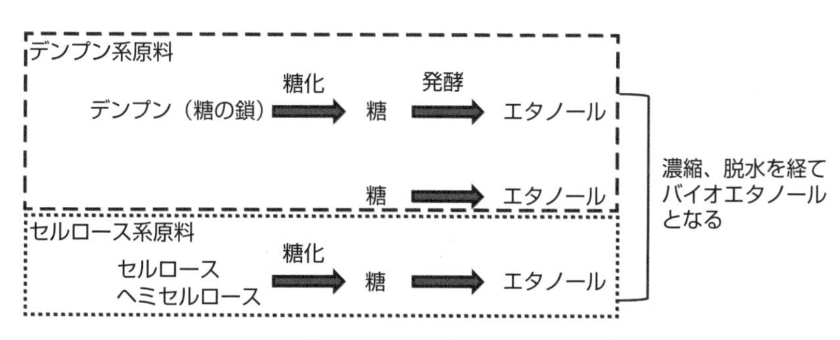

図1.3　ガソリン代替燃料としてのバイオエタノール製造の簡易過程

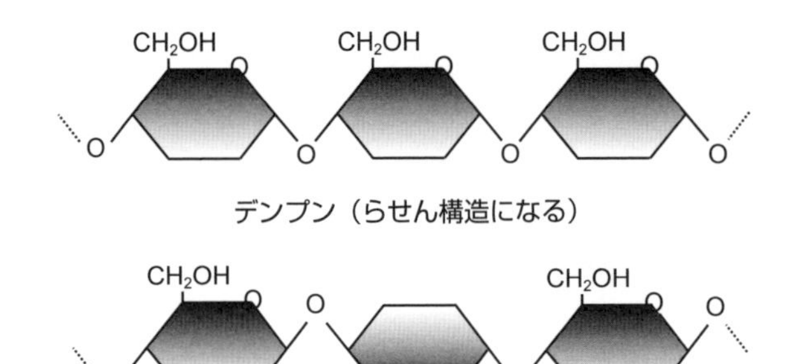

図 1.4　デンプンおよびセルロースの糖鎖結合様式

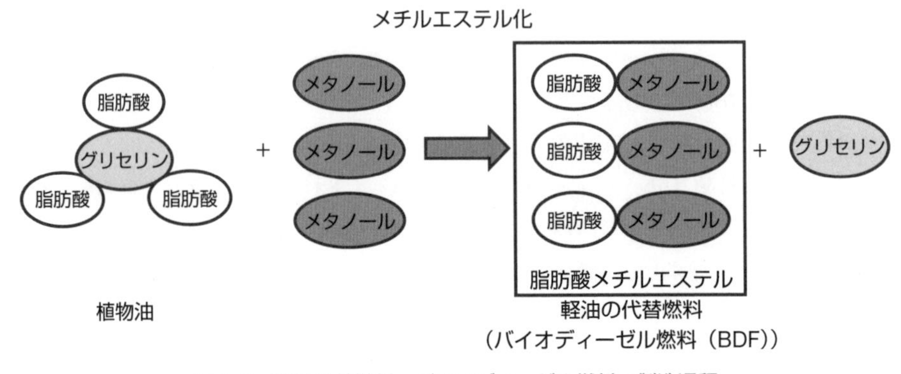

図 1.5　軽油代替燃料　バイオディーゼル燃料の製造過程

デンプンはα-D-グルコースがα-1,4 結合を繰り返して構成され，セルロースは光学異性体のβ-D-グルコースがβ-1,4 結合を繰り返して構成されている（図 1.4）。しかし，細胞壁由来の分子構造は，デンプンと比較し糖化を行いにくい性質を有している。近年，セルロース系組織を材料とした糖類の精製方法や，その発酵技術開発が進歩したことによりこれらの材料から効率的にエタノールを製造することが可能となってきた。このため，光合成速度がきわめて高く成長量が旺盛なエリアンサス（*Erianthus ravennae*）やソルガム（*Sorghum bicolor*）などの高バイオマス量植物が新たなエネルギー資源として近年注目されている。

また，ナタネやヒマワリなどの植物油をメチルエステル化処理等の工程を経て軽油の代替燃料（バイオディーゼル燃料，bio diesel fuel: BDF）とする技術も実用化されている（図 1.5）。わが国においても一部地域において天ぷら油などの回収を行い，燃料として利用する事業が行われている。

3）飼料作物（forage crop）

家畜や家禽の飼料とすることを目的として栽培される作物を**飼料作物**という。家畜の飼料は**粗飼料**と**濃厚飼料**とに大きく分類することができる。粗飼料には乾草やサイレージ（飼料作物を乳酸発酵させ，保存性・嗜（し）好性を高めた飼料），稲わら等があり，牛等の草食家畜に給餌される。一方，濃厚飼料にはトウモロコシを中心とする穀類，米糠（こめぬか）類，ダイズ粕（かす）類等が混合され，豚や鶏のほか，肉用牛の肥育に多く使われている。また，鶏卵における卵黄の着色は人工的な着色を除くと多くの場合トウモロコシの黄色色素であるキサントフィルがその着色の由来となっている。このため，トウモロコシは鶏用飼料としても重要である。近年は，多収品種である飼料米などを用い，白あるいは薄い黄色の卵黄をブランド化している例もみられる。

4）緑肥作物（green manure crop）

畑地の土中にすき込んで肥料とするための緑肥となる作物を緑肥作物といい，空気中の窒素を栄養源として土壌に取り込むクローバー類，ダイズ類，ベッチ類のマメ科などが，地力向上を目的に利用される場合が多い。マメ科植物は，生態系において重要な元素である窒素の供給源としてきわめて重要な作物といえる。また，植物体の生育が旺盛なトウモロコシ，エンバクなどは窒素源の土壌への取り込みというよりも，有機質の土壌への取り込みを目的として生育途中で畑にすき込まれる。近年ではマリーゴールドや一部のエンバク品種などの植物寄生性線虫の防除を目的として利用されている。

1.3.2 園芸作物

園芸作物は前述のように集約的な管理手法を用いて栽培，収穫を行う形態であり，一般的に蔬菜（そさい），果樹，花卉（かき，鑑賞植物）が含まれる。

1）蔬菜（vegetable）

蔬菜は葉野菜，根菜類，果菜類など野菜類の生産を行うものであり，同じく人に食されるものとして，イネ，ダイズなどの農作物はカロリーやタンパク源の供給が主な目的であるのに対して，蔬菜類はミネラルや食物繊維などとしての利用が主である。また，これらの種類や風味は豊富で，地域独自の品種（在来種なども含む）も多く存在し，地域食文化の色をなす食事を華やかに彩るものでもある。

2）果樹（fruit）

果樹においては目的とする対象が主として果実であり，木本性の作物を対象としている。

3）花卉（flower）

鑑賞植物においては蔬菜園芸とは異なり，花等の鑑賞を目的とする人の文化的な側面をもつ。一方で，近年では，鑑賞し，香りを堪能しつつ食することを目的とする食用花（エディブルフラワー）などの考え方も広まり，食文化の豊かさをますます進歩させている（図 1.6）。

1.3.3 植物学的な分類

植物学的な分類法での分類階級は，界（kingdom）から門（phylum），網（class），目（or-

図 1.6　食用花（エディブルフラワー）を活用した彩りの良い食品
[写真提供：（左）焼き菓子屋リ・アメリ，（中）末次彩乃氏，（右）岸本ファーム]
口絵 2 参照

der)，科（family），属（genus），と次々に細分されて種（species）に至る。種はさらに亜種（subspecies, ssp.），変種（variety, var.），品種（form, f.）に分けられる。この場合の品種は，農業的に呼ばれる品種（栽培品種，cultiver，cv.）とは概念が異なる。

学名は，二名法（二命名法，binomial nomenclature）によって，**属名**，**種形容語（種小名）**，命名者で表記する（命名者は省略しても良い）。学名の記述方法の基本的事項として，属名 + 種小名の順に表記する。属名の頭は大文字，種小名の頭は小文字・半角スペースで区切る。科名など属名以外が先頭に来る場合，最初の文字を大文字にする。必ず斜体とする。難しい場合は下線をつけその代用とする。

たとえば，アジアイネの学名は，*Oryza sativa* L. となり，*Oryza* が属名で *sativa* は種形容語（種小名）である。L は命名者のリンネ（Carl von Linne）を表すが（リンネの場合は命数がきわめて多いため），命名者については必ずしも記載する必要はなく，省略することができる。また，直前に記載されており，しかも文脈などで明らかな場合には，属名を略記して，*O. sativa* のように記述することもできる。

1.4 主要作物の伝播と特性

人類が利用している作物の種類は広範囲にわたる。ここでは世界の主要作物として最も重要とされているいくつかの作物について取り上げて解説する。

1.4.1　イネ

1）イネの種類と分類

栽培化されたイネは，大きく分けて 2 種類に大別することができる。これらのうちアジアイネを ***Oryza sativa***，アフリカイネを ***Oryza glaberrima*** と呼称する。わが国において主に生産されているイネは，*sativa* 種である。アフリカイネは西アフリカのごく限られた地域でのみ栽培されているのに対し，アジアイネは世界中の稲作地帯に広く栽培されているため，現在ではイネとは一般的にはアジアイネのことを指すと考えてよい。このアジアイネには 2 つの系統があり，**ジャポニカ種**，**インディカ種**に大別される。ジャポニカ種はこのうち，**温帯ジャポニ**

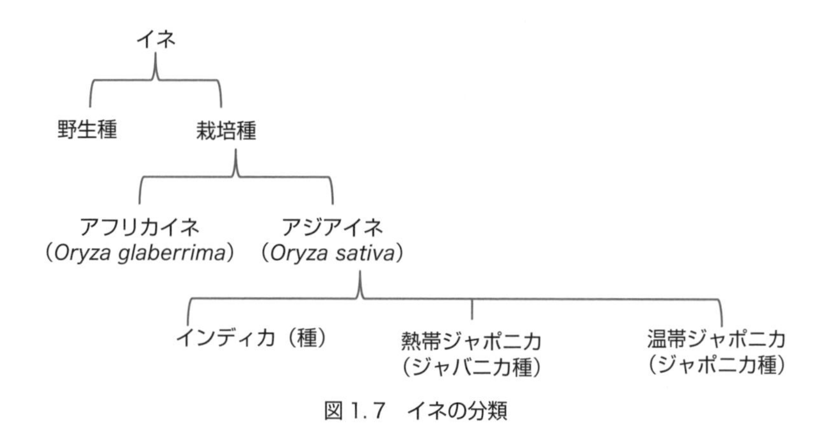

図 1.7　イネの分類

カ，**熱帯ジャポニカ**と分けることが可能である。熱帯ジャポニカとは，これまでの分類においてはジャバニカ種として，ジャポニカ種，インディカ種と並列に記されてきたものが，近年のDNA 解析などにより，ジャポニカの一部に位置づけることが妥当であるため，これを熱帯ジャポニカとした（図 1.7）。

2）イネの起源地

イネの起源として，これまでは，アッサム・雲南説[2]として，ジャポニカ種，インディカ種ともに，この地域で誕生して各地域へ広まったとされていた。この説に基づくと，ジャポニカ種は長江を下る経路で広がり，さらに日本へ伝播したものと考えられていた。一方，近年の考古学調査により，約 1 万年前からジャポニカ種が長江下流域に栽培されていたことが明らかになったことなどから，ジャポニカ種は長江下流域で誕生し，その後に長江を上るように伝わったと考えられている。また，水田稲作自体，これらの地域で発生したことはほぼ間違いないが，近年の遺伝子解析に基づく研究から，栽培種の原種は東南アジアから発生した可能性も唱えられている。

3）日本への伝播

近年の新しい発掘や，解析手法の進歩などから，わが国における稲作の歴史的な知見は豊富に存在している。1989 年に青森県風張遺跡の住居跡から 7 粒の米粒が発見された。この年代測定を行った結果，2800 年程も前の縄文時代の後期から晩期にかけてすでに稲作が行われていた痕跡が示されている。また，約 6400 年も前のものとされる岡山県朝寝鼻（あさねばな）貝塚からは稲作栽培の痕跡の指標となる**プラントオパール**（イネなどでは植物体中にケイ酸が蓄積する特徴があり，植物の痕跡として土壌中に保存されていたもの）が発見されている。一方，この頃の稲作は，水田を用いた形跡がなく，畑地で栽培を行う陸稲であったとされる。当時のイネは熱帯ジャポニカが主であるとされており，現在わが国において主流である温帯ジャポニカは，その後の別の経路の伝播によると考えられている。

イネの日本に伝播したルートは複数あり（図 1.8），①朝鮮半島を経由したと考えられる朝鮮半島経路，②長江付近から直接九州など日本列島に達したとする直接渡来説，③海の道を通り

図 1.8　わが国へのイネの伝播経路
①朝鮮半島を経由したと考えられる朝鮮半島経路
②長江付近から直接九州など日本列島に達したとする直接渡来説
③海の道を通り，南方から来た南島経路の説

南方から来た南島経路，などが考えられている。

インドネシア島嶼部や，台湾などでの南西諸島には熱帯ジャポニカの品種が多く，固有種なども有していることや，過去において焼き畑などによる陸稲の栽培の痕跡も有していることなどから，縄文時代等におけるわが国へのイネの伝播は，ルート③に由来する可能性がある。その後，温帯ジャポニカは弥生時代に日本に伝播されたとされ，佐賀県の菜畑遺跡からは，畦を伴った水田の遺構が発見され，縄文時代の紀元前 500 年頃からすでに水田稲作が行われていたことが示されている。また，温帯ジャポニカとともに水田稲作が発生し，長い年月の間，熱帯ジャポニカ，温帯ジャポニカが混在した栽培が続けられていたとされており，その後，水田稲作が主流となった。温帯ジャポニカの伝播経路としては，遺伝子解析により①および②の両方の経路からの伝播が存在したと考えられている。縄文時代を通じて，人々は自然の豊かな恵みに感謝し，また，子孫を産み育てる女性をかたどった独自の土偶や漆塗りの装飾品などを作って祈りをささげるなど，1 万年あまり続いた縄文時代は，自然との共生，人と人との和をもとにした，持続可能な安定した社会を作っていた。この時代に日本人の穏やかな性格と幅広い豊かな日本文明の基礎が育まれたと考えられている。このイネは現在においては，数ある作物の中でもわが国における最も主要な作物であり，自給率は高く 98%（平成 30 年度）である。

4）イネにおける冷害

イネは熱帯地方の起源であるため，寒冷地における栽培ではしばしば冷害の被害を受けやすい。このため技術の進歩および普及により，北海道で栽培が拡大に及んだのは 20 世紀初頭に入ってからである。寒冷地における栽培の妨げになる最も主要な要因としての冷害の種類は，

遅延型冷害と**障害型冷害**に大別される。遅延型冷害は低温のため生育が遅れて稔実不良となることであり，障害型冷害は花粉の発達時期（特に出穂12日前の減数分裂期頃）の低温で花粉不稔となることである。障害型冷害の顕著な被害が生じた近年における事例として，1993年の冷害が挙げられる。この年は，九州地方では台風被害も生じたが，特に東北地方における冷害の影響が甚大であり，全国の稲作作況指数は74という近年にない水準まで低下した。東北地方では作況指数が56程度になり未曾有の大冷害となった。このことにより日本各地で米が不足し，タイ国を中心として緊急輸入を行った。

5）イネのデンプン形質

上述の輸入時の米の多くはインディカ種であり，デンプン形質の違いによる食味や利用方法の違いなどに不慣れであったためいくつかの課題が生じた。一方，現在ではその性質や利用方法が熟知されるに至り，これに調和しうる様々な料理などが供されることとなった。これには，インディカ種，ジャポニカ種のそれぞれの穀実品質に関する情報が十分に浸透したことが大きい。一般的に，デンプンはグルコース分子がいくつも連なった高分子の化合物である。このつながり方が直鎖状のものが**アミロース**であり，網目状に分岐するものが**アミロペクチン**である（図1.9）。身近な例としてあげると，わが国においては正月などに食する餅はもち米により製造される。このもち米は，アミロペクチンにより構成されることにより，もちもちした触感となる。ジャポニカ米とインディカ米の食材としての品質の違いは主としてアミロペクチンとアミロースの割合が異なることに由来する。すなわち，ジャポニカ米ではインディカ米と比較してアミロペクチンの割合が高く，一方でアミロースがその逆の傾向となることにより触感が異なる。それぞれの特性に適した調理方法を導入することにより，幅広い食を楽しむことができることとなる。また，もち米はインディカ米にも存在している。もち性品種とは，アミロースを合成することができず，アミロペクチンのみを合成する品種のことである。

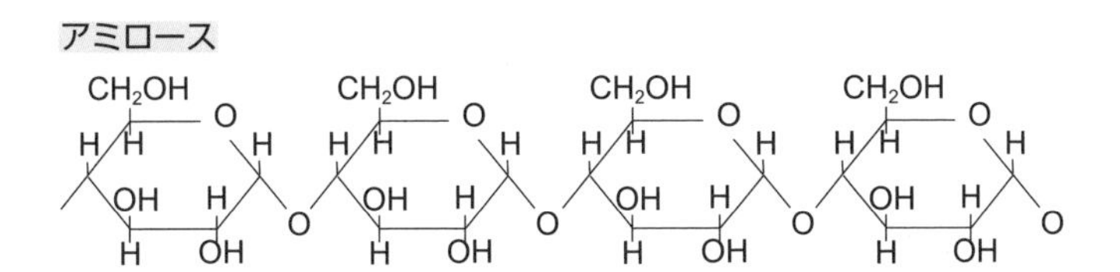

図1.9　アミロース，アミロペクチンの構造の違い

1.4.2 コムギ

1）コムギの種類

コムギは，イネ科（Poaceae，またはGramineae），コムギ属（*Triticum*）の越年生作物でコムギ属には20以上の種があり，1つの小穂に4〜6つの小花を着生し，そのうち1つのみが稔実する一粒系コムギ，2つが稔実する二粒系コムギ，3〜4つが稔実する普通系コムギが存在する。現在食用として栽培化されている代表的なコムギは普通系コムギである**パンコムギ**（*Triticum aestivum*）が主流であり，世界のコムギの9割以上を占める。パン，めん，菓子，その他様々な用途に利用されている。二粒系コムギである**デュラムコムギ**（*Triticum durum*）はグルテン含量が高く，硬質デンプンを多く含むため，粒子が粗く，パンなどには適さず，マカロニやスパゲティーの原料に適している。2倍種の一粒系コムギ（AA）がクサビコムギ（BB）と交雑し，二粒系コムギ（AABB）が誕生した。さらに二粒系コムギにタルホコムギ（DD）が交雑することにより，普通系コムギ（AABBDDゲノム，六倍体，42本の染色体）が誕生したとされている。

2）コムギの起源地と伝播

普通系コムギの起源は約1万数千年前とされ，中東のチグリス川，ユーフラテス川に挟まれた肥沃な三日月地帯とされている。のちに，東方へは中央アジア，シルクロードに伝わり，西方へはヨーロッパ・地中海，北アフリカへ伝播した。日本には弥生時代前期（およそ2,300年前）に伝播したとされている。その経路として，朝鮮半島から北日本への経路と，中国沿岸部から西南日本の2つの経路が存在すると考えられている。

コムギの出穂に関する特性として**感光性**と秋播性の特性が存在する。コムギは長日感光性で，限界日長よりも日長が長くなると幼穂形成が促進され，この程度は品種により異なる。また，生育初期に一定程度の低温に遭遇することにより幼穂分化が可能となる性質を**秋播性程度（播性，まきせい）**と呼び，これらは低温要求日数の程度によりⅠ〜Ⅶに区分される。このうち低温の要求度が必要のない，あるいはかなり低いⅠ〜Ⅱの品種は春播きコムギという。コムギ類は播性などが存在するため，寒冷地においてのみ出穂などが可能で収穫に至ることができると考えられる場合がある。しかしながら，起源地においては必ずしも低温地帯ではなく，わが国において最も温暖な亜熱帯気候の沖縄においても播性がないコムギ類においては出穂し，収穫に至ることができる（図1.10）。すなわち，播性はコムギが起源したのち，これらが北上することによる低温遭遇に対して適応するために取得した形質である可能性が高い。

1.4.3 オオムギ

オオムギは穂の形態から，**六条オオムギ**（*Hordeum vulgare*）と二条オオムギ（*Hordeum distichum*）に分けられる（条性）。六条オオムギでは各節に着生する小花3つが稔実する。**二条オオムギ**では3つの小花のうち1つのみが稔実する。上から見て子実がそれぞれ6列と2列結実している。また，実（穎果）と皮（内外穎）が癒着してはがれるものを皮麦，容易にはがれるものを裸麦と呼ぶ（皮裸性）。西アジアに起源し，野生の二条皮麦から六条および裸麦が生

図 1.10　沖縄県におけるコムギ栽培（沖縄県恩納村）
播種日（10 月），収穫期（4 月）。
[写真提供：溝江冨久雄氏]
口絵 3 参照

図 1.11　沖縄県におけるオオムギ栽培（沖縄県南城市）
（左）品種はるか二条の出穂（手前）と同時期のサトウキビ機械収穫（奥），（右）播性 V 品種フクミファイバーの出穂。はるか二条（播種日 11 月，収穫期 3 月），フクミファイバー（播種日 11 月，収穫期 4 月）
[写真提供：街クリーン（株），オリオンビール（株）]
口絵 4 参照

じた。わが国には六条皮麦，裸麦が紀元前後に伝えられ，奈良時代には広く栽培されていた。また，明治以降のビール製造技術の導入とともに二条皮麦も普及した。コムギと異なりグルテンを含まないので製パンなどには適さない。コムギと同様に播性があり，低温要求の程度によりⅠ～Ⅶに分類される。オオムギもコムギと同様でわが国においては沖縄県でも栽培が可能であり（図 1.11），低温要求性の高い播性（Ⅴ）品種においても開花結実が認められている。

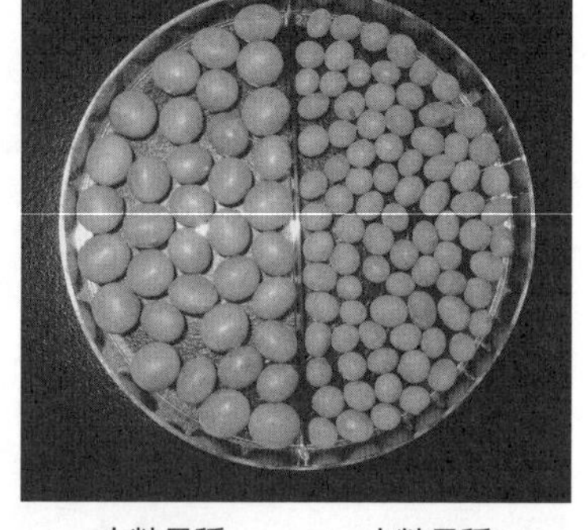

図 1.12　生育中のダイズ（左）と成熟した種子（右）
枝豆は，莢（さや）が緑色で種子が未成熟なうちに収穫し食べるようにしたもので野菜として出荷される。成熟し乾燥させた種子は穀物として扱われ，搾油，豆腐，醬油，煮豆などは種子の大きさが中から大粒の品種，また，納豆は主に小粒の品種が利用される。

1.4.4　ダイズ

ダイズ（学名 *Glycine max*，英名 soybean）の祖先種はツルマメ（学名 *Glycine soja*，英名 wild soybean）とされている。起源地は中国（東北部説と長江流域説がある。前者が有力）とされており，その後東南アジア，朝鮮半島へと伝播した。中国ではその利用の歴史は古く，中国最古の薬物書『神農本草経』（5 世紀頃）や農書『斎民要術』（6 世紀頃）にも記述がある。わが国においても『古事記』（712 年）や『日本書紀』（710 年）にも記載がある。さらに，『大宝律令』（701 年）においては醬（しょう），未醬（みしょう）の文字がみられ，すでに醬油，味噌の原型となる文化を有していたと考えられる。わが国には弥生時代に伝播したと考えられている。

現在はアメリカ，カナダ，ブラジルなどの南北アメリカ大陸がダイズの最も主要な生産地となっている。しかしながら，欧米諸国等にダイズが伝播したのは歴史的にはつい最近のことで，ヨーロッパには 18 世紀，アメリカ大陸へは 19 世紀である。栽培が盛んになってきたのも 20 世紀に入った後である。また，わが国における自給率（平成 30 年）は，ダイズ油としての利用も含めたダイズ全般の利用においては 7%，一方，豆腐，納豆，味噌，醬油などの日本の伝統的な加工品などの食用用途においては 25% である（図 1.12）。

1.4.5　サツマイモ

サツマイモ（学名 *Ipomoea batatas*，英名 sweet potato）は，ヒルガオ科サツマイモ属の多年生作物で，メキシコから南米北部にかけての地域で，紀元前 3000 年頃に栽培化されていたことがペルーの古代資料などから明らかにされている。その後のサツマイモの伝播経路としては 3 つが挙げられる。①紀元前 1000 年頃には古代人によってペルーから西方のポリネシアの島々に伝えられ，フィリピン辺りまで伝播した。②大航海時代にコロンブスが新大陸を発見し，これに伴いスペインに伝わった。その後，アフリカ，インド，東南アジアの植民地に伝播した。③メキシコからグアム，フィリピンへと伝播した。この3つのルートが，フィリピン，ニューギニア辺りで合流した。1604年に，琉球王国の野国総官（のぐにそうかん）によって中国から琉球にサツマイモを持ち帰った（野国総官は役職名で，野国（地名）の総監とされ，実際の人物名は不明）後，儀間真常（ぎましんじょう）により広められた。また，その後の琉球から鹿児島への伝来のルートとしては，①島津家久の琉球出兵の際に兵士が持ち帰った（1611年），②種子島の島主である種子島久基が琉球王尚貞（しょうてい）より取り寄せた（1698年），③薩摩山川の漁師である前田利右衛門が琉球より持ち帰った（1705年）などの経路があるとされている。

サツマイモを「唐芋（からいも）」と呼ぶ地域もある。唐（から）とは7世紀初頭から約300年間栄えた中国の王朝のことで中国から伝来したので唐と呼んだ。伝播したサツマイモを試験的に栽培し，これを広く普及に努めたのが8代将軍徳川吉宗時代の青木昆陽である。サツマイモは漢字で明記すると甘藷（かんしょ）となり，同じ読み方でもあるが，サトウキビの場合甘蔗（かんしょ，もしくは，かんしゃとも読む）となる。

沖縄，奄美などの南西諸島ではイモゾウムシ，アリモドキゾウムシによる被害が大きい。害虫の日本本土への移入を防ぐため，サツマイモは加熱処理加工したものしか県外へ持ち出すことができない。また，沖縄県では地上部のイモの葉は28種類の伝統的島野菜のひとつと指定され現在でも親しまれており，芋がゆ（カンダバージューシー）などに利用する葉を目的生産物とするための育種などを行った事例もある。

1.4.6 ジャガイモ

ジャガイモ（学名 *Solanum tuberosum*，英名 potato）は，ナス科（Solanaceae）ナス属（*Solanum*）に属する多年生植物で，基本染色体数は12本で二倍体から六倍体まで複数の倍数体が存在している。このうち広く栽培されているものは四倍体である。ジャガイモと同じくトマト（*Solanum lycopersicum*）やナス（*Solanum melongena*）もナス科に属するなじみの深い科である。野生種は北アメリカから南アメリカまで広く分布している。栽培種の近縁種はペルーからボリビアにかけてのアンデス地方の高地に分布していることから，この地域から栽培種が起源したと考えられている。その歴史は古く，7000年前に始まったとされている。その後，大航海時代にスペイン人がアンデスに到達し，1570年頃にヨーロッパに伝わった。当初は食用としてではなく，観葉植物として栽培されていた。18世紀にヨーロッパでたびたび発生した飢饉や戦争により，食料として注目されるようになり，ドイツ，東ヨーロッパ諸国では政府が食料としての栽培を奨励し，18世紀末より本格的にジャガイモ栽培が始まった。ナポレオン戦争（1795〜1814年）の頃には，ジャガイモ栽培はロシアまで広がった。ヨーロッパからアメリカへは1621年，イギリスもしくはアイルランド人によって導入された。その後，またたく間に常食として栽培化が進んだ。アフリカへはヨーロッパの入植者により，19世紀に入ってから導入された。アジアへは1600年代にポルトガル人がインドのムンバイ（ボンベイ）に最初に導入し，また，メキシコからフィリピンその他オランダ領西インド諸島へと広がり，そこから中国に 1650～1700 年頃に広がった。

日本への伝播は，1601 年にインドネシアから長崎の出島に伝わったとされている。インドネシアのジャカルタからきたことから，ジャガトラと呼ばれ，ジャガタラとなり，やがてジャガイモと訛りが変化することにより今の形になったという。サツマイモのイモの部分が根に由来する塊根であるのに対し，ジャガイモは茎に由来する塊茎であり，器官が異なる。

1.4.7 トウモロコシ

トウモロコシ（学名 *Zea mays*，英名 maize（英）／corn（米），和名 玉蜀黍）は，イネ科トウモロコシ属の一年生の草本性植物で，世界の三大作物の中で唯一 C_4 型光合成回路を有している（第 3 章参照）。その起源種については，トウモロコシとの交雑が容易であるトウモロコシ属テオシント（*Euchalaena mexicana*）が突然変異によって生じた説や，トウモロコシ属とトリプサクム属（*Tripsacum*）とテオシント属の両者の関与により成立したとの説がある。いずれの説においても起源地は中南米であることは確かであるが，後者の場合，中南米においても，メキシコとペルー・ボリビア・グアテマラの 2 つの地域以上と考えられる。

トウモロコシは，種子中のデンプン質の種類や分布している配置場所により，性質の異なる様々な種に分けることができる（図 1.13）。

1）デント種（dent corn，馬歯種）

胚乳側面が硬質デンプン，中央から丁部にかけては軟質デンプンを含む。成熟して乾燥すると，軟質デンプン組織が収縮し，くぼんで臼歯のようになるため，馬歯種と呼称する。

2）フリント種（flint corn，硬粒種）

胚乳の表面が硬質デンプンで覆われ，軟質デンプンはわずかに組織内部に存在するのみであるため，硬い性質を有する。

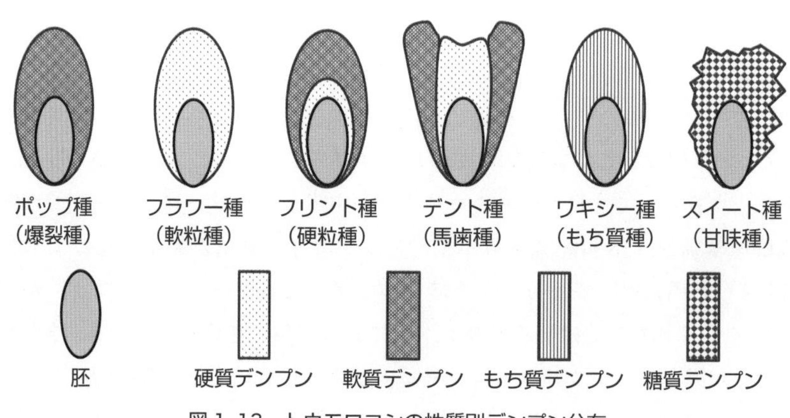

図 1.13 トウモロコシの性質別デンプン分布

3）スイート種（sweet corn，甘味種）

胚乳に糖を蓄積するが，デンプンへの合成はほとんど行われないため，糖分が高い。主に生食用のものはこの種に属する。乾燥するとしわ状になる。

4）ポップ種（pop corn，爆裂種）

胚乳のほとんどが硬質デンプンであり，わずかに軟質デンプンが灰の付近に存在する。熱すると，軟質デンプン中の水蒸気が硬質デンプンによる密閉により圧力が高まり，爆裂することでポップコーンとなる。

5）フラワー種（flour corn，軟質種）

胚乳のほとんどが軟質デンプンからなるため砕けやすい。

6）ワキシー種（waxy corn，もち質種）

ワキシーコーンは粒の外観がワックス様を呈しているため，ワキシー種と呼ばれている。アミロペクチンによって構成される糯質デンプンにより構成されており，主に食用として利用される。

参考図書・文献

1）中尾佐助（1966），『栽培植物と農耕の起源』（岩波新書），pp. 192，岩波書店.
2）渡部忠志（1977），『稲の道』（NHK ブックス），pp. 226，日本放送出版協会.
3）星川清親（1987），『改訂増補 栽培植物の起原と伝播』，pp. 311，二宮書店.
4）佐藤洋一郎（2002），『稲の日本史』（角川選書），pp. 197，角川書店.
5）日本作物学会 編（2002），『作物学事典』，pp. 554，朝倉書店.
6）N. El. バッサム 著／横山伸也・澤山茂樹・石田祐三郎 監訳（2004），『エネルギー作物の事典』，pp. 383，恒星社厚生閣.
7）大門弘幸 編著（2008），『作物学概論（見てわかる農学シリーズ）』，pp. 196，朝倉書店.
8）貝沼圭二・中久喜輝夫・大坪研二 編（2009），『トウモロコシの科学』，pp. 201，朝倉書店.
9）農山漁村文化協会 編（2010），『地域食材大百科 第1巻 穀類・いも・豆類・種実』，pp. 424，農山漁村文化協会.
10）今井 勝・平沢 正（2013），『作物学』，pp. 300，文永堂出版.
11）後藤雄佐・新田洋司・中村聡（2013），『作物学の基礎Ⅰ 食用作物（農学基礎シリーズ）』，pp. 207，農山漁村文化協会.
12）藤岡信勝（2020），『検定不合格 新しい歴史教科書』，pp. 301，自由社.

第2章 植物のしくみと形態形成

植物は，動物のように自由に動き回れないため，生まれた場所で生き抜くためのしくみを備えている。植物は根から水分や養分を効率良く吸収し，環境に応じて発生・成長するしくみを進化の過程で獲得してきた。頑丈な細胞壁や植物ホルモンによる情報伝達系を持つことは，植物細胞の大きな特徴である。ここでは，植物の体を支える根，茎，葉，花の基本構造と，胚発生を含む成長のしくみ，細胞壁の機能や植物ホルモンの働きについて解説する。

2.1 植物の構造

2.1.1 根

根は，植物が水分や養分を土壌から吸収するための重要な器官である。根の先端から基部（茎に近い方）に向かって，いくつかの領域に分けられる。先端には**根冠**（root cap）があり，基部に向かって細胞分裂帯，伸長帯，成熟帯がある（図 2.1）[1]。根冠は根端分裂組織を守りながら土をかき分け進んでいくための器官である。細胞分裂帯では根端分裂組織で生まれた細胞がさらに分裂を繰り返している。伸長帯では分裂を終えた細胞が急速に伸長成長する。成熟帯において，伸長成長が止まった表皮細胞から**根毛**（root hair）が出現しはじめる。根毛の出現により水分・養分の吸収が強化されることから，この部分を吸水帯とも呼ぶ。

根の先端にある根冠は，重力を感知する中央部のコルメラ細胞と，根端の周りを守る側部根

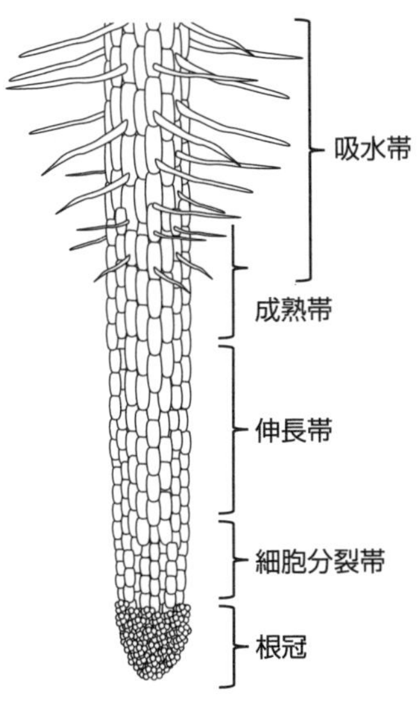

図 2.1　根の基本的な構造
［文献 1 を参考に作成］

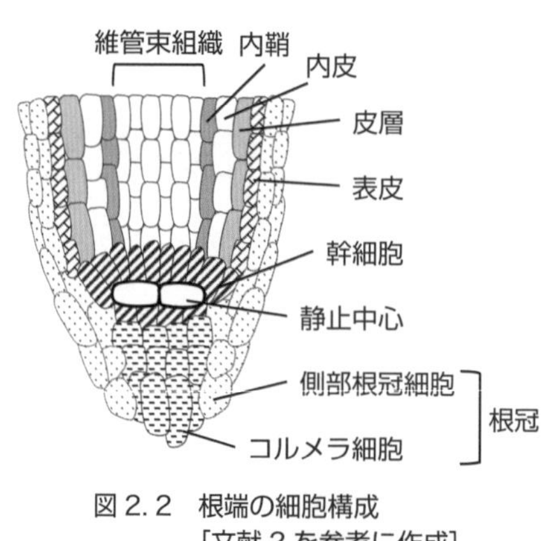

図 2.2　根端の細胞構成
［文献 2 を参考に作成］

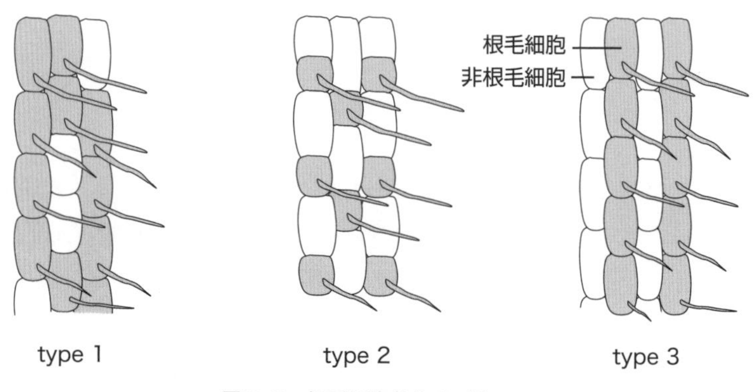

図 2.3　根毛細胞分化のパターン

冠細胞という 2 つの部分から構成されている（図 2.2）[2]。根冠に守られた**根端分裂組織**（root apical meristem）の中央には，静止中心という細胞がほとんど分裂せず止まっているように見える部分がある。静止中心からの指令により，周りの幹細胞は分裂・増殖能力を維持していると考えられている。静止中心の周りの幹細胞からは常に新しい細胞が生み出されており，外側から表皮，皮層，内皮，内鞘，維管束組織に分化する。静止中心の下方にはコルメラ幹細胞があり，根冠のコルメラ細胞を生み出している。(図 2.2)。

根毛は，植物体を支え地上部の成長を促す重要な器官であるため，ほとんどの陸上植物が持っている[3]。根毛形成パターンには，主に次の 3 つのタイプがある。根のすべての表皮細胞からランダムに根毛が形成されるタイプ（type 1），根毛ができる小さめの細胞と根毛のない大きめの細胞が縦方向に交互に形成されるタイプ（type 2），根毛ができる細胞の列と根毛のできない細胞の列が形成されるタイプ（type 3），の 3 つである（図 2.3）[4]。研究材料として世界中で使われるモデル植物の**シロイヌナズナ**（*Arabidopsis thaliana*）は type 3 の根毛形成パターンを示し，根の横断面を見ると，8 本の根毛が円周上に規則的に形成されている（図 2.4）。表皮細胞が根毛細胞に分化するのか非根毛細胞に分化するのかは，表皮細胞とその 1 層内側にある皮層細胞との位置関係により決定される。表皮細胞が，2 つの皮層細胞に接触する位置にあると根毛細胞に分化し，1 つの皮層細胞にしか接触しない位置にある場合は非根毛細胞に分化する。

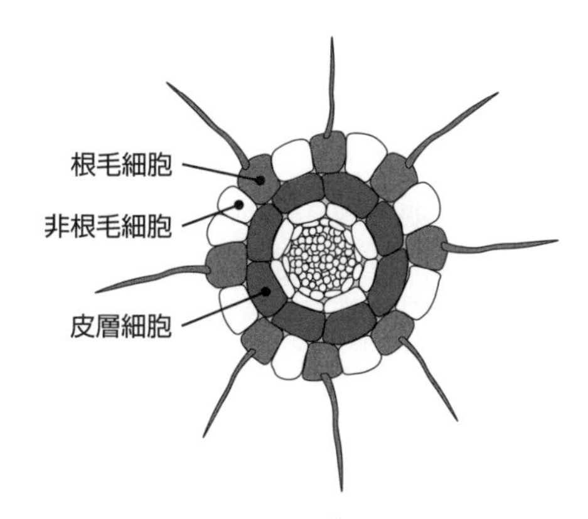

図 2.4　シロイヌナズナの根の横断面

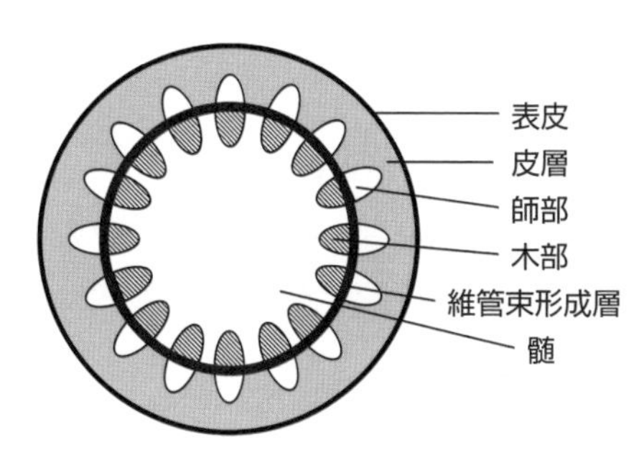

図 2.5　茎の横断面
[文献 6 を参考に作成]

その結果，根の横断面の周囲には 8 つの根毛細胞が形成されることになる（図 2.4）[5]。

2.1.2　茎

茎は，植物の体を支える基本的な器官である。海から陸上へ進出した植物は，太陽の光を求めて競い合うため，他の個体より背を高くしようとして茎を伸ばす方向に進化した。茎は，根から取り込んだ水や養分を地上部まで届けるための通路となり，同時に，光合成でできた炭水化物を葉から全身に送るための通路となる。基本的に茎は，根とつながった同様の組織から構成されるため，外側から，**表皮**（epidermis），**皮層**（cortex），**維管束**（vascular bundle），髄のように形成されている（図 2.5）[6]。

草本性植物の茎の表面は，1 層から数層の表皮細胞と，その外側のクチクラ層により保護されている。クチクラ層は，ワックス成分により乾燥などから植物を守っている。木本性植物の茎は肥大成長するため，表皮細胞だけでは周囲を覆いきれなくなる。そのため表皮の内側に周皮という組織を発達させ，内部の維管束を保護している。周皮は，コルク層，コルク形成層，コルク皮層から構成されている。ちなみに，よく使われる「樹皮」という言い方は，維管束形成層の外側の組織をすべて含む部分を指す言葉である。

維管束は，大まかに**木部**と**師部**（篩部とも書く）からなる。どちらも長く伸びた管状の組織で形成されている。木部の主な役割は，植物の体を支え，水を根から地上部へ送り届けることである。通常，木部が茎の内側に近いところに，師部が外側に近いところに位置する（図 2.5）。木部は道管（導管とも書く），仮道管（仮導管とも書く），木部柔組織，木部繊維で構成されている。道管と仮道管は水の吸収と植物体の支持の両方の機能に関わる。木部繊維は分厚い細胞壁を持つ木部繊維細胞からなり，幹の強度維持に貢献している。道管や仮道管は，水を通すために内部を空にした死んだ細胞が，細胞どうし縦につながってできたパイプ状の組織である。師部には師管（篩管とも書く）があり，光合成でできた炭水化物を葉から全身に送り届ける。師管は道管とは異なり，生きた細胞からできている。細胞の上下に篩（ふるい）のような穴が空いていることから「篩管」と名付けられた。ただし師管細胞は核を持たない特殊な細胞であるため，必要なタンパク質を合成し，供給するための伴細胞が師管細胞の隣に付いている。

形成層は，太さ方向への成長を制御する分裂組織である。維管束形成層は，その内側に木部を，外側に師部を形成する（図 2.5）。また，先に触れたコルク形成層は木本性植物の体を保護する周皮を形成する。

髄は，維管束より内側の，茎の中心部にある組織である（図 2.5）。通常，柔組織からなり，細胞間隙が多い。草本性植物では，茎の太さ方向への成長について行けずに髄が欠落し，空洞になることが多い。木本性植物では，髄がデンプン粒などを含む貯蔵組織になることが多い。

2.1.3 葉

葉は，光合成をはじめ，大気とのガス交換や水の蒸散作用を司る重要な器官である。一般的に葉は，平らな葉身とこれを支える葉柄を持つ。しかし，多くの単子葉植物には葉柄がなく，代わりに葉の基部に葉鞘がある。葉は，茎の先端にある**茎頂分裂組織**から生み出される。ドーム型の茎頂分裂組織の中央に，分裂・増殖能を維持している幹細胞領域がある。幹細胞が増殖することで増えた細胞が周辺部に押し出され，成長・分化し，葉の元となる葉原基が作られる。

茎頂分裂組織には，幹細胞の数を一定に保つしくみがある。幹細胞領域の下方では，*WUS*（*WUSCHEL*）という転写因子の遺伝子が発現している。転写因子は，DNA の遺伝情報を RNA に転写する過程をコントロールするタンパク質である。WUS タンパク質は，細胞と細胞の間をつなぐ管である原形質連絡を通って上部に位置する幹細胞領域に移動し，組織に幹細胞の性質を与える。同時に WUS タンパク質は転写因子として *CLV3*（*CLAVATA3*）遺伝子を活性化する。*CLV3* 遺伝子からは分泌性のペプチドが翻訳され，拡散する。*WUS* 遺伝子を発現する細胞の受容体が CLV3 ペプチドを認識すると，*WUS* 遺伝子の発現を抑制する。つまり，幹細胞が増えすぎると CLV3 が増え，WUS を抑制するというふうに，茎頂分裂組織の幹細胞数は，組織間のフィードバック制御により一定数に保たれている（図 2.6）。

茎頂分裂組織から周辺に押し出された細胞のどの位置に葉原基が作られるのかについては，次のようなしくみが提唱されている。茎頂分裂組織で作られた細胞は，細胞膜に **PIN**（PIN-FORMED）というタンパク質を備えている。PIN タンパク質には植物ホルモンのオーキシンを汲み出す機能があり，それによってオーキシンの流れる向きを決めている（2.5.1 項参照，図 2.16）。PIN タンパク質の配置により茎頂でのオーキシン濃度に偏りが生じると，オーキシン濃度が高くなった部分に葉原基が生じる。一方，オーキシン濃度の偏りにより濃度が低くなっ

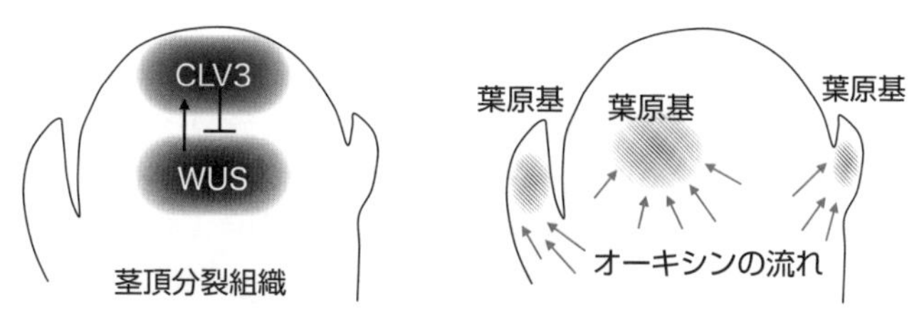

図 2.6 幹細胞数のフィードバック制御（左）・オーキシンによる葉の分化制御（右）
［文献 2 を参考に作成］

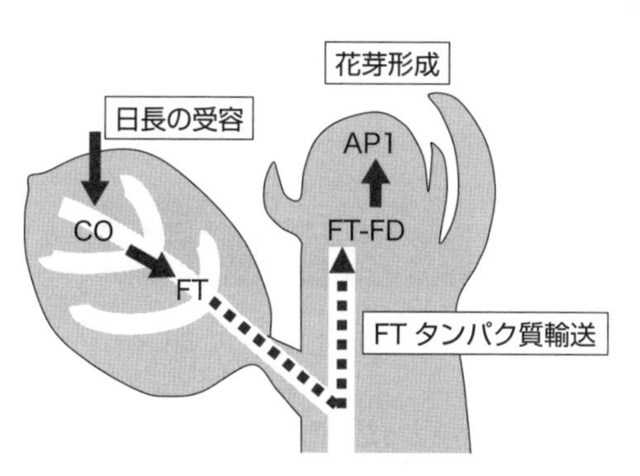

図 2.7 フロリゲンの働き
［文献 8 を参考に作成］

た部分からは葉原基が作られないので，次の葉原基分化は一定の距離を置いた場所から始まることになる（図 2.6）[7]。このようなオーキシンの流れによる濃度分布に規則性ができれば，それが葉の作られる位置の規則性として現れると考えられている。

2.1.4 花

植物は季節の変化を感じ取って花を咲かせる。それは，光や温度といった環境の変化を葉で感じ取って花まで伝えることによる。日の長さや生育温度など一定の条件を満たすと，茎の先端の茎頂分裂組織では，葉を作る代わりに花を作るようになる。葉が季節を感じ取っていることは，葉をすべて取り除くと花が咲かなくなることなどから，20 世紀のはじめにはわかっていた。花を咲かせる環境条件を感じて葉から茎の先端へ何らかの物質が送り込まれると予想され，その想定物質は**フロリゲン**（花を咲かせるもの）と名付けられた。しかし長い間その実体は不明であった。2005 年から 2007 年にかけてようやくその正体が明らかにされた。この解明には，日本の研究者も多大な貢献をしている。モデル植物シロイヌナズナは，春になると日が長くなる（昼の時間が夜より長い）のを感じて花を咲かせる「長日植物」である。花を咲かせるのに必要な日長を葉が感じ取ると，CO（CONSTANS）というタンパク質を葉に溜め込む。CO タンパク質は，転写因子として *FT* 遺伝子の転写のスイッチをオンにし，FT（FLOWERING LOCUS T）タンパク質を作る。この FT タンパク質こそが，フロリゲンの実体であった。葉で作られた FT タンパク質は，師管を通って茎頂分裂組織に送られ，そこで FD タンパク質と結合する。FT-FD 複合体は，花を作る *AP1*（*APETALA1*）遺伝子の転写のスイッチをオンにし，茎頂分裂組織で葉になるはずだった組織から花を作り出す（図 2.7）[8]。

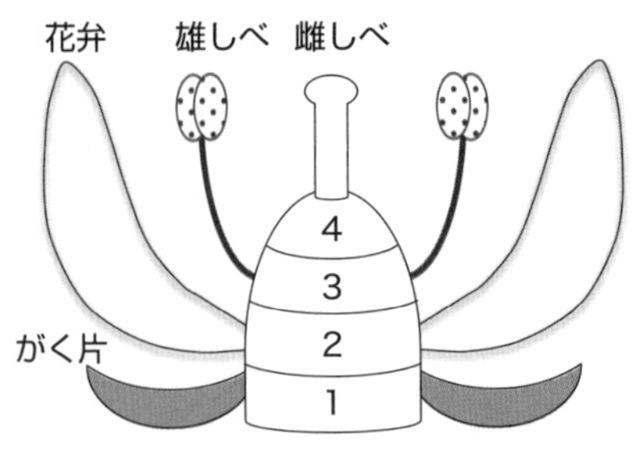

図 2.8　花の縦断面
[文献 8 を参考に作成]

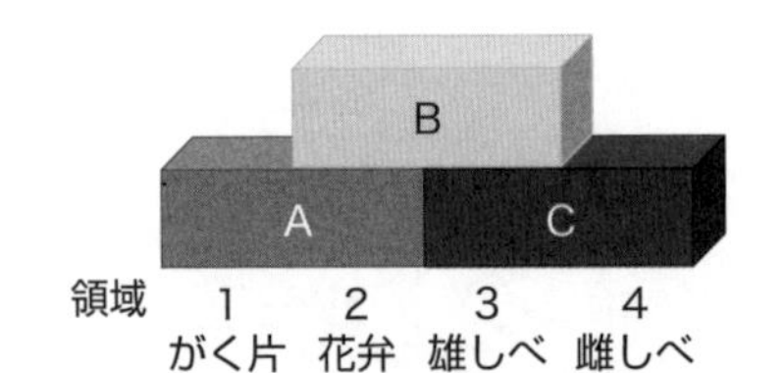

図 2.9　ABC モデル
[文献 8 を参考に作成]

イネや他の植物でも，FT と同様のタンパク質が花成を引き起こすことが明らかにされている。なお，葉が日長を測るのは，実際には昼の長さではなく夜の長さである。

花 (flower) は，もともと葉であったものが変形してできた器官である。その証拠に，花を作るための遺伝子をすべて働かなくすると，花の代わりに葉のような構造に置きかわってしまう。花は，基本的に 4 つの花器官から構成されている。がく片，花弁，雄しべ，雌しべの 4 つである。花の縦断面を見ると，がく片 (sepal)，花弁 (petal)，雄しべ (stamen)，雌しべ (pistil) がそれぞれ 4 つの別の位置から出現していることがわかる（1, 2, 3, 4 の位置；図 2.8)。この 4 つの領域で，3 種類の転写因子が働くことで，これらの花器官が作り出されることを説明する洗練されたモデルが提唱された。A, B, C の 3 種類の転写因子によりがく片，花弁，雄しべ，雌しべを作り出すので，このモデルのことを「**ABC モデル**」と呼ぶ (図 2.9)。領域 1 では，A の転写因子のみが働いてがく片が作られる。領域 2 では，A と B の転写因子が働いて花弁が作られる。領域 3 では，B と C の転写因子が働いて雄しべが作られる。領域 4 では，C の転写因子のみが働いて雌しべが作られる。ちなみに A の転写因子の正体は，上記のフロリゲンの説明で登場した *AP1* 遺伝子であった。AP1 が働くと，領域 1 でがく片が作られ，次に B や C の転写因子も働き始めるという順番で，残りの花器官が作られるようになる。

2.2 植物の胚発生

花器官での受粉と受精が胚発生の出発点である。花粉は，雄しべにおいて，二倍体細胞（$2n$；二組の染色体を持つ）である花粉母細胞が**減数分裂**で半数体（n；一組の染色体を持つ）の四分子となることで形成される。四分子の各小胞子からは，不等分裂により栄養細胞と雄原

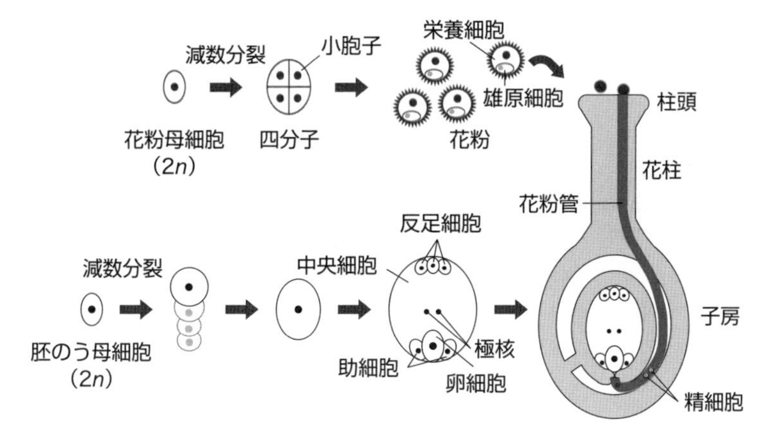

図 2.10　生殖細胞の形成
[文献 6 を参考に作成]

細胞が形成される。花粉が雌しべに付着（受粉）すると，花粉は発芽し花粉管を伸ばす。花粉管内で雄原細胞はさらに分裂して 2 つの精細胞を生じる（図 2.10）。一方，雌しべでは卵細胞が作られる。胚珠の中の胚のう母細胞（$2n$）から減数分裂で四分子（n）を生ずるが，そのうち 1 つだけを残して 3 つは退化・消失する。残った 1 つの細胞は，3 回分裂を繰り返し，卵細胞と 2 つの助細胞，2 つの極核を持つ中央細胞，3 つの反足細胞を形成する（図 2.10）。

花器官には雄しべと雌しべが同居するので，受粉はたやすいと思うかもしれない。しかし，ほとんどの植物は，同じ花の雄しべと雌しべによる**自家受粉**を避けるしくみを備えている。自家受粉では親と同じ遺伝情報しか受け継がれず，多様性に富む生存能力の高い子孫を残すことができない。そのため多くの植物が自家受粉を避けるように進化したのだと考えられる。自家受粉を避けるしくみには，おおまかに分けて次の 2 つの方法が挙げられる。1 つは，時間的または空間的に受粉を妨げる方法である。雄しべと雌しべの成熟の時期をずらす（雌雄異熟），あるいは雄花と雌花を別の個体に作る（雌雄異株）ことで自家受粉が避けられる。もう 1 つのしくみは，自己の花粉が付着しても受精できなくする「**自家不和合性**」である。自家不和合の性質を持つ植物の雌しべは，柱頭に付着した花粉を識別し，自分と同じタイプの遺伝情報を持つ花粉だと判断すると，自己の花粉とみなして拒絶する。しかし，自分と異なるタイプの遺伝情報を持つ花粉が付着すると，他者の花粉とみなして受け入れる。

植物の中には，自己の花粉を受け入れる種類もある。これらは，「自家不和合性」に対して「**自家和合性**」であると言い，モデル植物のシロイヌナズナ，イネ（*Oryza sativa*），ダイズ（*Glycine max*）などが代表例である。自家和合性では同じ遺伝情報を持つ個体を繁殖できるので，研究に有利な材料として重宝されている。チャールズ・ダーウィン（Charles Darwin）は，なぜ自家和合性の植物も存在するのかについて考察し，「周囲に交配可能な他の個体がいないような環境では，自家和合性のほうが有利である」という「繁殖保証仮説」を 1876 年に提唱した。つまりこの仮説は，先に自家不和合性のしくみがあり，その後自家和合性のしくみができたことを示唆している。この仮説が正しいことは，その後の研究により証明されている。シロイヌナズナの自家和合性は，自家不和合性に関わる遺伝子の 1 つに変異が起こったため獲得さ

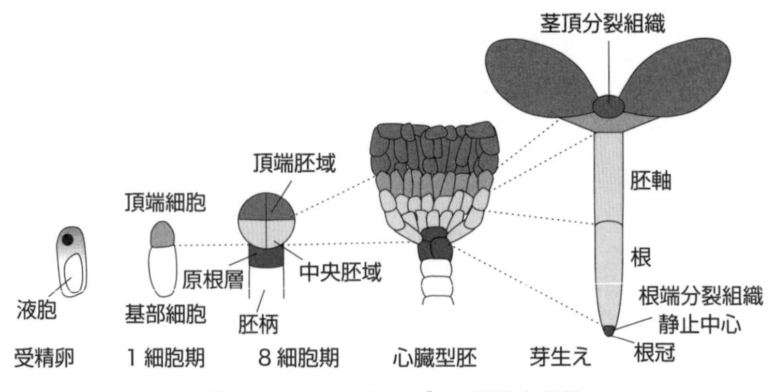

図 2.11　シロイヌナズナの胚発生過程
[文献 6 を参考に作成]

れた性質であることが 2010 年に明らかにされたのである。この変異は，数万年から数十万年前に起こったものであった。この時期は，氷期と間氷期のサイクルにより植物分布が大きく変動していた時代である。つまり，植物は厳しい環境における生存のために自家和合性のしくみを獲得したと考えられる。

受粉後，自家不和合性の壁を乗り越えて伸長した花粉管が胚のうに到達すると，2 つの精細胞による 2 つの受精が起こる。これが**重複受精**である。1 つ目の受精は精細胞（n）と卵細胞（n）によるもので，受精卵（$2n$）が形成され，これがやがて胚となり植物体に成長する。もう 1 つの受精は，精細胞（n）と中央細胞（$n+n$）によるもので，胚の栄養となる胚乳（$3n$）が作られる。中央細胞には 2 つの極核（$n+n$）があるため，胚乳組織は $3n$ となる（図 2.10）。

シロイヌナズナを例に胚発生過程をたどってゆくと，受精卵の段階ですでに上下の区別が生じていることがわかる（図 2.11）。基部側（下側）に大きな液胞があり，頂端側（上部）に核と細胞質が押しやられている。この上下を分けるような受精卵の不等分裂により，小さい頂端細胞と長い基部細胞が生み出される。この時期を，頂端細胞の数に基づき 1 細胞期と呼ぶ。以降同様に，頂端細胞の分裂が進むにつれて 2 細胞期，4 細胞期，8 細胞期と呼び，さらに球状胚期，心臓型胚期，魚雷型胚期と呼ばれる時期を経て胚発生が進行する。8 細胞期には，頂端細胞が 4 細胞ずつの上下の細胞領域に分かれる。上側の頂端胚域の 4 細胞は，最終的に子葉や茎頂分裂組織に成長する。下側の中央胚域の 4 細胞からは，胚軸と幼根の上部ができる。基部細胞は横分裂して胚柄を形成するが，胚柄の一番上の細胞を残して最終的に胚柄は消失する。生き残った細胞は，原根層細胞となる。原根層細胞は分裂して根端分裂組織の中央に位置する静止中心と根冠細胞の幹細胞になる。したがって，芽生えの大部分は 1 細胞期の頂端細胞に由来するもので，根端部分のみ基部細胞の一部に由来していると言える。受精卵で確立した上下軸を，芽生えでは頂端-基部軸という。頂端-基部軸の頂上に茎頂分裂組織が位置し，根の先端に根端分裂組織が位置しており，それぞれから様々な組織・器官が形成されてゆく。頂端-基部軸を中心軸に，根や茎の横断面に見られるような同心円状の構造（放射軸）が完成する（図 2.4，2.5 参照）。

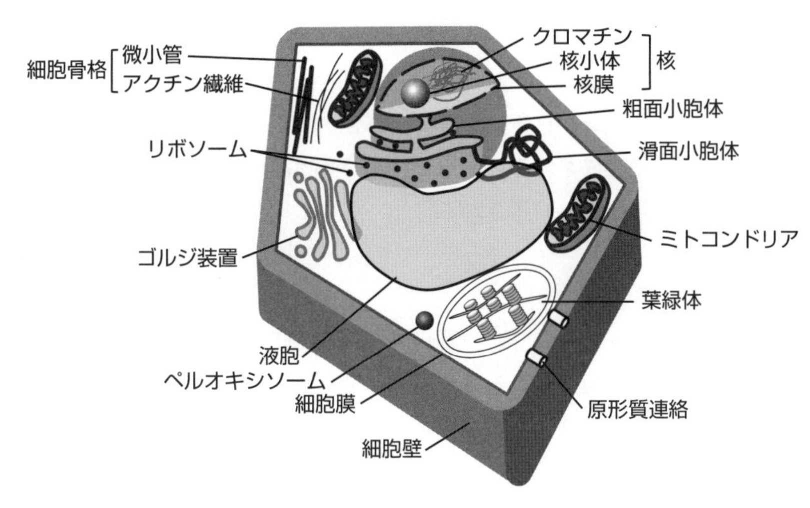

図 2.12　植物細胞

2.3 細胞構造

植物細胞の基本構造について簡単に紹介する。植物を構成する細胞は，核や細胞小器官が細胞膜に包まれた，真核細胞に共通する構造を持つとともに，**葉緑体**，**液胞**，**細胞壁**といった植物細胞に特徴的な構造を持つ。主な細胞内構造（細胞小器官）は以下のとおりである（図 2.12）。

2.3.1　核

核（nucleus）は，細胞の遺伝子（DNA）のほとんどを収めている情報センターである。核に存在する大量のクロマチン（DNA とタンパク質からなる物質）は，細胞分裂時に凝縮し染色体として観察される。核小体はリボソームの合成に関わる構造であり，1 つの核に 1 個かそれ以上存在する。核は二重の核膜で包まれており，小胞体とつながっている。

2.3.2　小胞体

小胞体（endoplasmic reticulum）は，袋状または管状の膜からなる網状の構造体である。膜の合成とその他の代謝過程に関わる。リボソームが結合して表面がザラザラしているように見える粗面小胞体と，表面がなめらかに見える滑面小胞体がある。粗面小胞体では，リボソームで作られたタンパク質に糖鎖を付加し，糖タンパク質を生成する。分泌タンパク質の場合，膜に包まれた状態の輸送小胞として小胞体から放出される。

2.3.3　リボソーム

リボソーム（ribosome）は RNA とタンパク質からなる粒子で，タンパク質合成を行う。小胞体あるいは核膜の外側に結合している「膜結合リボソーム」と，細胞質中に浮遊している「遊離リボソーム」の 2 種類がある。

2.3.4 ゴルジ装置

小胞体を出た多くの輸送小胞はゴルジ装置（golgi apparatus）へ運ばれ，シス面（小胞体に近い側）で融合する。ここでタンパク質はさらに修飾を受ける。ペクチンや非セルロース性の細胞壁多糖類はゴルジ装置で合成される。ゴルジ装置の産物は，トランス面（細胞膜に近い側）から出芽した小胞により目的地へ輸送される。

2.3.5 ミトコンドリア

ミトコンドリア（mitochondrion）は，細胞呼吸を行う細胞小器官である。ATP のほとんどはここで作られる。外膜と内膜からなる二重の膜に包まれている。外膜はなめらかだが，内膜はクリステと呼ばれるひだにより入り組んでいる。内膜に包まれたミトコンドリアマトリクスにはミトコンドリア DNA，様々な酵素，リボソーム等が含まれる。細胞呼吸のいくつかの段階はマトリクス酵素で触媒される。ATP 合成酵素などは内膜に組み込まれている。

2.3.6 葉緑体

光合成の場である葉緑体（chloroplast）は，クロロフィルや光合成酵素などを持っている。葉緑体も二重の膜（外膜と内膜）に包まれている。葉緑体の内部には，チラコイドと呼ばれる扁平な袋状の膜系があり，コインを重ねたようにチラコイドが積み重なったものをグラナと呼ぶ。チラコイドの外側の液体のことをストロマと言い，グラナをつないでいる膜系がストロマラメラである。

2.3.7 液胞

液胞（vacuole）は，多様な機能を有する植物細胞に特徴的な器官である。貯蔵，不要物の分解，高分子の加水分解などの機能をもつ。植物の成長は，主に液胞の体積の増大によるものである。成熟した植物細胞では，細胞体積の 95% 以上を液胞が占めている。

2.3.8 ペルオキシソーム

ペルオキシソーム（peroxisome）は，酸化反応を行う一重膜で包まれた球状の細胞小器官である。過酸化水素を副産物として産生するが，その後カタラーゼにより水に変換する。ミトコンドリアや葉緑体に近接し，中間代謝物を交換する。

2.3.9 細胞膜

すべての細胞は，タンパク質を含む脂質二重層でできた細胞膜（cell membrane）に包まれている。細胞膜の最も重要な脂質は，リン脂質である。流動モザイクモデルによると，細胞膜には様々なタンパク質が浮遊しており，そのうちの輸送タンパク質が，選択的に物質を輸送する。

2.3.10 原形質連絡

細胞壁を貫通する通路であり，隣接する細胞の細胞質を連結する。原形質連絡（plasmodesma）により，植物体を構成する細胞のひとつひとつはつながっている。

2.3.11　細胞骨格

細胞骨格は，立体的に細胞の形を維持するとともに，細胞小器官の配置や運動を支える足場としての役割を果たす。また，細胞分裂や細胞壁の構築においても重要な機能をもつ。植物の細胞骨格には，微小管（microtubule）とアクチン繊維（actin filament）の2種類がある。微小管はチューブリンと呼ばれる球状タンパク質が重合してできた中空の繊維である。アクチン繊維は，球状タンパク質のアクチンが重合したらせん状の構造をとる。

2.3.12　細胞壁

細胞壁（cell wall）は，細胞の形を維持し，物理的な強度を付与することで傷害から細胞を保護する役割を果たす。セルロースや他の多糖類およびタンパク質から構成されている。細胞壁については，次項でさらに詳しく解説する。

2.4 細胞壁

植物細胞の大きな特徴は，頑丈な細胞壁を持つことである。動物と植物は形態も成長様式もまったく異なるが，その違いは細胞壁の有無によるところが大きい。植物は，細胞壁の構造と強度により，ときには100 mにも達する巨体を支えることができる。

分裂直後の若い植物細胞では，まずしなやかな一次細胞壁が作られる。その後，細胞の伸長成長が終わると，一次細胞壁の内側に頑強な二次細胞壁が沈着し，堅い組織が出来上がる。細胞壁構造の骨格となるのは，グルコース（$C_6H_{12}O_6$）が鎖状につながってできた**セルロース微繊維**である。植物は，光合成でつくった糖を，エネルギー源としてだけではなく自分の体の骨格の材料としても使っている。細胞壁は，セルロース微繊維の骨格がマトリックスと呼ばれる非結晶性の多糖等に埋め込まれた，いわば鉄筋コンクリートのような構造でできている。さらに二次細胞壁のマトリックスはリグニンを多く含み，より強い構造を作り上げている。

シロイヌナズナの一次細胞壁を見ると，結晶性のセルロース微繊維同士をマトリックスの架橋性多糖である**キシログルカン**がつなぎ，マトリックスの充填性多糖である**ペクチン**がそれら

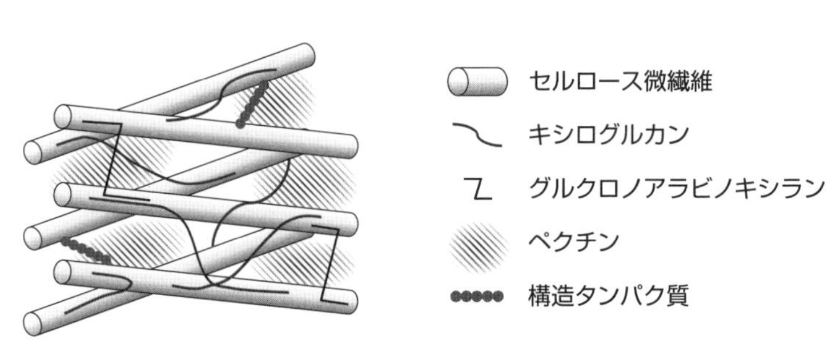

図2.13　シロイヌナズナの一次細胞壁
［文献9を参考に作成］

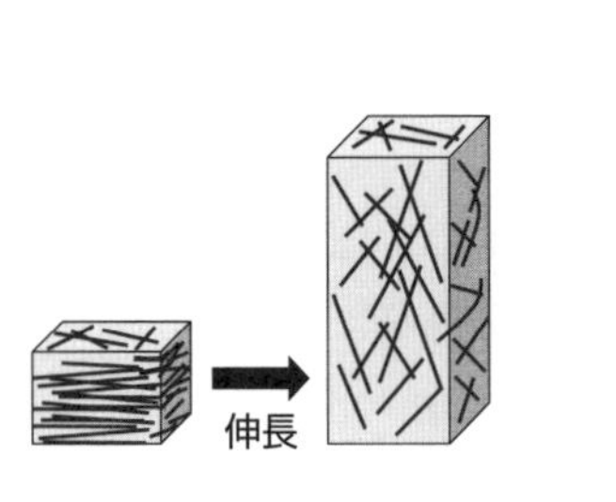

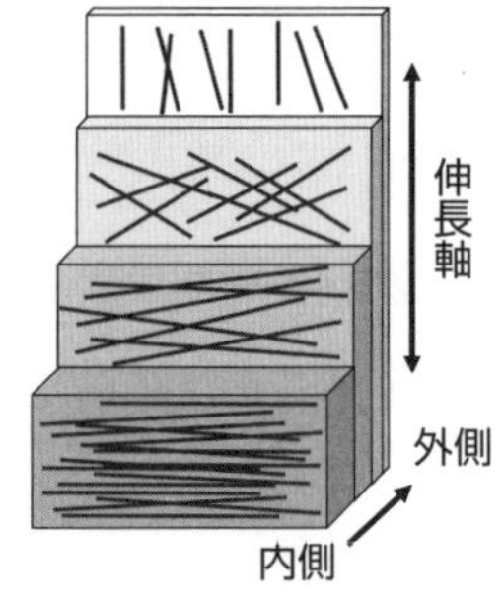

図 2.14　セルロース微繊維の配向
［文献 9 を参考に作成］

の空間を充たしている（図 2.13）[9]。この基本構造のマトリックスにはグルクロノアラビノキシランや構造タンパク質なども存在し，構造的・機能的な役割を持つと考えられている。

セルロース微繊維は，グルコース分子がつながったグルカン鎖が，水素結合により数十本束になって結晶化したものである。天然繊維の中では最も引っ張り強度の高い化合物とされている。植物がどのようにしてセルロース微繊維を合成しているのかについては，次のようなモデルが提唱されている。**セルロース合成酵素 CesA**（Cellulose synthase A）は，グルコース分子を重合してグルカン鎖を作る過程を触媒する酵素である。シロイヌナズナには 10 種の *CesA* 遺伝子（*CesA1〜10*）が見つかっている。この CesA タンパク質を 36 個含むセルロース合成装置が細胞膜上を移動しながらグルカン鎖を細胞外に吐き出すことで，細胞壁にセルロース微繊維が紡ぎ出されていく。セルロース微繊維の沈着する方向（配向）と細胞膜の内側に張り付いている表層微小管の向きが一致することから，セルロース合成装置の移動方向は表層微小管によって制御されると考えられている。そしてそのしくみについては，2 本の表層微小管の間をセルロース合成装置が進むガードレールモデルと，1 本の表層微小管の上をセルロース合成装置が進むモノレールモデルが提唱されている。細胞は，セルロース微繊維の向き（配向）と垂直に伸長する（図 2.14）[9]。その結果，伸長成長が進んだ外側の細胞壁層に行くにつれ微繊維の配向はランダムになり，やがて伸長方向と平行になっていく（図 2.14）。

セルロース微繊維が細胞膜上で合成されるのに対し，マトリックス多糖類は細胞内の小胞体・ゴルジ装置で合成され細胞壁に分泌される。キシログルカンは，セルロース微繊維に一部接着してセルロース微繊維どうしをつなぐ，架橋性多糖である。**エンド型キシログルカン転移酵素 / 加水分解酵素**（xyloglucan endotransglucosylase/hydrolase: XTH）は，キシログルカン架橋のつなぎ換えや切断を触媒する酵素で，この転移・切断反応により細胞壁の構造が変化する（図 2.15）[10,11]。ペクチンは，ゲル状の充填性多糖であり，カルシウムやホウ素による架橋を通じて巨大なネットワークを作っている。

細胞壁には構造タンパク質と呼ばれるタンパク質群が存在し，二次壁を疎水性で強靭にする役割を担っている。構造タンパク質には，プロリン／ヒドロキシプロリン型タンパク質と，グリシン型タンパク質の 2 種類がある。

リグニンは，疎水性で強固な細胞壁を作るために重要なフェノール性化合物である。高い木

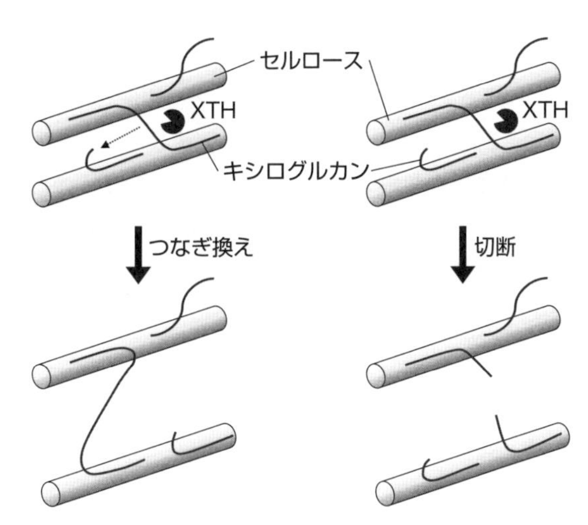

図 2.15 XTH によるキシログルカンのつなぎ換えと切断
[文献 10, 11 を参考に作成]

の地上部を支えるための維管束細胞壁の補強や，道管から水を漏らさないための疎水性の維持に，リグニンは不可欠な細胞壁成分である。ちなみに葉や茎の表面は，クチンやワックス（ロウ）などの疎水性成分により守られている。根の表面やカスパリー線の疎水性細胞壁成分は，スベリンである。

植物細胞の成長はほとんど水の吸収によるもので，「**吸水成長**」とも呼ばれる。吸水成長は，細胞壁により制御されている体積の増大である。細胞の中は水溶液濃度が高いので，細胞の外から水を吸い込もうとする力，つまり「浸透圧」が高い。細胞内，具体的には液胞内に細胞の膜，つまり「半透膜」をとおして水が取り込まれると，その水圧により細胞膜が膨張し，細胞壁を内から外へと押す。その力を「膨圧」といい，細胞壁がそれを押し返す力を「壁圧」と呼ぶ。膨圧と壁圧が釣り合っていれば，細胞の形や大きさが変化することはない。吸水成長を達成するには，膨圧が壁圧より高くなる必要がある。植物は，硬い細胞壁をゆるめて壁圧を低くすることで，吸水成長を達成する。この細胞壁のゆるみの制御に関わる有力な候補が，キシログルカンのつなぎ換えや切断を触媒する XTH である（図 2.15）。その他，エクスパンシンやイールディンといった細胞壁のゆるみに関与する細胞壁タンパク質が報告されているが，全体像は未解明な部分が多い。

2.5 植物ホルモン

植物は外界からの刺激を感知し，環境に柔軟に適応しながら生きている。植物ホルモンは，様々な環境の変化に応じて情報を組織に伝えるための情報伝達物質である。基本的に植物ホルモンの作用は，各植物ホルモンに特異的な受容体と結合し，植物の成長や反応を調節することで達成される。現在までに認められている植物ホルモンには，オーキシン（auxin），ジベレリン（gibberellin），サイトカイニン（cytokinin），エチレン（ethylene），アブシジン酸（abscisic acid)，ブラシノステロイド（brassinosteroid），ジャスモン酸（jasmonic acid），サリチル酸（salicylic acid），ストリゴラクトン（strigolactone）の 9 種類がある。

各植物ホルモンの機能を一概に言うことは難しい。なぜなら，1 つの植物ホルモンでも多様な機能を持つうえに，植物の種類や組織の違いまたは植物ホルモンの濃度によってもまったく異なる効果を示すからである。植物ホルモンどうしの相互作用もあり，事態はさらに複雑である。上記をふまえたうえで，それぞれの植物ホルモンの大まかな特徴について以下に紹介する。

2.5.1　オーキシン

オーキシンは，ダーウィン親子（Charles Darwin and Francis Darwin）の「**光屈性**」研究がきっかけとなり発見に至った植物ホルモンである。ダーウィンらは，芽生えの先端が光を感知し，何らかの刺激が下方に伝わることを見いだした。その後，1913 年にボイセン・イェンセン（Peter Boysen Jensen）がその刺激が水溶性のものであることを，1918 年にパール（Arpad Paal）が化学物質であることを示した。1926 年にウェント（Frits Warmolt Went）が，その化学物質がゼラチン片に単離できることを実証した。のちにこの化学物質はオーキシンと名付けられ，インドール酢酸（IAA）という化合物が実体であることが明らかにされた。オーキシンの特徴的な作用は，植物の成長を促進することである。茎が光の方向に屈曲するのは，光の当たらない側にオーキシンが多く分布し成長を促進するので，光の当たる側と影側で成長の差ができるからである。IAA の合成経路は未だ不明な点が多いが，アミノ酸の 1 種のトリプトファンが前駆体であることはほぼ確定している。

2.2 項「植物の胚発生」で述べたとおり，植物は胚発生の初期から上下の区別（極性）がある（図 2.11）。この極性は重力の影響を受けない生まれながらのもので，切断した茎を逆さに置いても元の下側（根側）からは根が，元の先端側からは芽が出ることからも明らかである。極性

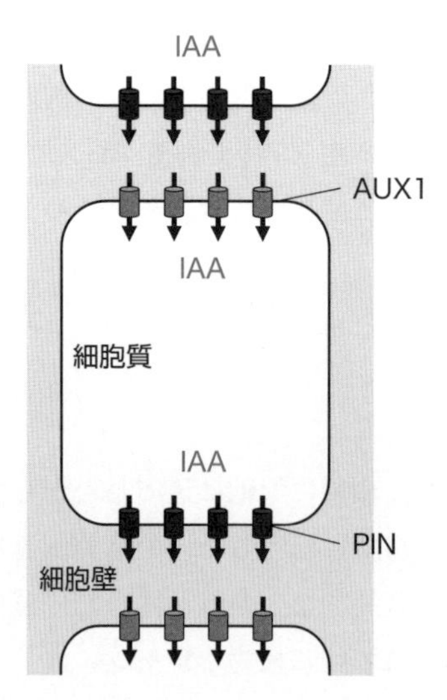

図 2.16　オーキシン（IAA）の極性輸送

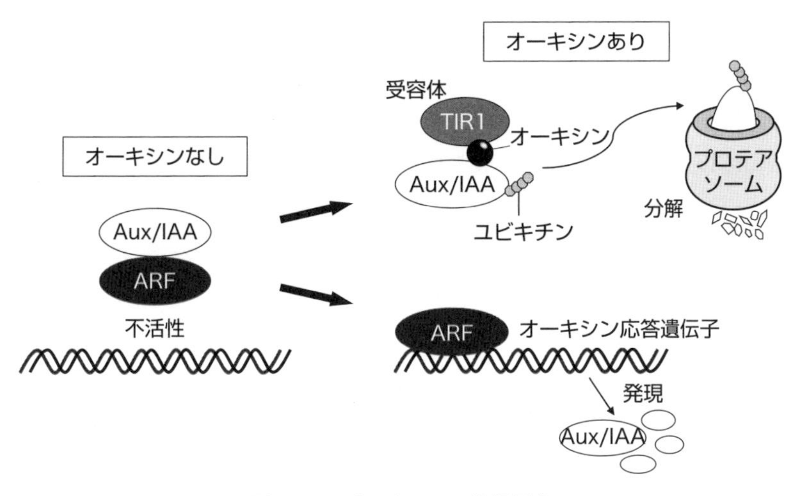

図 2.17　オーキシンの情報伝達

は，オーキシンが茎の先端で作られ基部へ向かって一方向に流れることで形成される。オーキシンの流れは，細胞どうしの能動的な輸送によるものなので「**極性輸送**」と呼ばれる。極性輸送を担うのは，オーキシンを細胞から排出する PIN タンパク質と，オーキシンを細胞内に取り込む AUX1（AUXIN RESISTANT 1）タンパク質という 2 種類の輸送体である（図 2.16）。PIN と AUX1 によりオーキシンの排出と取り込みを繰り返すことで，植物体内でのオーキシンの流れが作り出される。オーキシンの輸送方向の決定には，特に排出側の輸送体である PIN が重要な役割を果たすと考えられている。

では，輸送体を通って運ばれてきたオーキシンを，細胞はどのようにして感知しているのだろうか？　オーキシンがない場合，通常 Aux/IAA（Auxin/Indole-3-Acetic Acid）タンパク質が ARF（AUXIN RESPONSE FACTOR）という転写因子タンパク質と結合し，ARF が転写因子として働かないよう不活性化している（図 2.17）。そこに細胞に取り込まれたオーキシンが届くと，オーキシンはまず受容体タンパク質 TIR1 と結合し，さらにオーキシンが接着剤となって Aux/IAA タンパク質とも結合する。すると，Aux/IAA タンパク質に**ユビキチン**が付加する（ユビキチン化）。ユビキチンはタンパク質分解の目印となるため，ユビキチンの付いた Aux/IAA タンパク質は，細胞内にあるタンパク質分解酵素複合体である**プロテアソーム**に運ばれて分解される。その結果，Aux/IAA タンパク質を失い不活性化から解かれた ARF タンパク質が転写因子として活性化すると，いくつものオーキシン応答遺伝子が発現し機能を発揮する（図 2.17）。オーキシン応答遺伝子の中には，細胞壁関連遺伝子の *XTH* やエクスパンシンも含まれる。このことは，オーキシンによる成長過程において，これらの細胞壁関連遺伝子の働きが重要であることを示唆している。植物細胞の吸水成長の原動力となる細胞壁のゆるみは，オーキシン応答遺伝子の 1 つである *SAUR*（*SMALL AUXIN UPREGULATED RNA*）遺伝子によってももたらされることが報告されている。SAUR タンパク質は，細胞膜に埋め込まれた**プロトンポンプ**を活性化し，細胞壁への水素イオン放出をうながす。すると細胞壁が酸性になり，エクスパンシンが活性化する。エクスパンシンは，その作用点や分子機能は不明であるが酸性条件で細胞壁を伸びやすくする細胞壁タンパク質である。さらに興味深いことに，オーキシン応答遺伝子の1つに*Aux/IAA*遺伝子も含まれる。このことは，オーキシンによりARFを不活性化する負のフィードバック制御がかかっていることを意味している。オーキシンの働きでAux/IAAタンパク質が分解されると同時に合成もされているのである。

2.5.2 ジベレリン

ジベレリンの発見は，日本人研究者の貢献によるところが大きい。1926年に黒沢は，イネの背丈が高くなり収穫量が激減する「**イネ馬鹿苗病**」の原因がジベレラというカビであることを報告した。1935年に藪田らがその原因物質の結晶化に成功し，ジベレリンと名付けた。その後，ジベレリンはカビに特有の物質ではなく，植物が本来持っている植物ホルモンであることが明らかにされた。ジベレリンは，伸長成長を促進するという点ではオーキシンの作用と似ている。しかし，ジベレリンとオーキシンのどちらか一方でも作れなくなった植物は背丈が伸びない「矮性」になることから，ジベレリンとオーキシンは協調して伸長成長を促すと考えられる。ジベレリンは，色素体において，ピルビン酸とグリセリン酸三リン酸からメチルエリスリトールリン酸（MEP）経路により合成される，テルペノイドの一種である。

ジベレリンによる伸長成長促進のメカニズムは完全には解明されていないが，オーキシンと同様に*SAUR*遺伝子の発現を促進することから，細胞壁をゆるめ，吸水成長を促していると考えられる。

イネを使った研究により，ジベレリンの受容体が核内に存在するGID1（GIBBERELLIN INSENSITIVE DWARF1）という可溶性タンパク質であることが明らかにされた（図2.18）。ジベレリンがGID1受容体に結合すると，ジベレリン-受容体の複合体は**DELLA**と総称されるタンパク質（イネではSLR1（Slender Rice-1）タンパク質）に結合する。すると，DELLAタンパク質はユビキチン化され，プロテアソームで分解される。DELLAタンパク質は通常ジベレリン応答のスイッチとなる転写因子に結合し不活性化しているので，ジベレリンにより

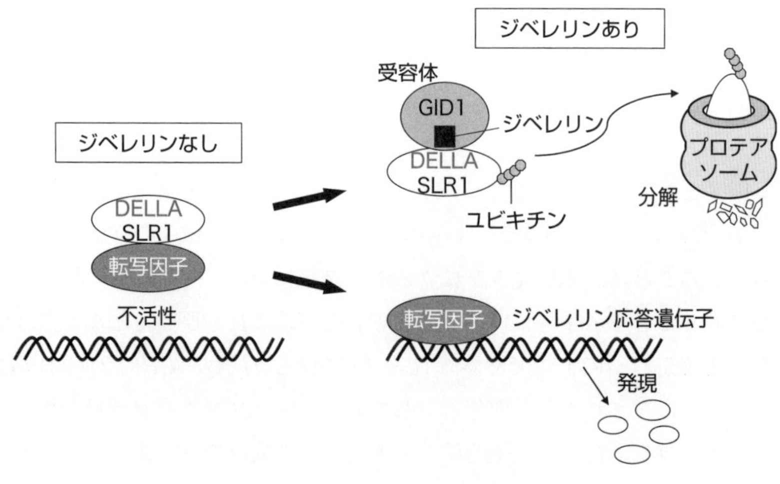

図2.18　ジベレリンの情報伝達

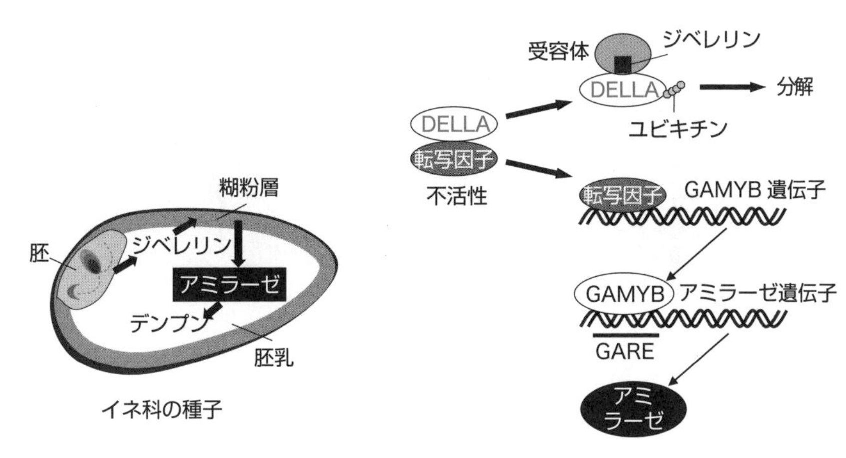

図 2.19　種子発芽とジベレリン

DELLA タンパク質が分解されると不活性化が解除され，ジベレリン応答遺伝子が発現する。このしくみはオーキシン応答のメカニズムと良く似ている。

種子が発芽する際の貯蔵物質の分解においても，ジベレリンが重要な役割を果たしている。イネ科植物の種子において，胚で合成されたジベレリンは**糊粉層**に働きかけて**アミラーゼ遺伝子**の転写を誘導しデンプンを分解する。その結果，胚は栄養分を得て発芽する（図 2.19，左図）。その際の分子機構は以下のとおりである。ジベレリンが糊粉層細胞の受容体に結合すると，DELLA タンパク質がユビキチン-プロテアソーム系を介して分解される。すると活性化した転写因子により，ジベレリン特異的な MYB 遺伝子 *GAMYB* が発現する。GAMYB タンパク質は転写因子としてジベレリン応答性配列（GARE，ジベレリンに応答する遺伝子の制御領域に共通する特定の配列）を認識し，転写を促進する。GARE 配列を持つアミラーゼ遺伝子も発現し，胚乳のデンプンを分解する（図 2.19，右図）。

イネ科の穀物により，人類の食糧難は救われてきた。「**緑の革命**（green revolution）」と呼ばれる穀物増産により 1970 年にボーローグ（Norman Borlaug）がノーベル賞を受賞したが，その主役となったコムギは，日本の農林 10 号を元にした品種である。その改良品種の半矮性で高収量という穀物増産に有利な特徴は，ジベレリンの情報伝達を担う *DELLA* 遺伝子の変異により生じたものであった。DELLA タンパク質が機能せずジベレリンの情報伝達が遮断されると，ジベレリンがないときのように茎の成長が抑えられる。すると茎が倒れにくくなり，また，葉や茎の成長に使われる分の栄養が実に使われるため，収穫量が増えたと考えられる。ジベレリンの発見から応用にいたるまで，わが国の研究者が多大な貢献をしている。

2.5.3　サイトカイニン

植物の組織が損傷を受けると，傷口に未分化の細胞の塊ができることがある。これを**カルス**（callus）という。1934 年ホワイト（Philip White）がカルス培地の開発に成功し，1955 年にスクーグ（Folke Skoog）とミラー（Carlos Miller）がカルスを増殖させる活性を持つ，のちにサイトカイニンと総称される物質を特定した。サイトカイニンとオーキシンの濃度を調整すると，

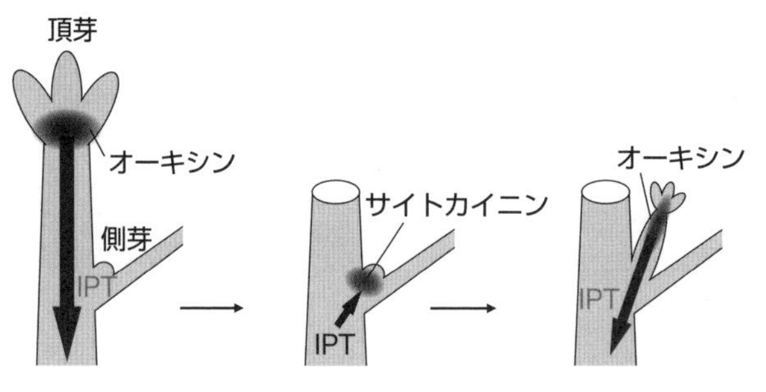

図 2.20　頂芽優勢

カルスから根と芽が**再分化**する。こうしてサイトカイニンは，細胞分裂および細胞分化を促進する植物ホルモンとして発見された。

サイトカイニンは，ATP または ADP とジメチルアリル二リン酸を前駆体として合成される，イソプレン単位とアデニンからなる細胞増殖活性を持つ分子の総称である。ある種のサイトカイニンは根で作られて地上部へ運ばれ，またある種のものは地上部で作られて根へ運ばれる。この移動は，根で吸収した窒素養分の情報を地上部に伝え，また光合成による糖の情報を根に伝える双方向の情報伝達手段となり，根と地上部の成長のバランスを取るのに役立っていると考えられる。

サイトカイニンの受容体は，細胞膜に局在する**センサーヒスチジンキナーゼ**である。細胞の外（細胞壁側）に突き出しているセンサー部分にサイトカイニンが結合すると，細胞膜の内側（細胞内）にあるキナーゼ（リン酸化酵素）部分のヒスチジンに結合したリン酸が次々と転移し，最終的にはレスポンスレギュレーターと呼ばれるタンパク質に移る。このような情報伝達を**リン酸リレー**と呼ぶ。レスポンスレギュレーターは，転写因子としてサイトカイニン応答性遺伝子の発現を促進する。この制御は，サイトカイニンを受容するセンサーヒスチジンキナーゼと，最後にリン酸を受け取るレスポンスレギュレーターという 2 つの基本構成要素からなるため，「二成分制御系」と呼ばれる。

頂芽優勢は，種子植物に広く見られる現象である。茎の先端の芽（頂芽）は，葉の付け根の芽（側芽）よりも優先的に成長する。しかし頂芽が失われると，その下の側芽が成長を開始する。この現象は，サイトカイニンとオーキシンによる，次のような制御で成り立っている。頂芽から極性輸送されるオーキシンは，サイトカイニンを作る *IPT* 遺伝子の発現を抑制し，通常側芽の成長を抑えている。食害などで頂芽を失うと，オーキシンの流れが途絶え，*IPT* 遺伝子が発現してサイトカイニンを合成し，側芽が成長する。側芽は新たな頂芽としてオーキシンを合成しはじめ，下にある側芽の成長を抑制する（図 2.20）。

2.5.4　エチレン

1901 年にネルジュボフ（Dimitry Neljubow）は，ガス灯から出る気体成分により，植物が異常成長することに気づいた。その原因物質がエチレンであった。1934 年にゲイン（Richard Gane）がリンゴからエチレンを単離・同定し，植物がエチレンを作ることを証明した。茎の伸長抑制，肥大成長，まっすぐ伸びなくなる現象，の3つの異常成長を「エチレンの三重反応」と呼ぶ。エチレンは，果実の成熟，器官脱離，老化，**ストレス応答**において中心的な役割を果たす気体の植物ホルモンである。

エチレンはアミノ酸の1つであるメチオニンから合成される。合成経路にある ACC（1-aminocyclopropane-1-carboxylic acid）合成酵素の反応が，最終産物であるエチレンの生成を制御する律速段階となる。

エチレンの受容体は，小胞体膜に局在する ETR1（ETHYLENE RESPONSE1）という膜貫通タンパク質であることが，シロイヌナズナを用いた研究により明らかにされた。水溶性の気体であるエチレンは，細胞膜を通り抜けて小胞体膜の受容体に結合する。すると，同じく小胞体膜にある CTR1（CONSTITUTIVE TRIPLE RESPONSE1）という抑制因子を不活性化する。CTR1 の不活性化により CTR1 の抑制が解除され，EIN2（ETHYLENE INSENSITIVE2）タンパク質が活性化し，最終的には EIN3（ETHYLENE INSENSITIVE3）という核内に存在する転写因子がリン酸化により活性化する。EIN3 は一連のエチレン応答性遺伝子の発現を誘導し，様々なエチレン反応を引き起こす。

果実には，収穫後に柔らかくなり甘味が増すしくみがある。この作用はエチレンによるもので，このしくみを**追熟**と言う。アボカド，キウイフルーツ，バナナ，リンゴ，メロン，カキなどが追熟のしくみを持つ代表例である。追熟において特に重要な現象は細胞壁の分解による果実の軟化である。エチレンにより *XTH* を含む細胞壁酵素遺伝子の発現が促進され，細胞壁が軟化する。果物の長距離輸送や長期保存の際には，エチレンを吸収する鮮度保持剤が使われている。エチレンを除去することで果実の軟化を防ぎ，鮮度が保たれる。落葉を引き起こすのもエチレンの働きによるものである。エチレンは，葉と茎をつなぐ部分の**セルラーゼ**の発現を誘導し，細胞壁の分解を促す。するとその部分で葉が切り離されて落葉（器官脱離）する。

2.5.5 アブシジン酸

アブシジン酸は，**気孔**を閉じるなどの**乾燥適応**において重要な働きをする植物ホルモンである（6.1.1項参照）。当初は，器官脱離や休眠誘導に関わる物質として発見されたが，現在これらの現象にアブシジン酸は直接関与しないことがわかっている。

アブシジン酸は，色素体の MEP 経路を経て細胞質内で合成される。植物体のどの組織でも合成されるが，発生段階や生理状態により合成量は大きく変動する。乾燥ストレス誘導により合成されたアブシジン酸は，道管を通って移動し，細胞膜に局在するアブシジン酸トランスポーターを介して細胞内に到達する。細胞内に取り込まれたアブシジン酸の情報伝達には，脱リン酸化酵素 PP2C（PROTEIN PHOSPHATASE 2C）とリン酸化酵素 SnRK2（SNF1-RELATED PROTEIN KINASE2）の働きが大きく関わっている。アブシジン酸がないとき，PP2C は SnRK2 に結合し，SnRK2 を脱リン酸化することで不活性にしている。細胞内にアブシジン酸が蓄積すると，アブシジン酸は受容体（START ファミリータンパク質）と PP2C タンパク質に挟まれる形で結合する。すると，PP2C と SnRK2 の結合が解除され，SnRK2 がリン酸化酵素として働き始める。孔辺細胞では，膜タンパク質のリン酸化により，**カリウムイオンチャネ**

ル機能が阻害され，気孔が閉じることが知られている。SnRK2の働きにより内部のカリウムイオン濃度が低下するため孔辺細胞が萎んで気孔が閉じると考えられる。さらにSnRK2は，AREB/ABR（ABA-RESPONSIVE ELEMENT/ABA-RESPONSE PROTEIN）等の転写因子をリン酸化により活性化し，アブシジン酸応答に関わる多くの遺伝子の発現を促進する。

2.5.6 ブラシノステロイド

1970年にミッチェル（J. W. Mitchell）らはアブラナの花粉から成長促進作用を持つ活性を検出し，1979年にブラシノステロイドとして構造を決定した。ブラシノステロイドは，その名のとおりステロイド化合物の一種である。植物にもステロイドホルモンがあることは興味深い。ただし動物のホルモンとは機能が大きく異なる。ブラシノステロイドは，細胞質内でメバロン酸経路を経て合成される。その代謝に関わる酵素の大部分は，シトクロムP450酵素である。ブラシノステロイドは茎頂に比較的多量に存在するが，植物体内を長距離移動する証拠はない。おそらく，各組織で局所的に合成されて働いていると考えられる。

ブラシノステロイドの受容体は，細胞膜に局在するBRI1（BR INSENSITIVE1）タンパク質である。ブラシノステロイドがBRI1タンパク質の細胞膜外に突き出したロイシンくり返し配列部分に結合するとBRI1はBAK1（BRI1-ASSOCIATED RECEPTOR KINASE1）タンパク質と結合し，細胞膜の内側（細胞内）にある**リン酸化酵素**部分の働きにより，BSK1（BRASSINOSTEROID SIGNALING KINASE1）という別のリン酸化酵素を活性化する。BSK1はBSU1（BRI1 SUPPRESSOR1）という**脱リン酸化酵素**と結合してBIN2（BRASSINOSTEROID-INSENSITIVE2）というまた別のリン酸化酵素を脱リン酸化により不活性化する。ブラシノステロイドがない場合，BIN2はBES1（BRASSINOSTEROID INSENSITIVE1-EMS-SUPPRESSOR1）などの転写因子をリン酸化し，プロテアソームでの分解を促している。ブラシノステロイドによりBIN2が不活性化されると，分解を免れたBES1

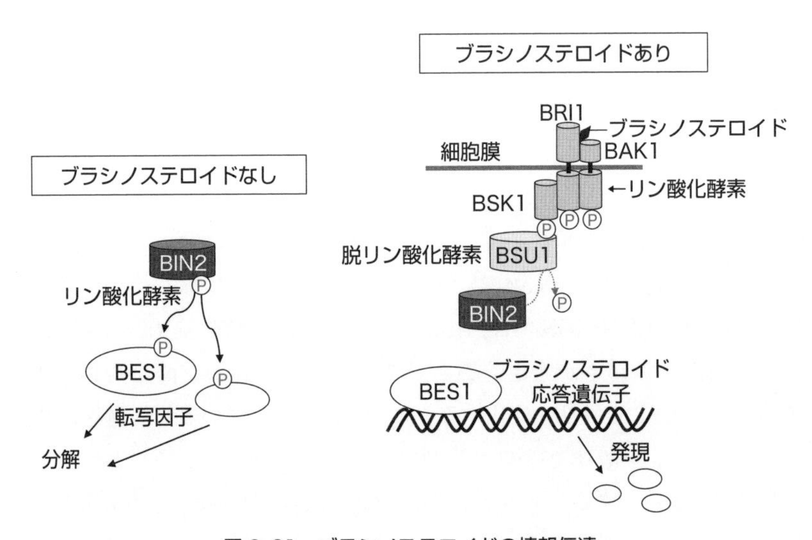

図2.21　ブラシノステロイドの情報伝達

などの転写因子が働いて，ブラシノステロイド応答遺伝子が発現し，一連の応答反応が開始する（図 2.21）。

ブラシノステロイドの主な機能は，オーキシンやジベレリンの作用と似た，細胞伸長促進作用である。ブラシノステロイド応答遺伝子には，*XTH*, *Aux/IAA*, *SAUR* 遺伝子等，オーキシン応答と重なる遺伝子が多数含まれており，オーキシンとの相互作用が示唆される。オーキシン，ジベレリン，ブラシノステロイドが協調して制御する成長のしくみの全体像の解明は，今後の課題である。

2.5.7 ジャスモン酸

ジャスミンの香りの成分であるジャスモン酸に植物ホルモンとしての作用があることが，1980 年代以降に明らかにされてきた。ジャスモン酸の主な機能は，植物の**ストレス抵抗性**を高めることである。ジャスモン酸は，葉緑体膜成分由来のリノレン酸やヘキサデカトリエン酸を出発物質としてペルオキシソームで合成され，アミノ酸のイソロイシンと結合した状態で機能すると考えられている。ジャスモン酸の情報伝達も，他のいくつかの植物ホルモンと同様に，ユビキチン-プロテアソーム系によるタンパク質分解を介して制御されている。MYC2 は，ジャスモン酸応答遺伝子の発現を誘導する転写因子であるが，通常 MYC2 には **JAZ**（JASMONATE ZIM-DOMAIN）タンパク質が結合し，活性を抑制している。ジャスモン酸が細胞内で COI1（CORONATINE INSENSITIVE1）タンパク質と結合すると，COI1 タンパク質に JAZ タンパク質が結合し，JAZ がユビキチン化により分解される。すると，JAZ の結合によって抑制されていた MYC2 が活性化し，ジャスモン酸応答遺伝子の転写を促進する。このしくみは，Aux/IAA の分解を介したオーキシンの情報伝達とよく似ている。ジャスモン酸による病気や障害を知らせるシグナル伝達により，病害抵抗性遺伝子の発現や，抗酸化物質の蓄積が促進されることがわかっている。

2.5.8 サリチル酸

解熱剤として使われていたサリチル酸に，のちに植物ホルモンとしての作用が認定された。サリチル酸は，シキミ酸経路で生合成され，植物の病害抵抗性に関わる機能を持つ。病気が感染した部位では，抗菌活性を持つサリチル酸が大量に作られる。またサリチル酸は，揮発性のメチルエステルになって，「**全身獲得抵抗性**」と呼ばれる免疫作用を誘導する。

2.5.9 ストリゴラクトン

ストリゴラクトンは，植物の根に共生する**菌根菌**の誘引物質として以前から知られていたが，植物の普遍的なホルモンとして認識されたのは最近のことである。ストリゴラクトンは，植物の根でカロテノイドを材料に合成され，**根圏**に分泌されるが，さらに地上部に移動して茎の枝分かれの抑制にも作用することが明らかにされた。つまり，土壌養分が不足すると，植物は，ストリゴラクトンを分泌して菌根菌を呼び寄せて養分の吸収を助けてもらうと同時に，地上部の枝分かれを抑制し成長コストも抑えていると考えられる（5.5.1 項参照）。この 2008 年の知見により，ストリゴラクトンを介した地上部と根のコミュニケーションが明らかにされた。ストリゴラクトンの名前の由来となった**ストライガ**というアフリカに多い寄生植物は，宿主植物が根から分泌するストリゴラクトンを感知して発芽・寄生する。ストリゴラクトンの研究が進むことで，ストライガによる甚大な農業被害の軽減が期待される。

参考図書・文献

1）神坂盛一郎・谷本英一 他（2010），『新しい植物科学』，pp. 223，培風館.
2）町田泰則・岡田清孝 他（2014），『高校生物解説書』，pp. 107，講談社.
3）Tanaka, N., Kato, M. *et al.* (2014), *Journal of Experimental Biology*, **65**, 1497-1512.
4）Dolan, L. (1996), *Annals of Botany*, **77**, 547-553.
5）Dolan, L., Duckett, C. M. *et al.* (1994), *Development*, **120**, 2465-2474.
6）L. テイツ・E. ザイガー他編（2017），『テイツ／ザイガー植物生理学・発生学』，pp. 813，講談社.
7）Smith, R. S., Guyomarc'h, S. *et al.* (2006), *Proceedings of the National Academy of Sciences of the United States of America*, **103**, 1301-1306.
8）塚谷裕一・荒木 崇（2009），『植物の科学』，pp. 270，放送大学教育振興会.
9）西谷和彦（2011），『植物の成長』，pp. 203，裳華房.
10）Nishitani, K., Tominaga, R. (1992), *Journal of Biological Chemistry*, **267**, 21058-21064.
11）Nishitani, K. (1995), *Journal of Plant Research*, **108**, 137-148.
12）嶋田幸久・萱原正嗣（2015），『植物の体の中では何が起こっているのか』，pp. 351，ベレ出版.
13）山本良一 編著（2016），『植物生理学入門』，pp. 254，オーム社.
14）冨永るみ（2017），化学と生物，**55**, 333-337.
15）池内昌彦・伊藤元己 他監訳（2018），『キャンベル生物学』，pp. 113，丸善出版.

第3章 光合成

独立栄養生物のうち，葉緑体を持つ植物や藻類，シアノバクテリアのような光合成細菌は光合成により光エネルギーを使って二酸化炭素から糖やデンプンなどの炭水化物を作り出す（図3.1）。光合成は**チラコイド反応**（かつては明反応と呼んでいた）と**炭素固定反応**（かつては暗反応と呼んでいた）が協調して無機物から有機物を生産する複雑な生化学反応であり，光合成に関連した炭素固定に関わる代謝は葉緑体以外にもミトコンドリアやペルオキシソーム，液胞が関わっている。光合成によって生産された炭水化物は他の生物の栄養源となるほか，水の分解により発生する酸素は自身を含めた地球上の生物の呼吸活動を支えている。本章では，生物が光エネルギーを取り込む唯一の方法である光合成について，どのようにして光エネルギーを利用して炭水化物を作り出しているのかについて解説する。

3.1 チラコイド反応

光合成反応を担うのは茎葉内の細胞小器官の**葉緑体**（chloroplast）である。葉緑体は二重の胞膜（外膜と内膜）に囲まれ，内部は**チラコイド**（thylakoid）と呼ばれる扁平な膜部分と可溶性の酵素などを含む**ストロマ**（stroma）に分けられる。チラコイド膜の内部（チラコイド内腔）は**ルーメン**（lumen）と呼ばれる。チラコイド膜には**クロロフィル**（chlorophyll）などの光合成色素のほかにタンパク質などの物質が一定の様式で詰まっており，太陽光の光エネルギーを効率よく吸収し，伝達できるようになっている。

光エネルギーの捕集により駆動するチラコイド反応では，葉緑体内のチラコイド内腔（ルー

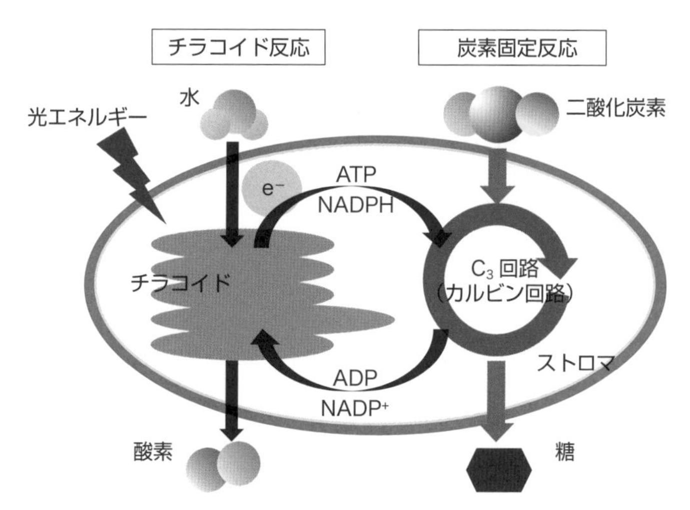

図 3.1　植物の葉緑体内で行われる光合成

メン）で電子（e^-）を取り出して伝達することでNADPH（ニコチンアミドアデニンジヌクレオチドリン酸）やATP（アデノシン三リン酸）を合成する。炭素固定反応ではNADPHは還元力（電子供与体）として働き，ATPは炭素固定における生化学反応を促進するために使用された後，$NADP^+$やADPに変換される。チラコイド反応は光エネルギーを使って$NADP^+$とADPをNADPHとATPにそれぞれ再生させる過程である。チラコイド反応では，水を電子とプロトン（H^+），酸素に分解し，電子伝達系で電子を最終的に$NADP^+$に伝達することでNADPHを合成する。水の分解によりルーメンに蓄積されたH^+はADPと無機リン酸（Pi）からATPを合成するATP合成酵素の駆動力となる。

3.1.1 光エネルギーの捕集

太陽から地球に降り注ぐ電磁波のうち，植物が光合成に利用するのは波長400～700 nmの可視光である。光合成色素である**クロロフィルa**や**クロロフィルb**，**カロテノイド**は主に青色や赤色の波長域の可視光を吸収して光合成に利用する。植物は光エネルギーをどのようにして利用しているのであろうか？　クロロフィルは中央にマグネシウム（Mg）を含むポルフィリン環構造をもつ（図3.2）。**ポルフィリン環**中の電子は光エネルギーにより励起され，高エネルギー状態となる。高エネルギー状態のクロロフィルはチラコイド膜状で隣り合うクロロフィルにエネルギーを渡すことで，自身は低エネルギー状態の基底状態へと戻る。光エネルギーは光合成色素間で授受されながら，反応中心と呼ばれる様々なタンパク質が結合したクロロフィルa 2量体に受け渡され，化学エネルギーに変換される。反応中心の周りには数百個のクロロフィルが配置されて光エネルギー捕集の役目を担っているが，これらをアンテナ複合体と呼ぶ。また，反応中心とアンテナ複合体をあわせて**光化学系**（photosystem）と呼ぶ。チラコイド反応では2つの光化学系（光化学系IIと光化学系I）が共働して電子伝達を行い，NADPHやATPを合成する（図3.3）。光化学系IIと光化学系Iの反応中心は，酸化されたときの吸収変化の極大がそれぞれ680 nmと700 nmに見られることからP680やP700と呼ばれる（Pはpigment

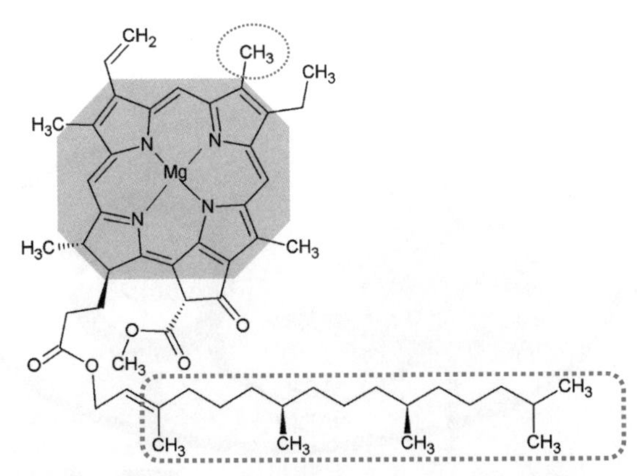

図3.2　クロロフィルaの構造。クロロフィルbの構造は上部の点線部分が-CHOとなる。ポルフィリン環（青いハイライト部分）は中心にMg原子が配位される。下部の点線部分は疎水性領域であり，チラコイド膜に挿入される。

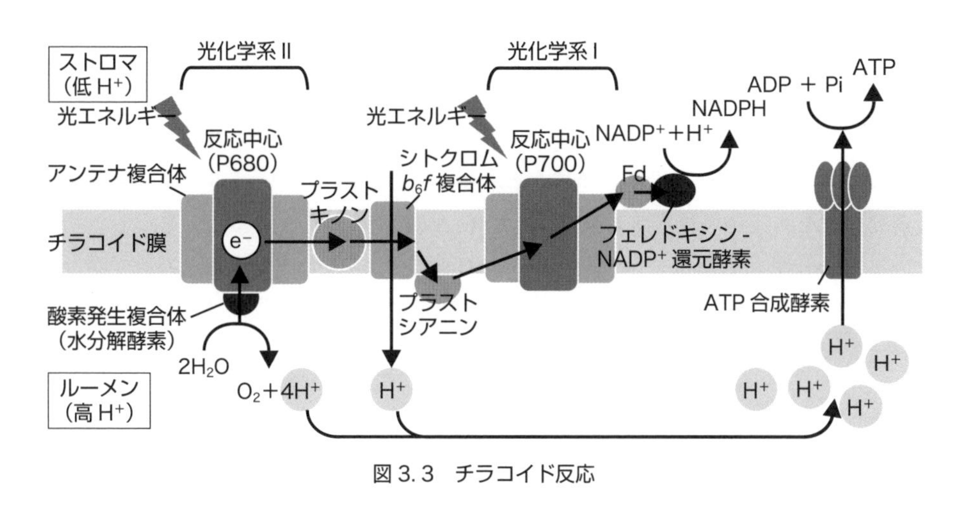

図 3.3 チラコイド反応

の意味)。光化学系はその存在が見つかった順に光化学系I, 光化学系IIと命名されているが, 実際に電子が伝達されるのは光化学系IIから光化学系Iの順となる。

3.1.2 NADPH合成

光化学系IIに結合した水分解酵素を含む**酸素発生複合体**はチラコイド内腔のルーメンで水を分解して電子やH^+, 酸素を供給する。水分解酵素はマンガン(Mn)原子を含む構造をもち, 水2分子から4つの電子を取り出して, 光化学系IIの反応中心に電子を供給する。光化学系IIはアンテナ複合体から光エネルギーを受け取ると, 酸素発生複合体から供給された電子をプラストキノンに渡す。電子はその後, プロトンポンプであるシトクロム b_6f 複合体やプラストシアニンを介して光化学系Iに伝達される。光化学系Iではアンテナ複合体から光エネルギーが供給されると, 電子をフェレドキシン(Fd)に伝達し, フェレドキシン-$NADP^+$還元酵素(FNR)により$NADP^+$をNADPHに還元する。ゆえに, 光合成電子伝達系においては電子の供与体と受容体はそれぞれ水と$NADP^+$となる。合成されたNADPHは炭素固定反応で還元剤として使用されると酸化型の$NADP^+$となるが, チラコイド反応が駆動することでNADPHが再生される。

3.1.3 ATP合成

チラコイド膜上の電子伝達系では, 水の分解とプロトンポンプであるシトクロム b_6f 複合体の働きにより, ルーメンにH^+が蓄積される。ルーメンとストロマ間のチラコイド膜を隔てて形成されたH^+濃度差が作り出す電気化学的勾配を使って**ATP合成酵素**(ATP synthase)が働く。ATP合成酵素はルーメンからストロマにH^+を放出し, ストロマ側でADPと無機リン酸(Pi)からATPを合成する。合成されたATPは炭素固定系の生化学反応を促進するのに利用される。このATP合成はADPへのPi付加によって起こるリン酸化反応であるが, 光合成での光エネルギーを利用したリン酸化であるため, **光リン酸化反応**(photophosphorylation)と呼ばれる。

1978年にノーベル化学賞を受賞したイギリスのピーター・ミッチェル（Peter D. Mitchell）は1961年に化学浸透説を唱え，ミトコンドリアや葉緑体内のATP合成は膜を介したH^+の濃度勾配を利用していると考えた。1966年にアメリカのアンドレイ・ヤーゲンドルフ（André T. Jagendorf）は単離した葉緑体を酸性条件からアルカリ性条件へと移し，ルーメンとストロマ間にH^+濃度勾配を人工的に作成すれば，暗所でもATP合成が行われることを示した。光合成の光エネルギーを利用した電子伝達系やNADPH合成，ATP合成を含めた過程をかつては明反応と呼んでいたが，光エネルギーが得られない暗所でもATP合成が進行する事実から，近年ではチラコイド反応と呼ぶことが多い。

3.2 炭素固定反応

炭素固定反応ではチラコイド反応から供給されるNADPHやATPを使い，葉緑体内のストロマで二酸化炭素の固定を行う。高等植物の光合成型は二酸化炭素の固定経路によって，**C_3光合成**，**C_4光合成**，**CAM光合成**の3つに大別される。C_3光合成を行うC_3植物にはイネやコムギ，オオムギ，ダイズなどの穀類のほか，トマトやホウレンソウ，ダイコンなどの野菜類が含まれ，地球上の多くの植物がC_3植物に分類される。トウモロコシ，サトウキビ，ソルガム，キビ，ヒエ，ハゲイトウ，アマランサスなどはC_4光合成を行うC_4植物に分類される。C_4光合成は熱帯・亜熱帯地域に生育する単子葉のイネ科，カヤツリグサ科，双子葉のヒユ科などに多く見られる。サボテン類やコダカラベンケイ，パインアップルやアロエなどはCAM光合成を行うCAM植物に分類される。CAM光合成はベンケイソウ科やサボテン科，ユリ科，ラン科，ザクロソウ科に多く見られ，砂漠のような乾燥する場所で自生する植物のほか，着生植物にも見られる。CAM植物には多肉植物が多く見られることも特徴的である。C_3光合成やC_4光合成を行う植物は，日中に気孔を開けることで大気中の二酸化炭素を拡散によって葉内に取り込むが，CAM光合成を行う植物は夜間に気孔を開いて二酸化炭素を取り込み，日中は気孔を閉じる。どの光合成型でも光エネルギーを利用したチラコイド反応でのNADPHとATPの合成系は共通している。

3.2.1 C_3光合成

気孔から葉内の細胞間隙に入った二酸化炭素は葉緑体内のストロマでの炭素固定に使われる。二酸化炭素は五炭糖のリブロース1,5-二リン酸1分子と反応して，三炭糖の3-ホスホグリセリン酸が2分子合成される。この炭素固定経路は1950年代にアメリカのメルビン・カルビン（Melvin Calvin）とアンドリュー・ベンソン（Andrew A. Benson）によって報告されたため，この炭素固定経路のことをカルビン・ベンソン回路（Calvin-Benson cycle）やカルビン回路と呼ぶが，二酸化炭素固定後に生成される3-ホスホグリセリン酸が炭素原子を3つ含むことから**C_3回路**とも呼ぶ（図3.4）。カルビン・ベンソン回路だけを使って炭素固定を行う植物をC_3植物と呼ぶ。カルビンは^{14}Cのような放射性同位体を使い，C_3回路における二酸化炭素固定後の炭素化合物のゆくえを明らかにした功績により，1961年にノーベル化学賞を受賞している。

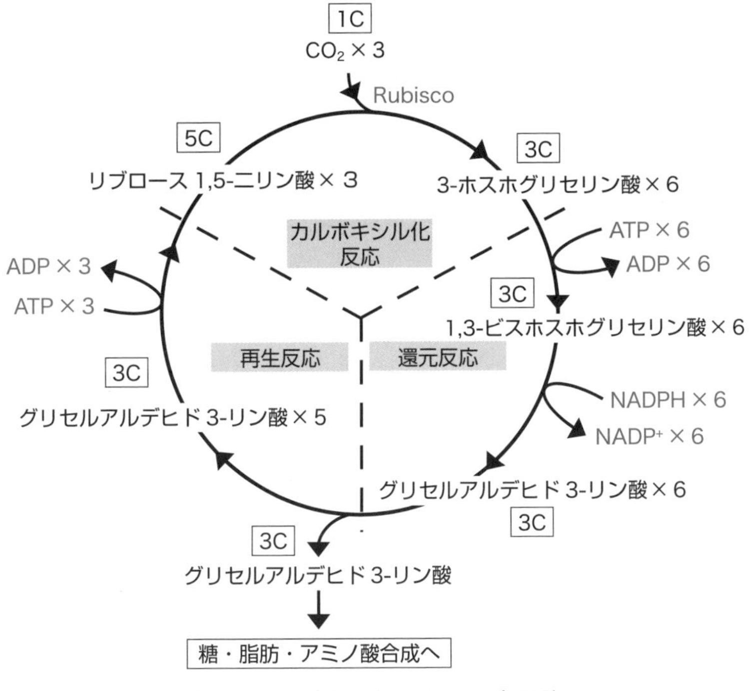

図 3.4　C_3（カルビン・ベンソン）回路

二酸化炭素とリブロース 1,5-二リン酸の反応を触媒する酵素は**リブロース 1,5-二リン酸カルボキシラーゼ／オキシゲナーゼ**（ribulose 1,5-bisphosphate carboxylase/oxygenase）であり，しばしば短縮した形で**Rubisco（ルビスコ）**とも呼ばれる。Rubisco は 8 分子の大サブユニットと 8 分子の小サブユニットからなる巨大なタンパク質であり，C_3 回路での炭素固定の第 1 段階目を担っているが，その反応速度は遅いことが知られている。Rubisco は光合成が活発な器官には多く含まれており，植物種によっては葉緑体中の総タンパク質の約 50% を占めることもある。Rubisco の活性化には Mg^{2+} とともに Rubisco activase（ルビスコアクチベース）と呼ばれる別の酵素タンパク質が関わっており，ストレス下での Rubisco の活性維持に重要な役割を果たしている。

C_3 回路における炭素代謝は大きく 3 つの段階に分けることができる。Rubisco を介した二酸化炭素の固定反応は**カルボキシル化反応**と呼ばれる。その生成物の 3-ホスホグリセリン酸からグリセルアルデヒド 3-リン酸への変換には NADPH が使われるため，この段階を**還元反応**と呼ぶ。グルセルアルデヒド 3-リン酸のような三炭素リン酸はトリオースリン酸と呼ばれる。生成された一部のトリオースリン酸はショ糖やデンプンの合成に用いられる。一方，大部分のトリオースリン酸は ATP を使いながら，二酸化炭素の受容体となるリブロース 1,5-二リン酸の再生に用いられるが，この段階を**再生反応**と呼ぶ。

炭素固定反応はかつては暗反応とも呼ばれ，光照射下でなくとも進行する生化学反応系であると考えられてきた。ところが近年，C_3 回路を構成するいくつかの酵素タンパク質の活性が光によって制御されていることがわかってきた。光合成による光エネルギーの利用と物質生産の過程を明と暗の反応系として捉えた経緯があるが，それぞれの反応過程を俯瞰すると光の有無で明瞭に区別することが難しいことがわかる。

3.2.2 光呼吸

Rubiscoは二酸化炭素のみならず，酸素も基質としてリブロース1,5-二リン酸への固定反応を触媒する。Rubiscoによるリブロース1,5-二リン酸の酸素固定反応は還元力やATPを消費し，その代謝の過程で二酸化炭素を放出する。酸素を使って二酸化炭素を放出するこの反応系は光合成に関連した反応であるため，ミトコンドリアでの呼吸とは区別して**光呼吸**（photo-respiration）と呼ばれる（図3.5）。光呼吸では葉緑体内のRubiscoによりリブロース1,5-二リン酸と酸素から1分子の2-ホスホグリコール酸と1分子の3-ホスホグリセリン酸が生成される。2-ホスホグリコール酸はグリコール酸に変換されたあと，ペルオキシソームでグリオキシル酸，次いでグリシンへと変換される。グリシンはミトコンドリア内で脱炭酸反応を受けてセリンとなり，その際に1分子の二酸化炭素が放出される。セリンはペルオキシソーム内でヒドロキシピルビン酸，グリセリン酸となったのち，葉緑体内で3-ホスホグリセリン酸となり，C_3回路に入る。セリンから脱炭酸されて生じた二酸化炭素は葉緑体内のRubiscoにより再固定される。

光呼吸活性は葉緑体の二酸化炭素と酸素分圧比によって制御される。大気中の酸素濃度（20.9%）は二酸化炭素濃度（0.04%）よりも高いことや，チラコイド反応では水の分解により酸素が発生するため，葉緑体内には多くの酸素が存在する。C_3植物では光が当たっている条件下では光合成と光呼吸を同時に行っているために，正味の光合成（光合成的二酸化炭素固定＋呼吸および光呼吸による二酸化炭素放出の合計）は低くなる。

光呼吸はNADPHやATPを消費して二酸化炭素を放出するため，一見無駄な代謝経路のように見える。酸素濃度を下げて作出した高二酸化炭素環境では炭素固定量が増加することから，光呼吸は光合成的炭素固定の負の要因となっていると言える。一方で，光呼吸は干ばつや

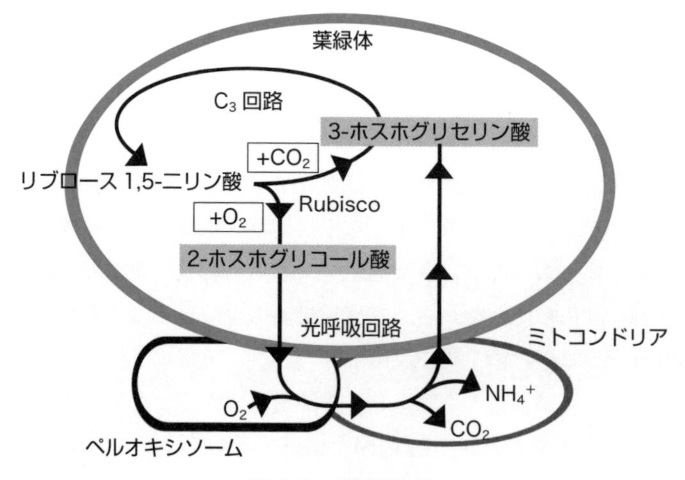

図3.5　光呼吸経路

塩害などの環境ストレスへの耐性強化にも役立っている。環境ストレス下では気孔の閉鎖により二酸化炭素の獲得が制限されるため，炭素固定によるNADPHの消費力が低下する。これはチラコイド反応で生成される電子の最終的な受容体である$NADP^+$量を減らすことにつながるため，電子余剰の環境を生み出す（6.2.1項「光」参照）。余剰となった電子は葉緑体に豊富に存在する酸素と反応して**活性酸素種**（一重項酸素やスーパーオキシドラジカル等）を生成して細胞内の膜脂質やDNA，タンパク質の損傷を引き起こす。光呼吸によるNADPH消費は$NADP^+$を生成することで，余剰電子の消費に貢献することができる。

また光呼吸は葉緑体のみならず，ミトコンドリアやペルオキシソームにまたがった炭素代謝を行う。ミトコンドリアで放出されるアンモニウムイオン（NH_4^+）はペルオキシソームでの代謝に利用されるように，光呼吸での中間代謝産物が他の代謝系を支えている可能性も示唆されている[1)]。最近，光呼吸で生成されるグリコール酸の代謝経路の改変が植物の生産性を向上させうることがわかってきた。光呼吸を介した炭素代謝活性を最適化することで，植物の生産性を向上させる余地があることが示されている。

3.2.3 C_4光合成

C_4光合成では細胞間隙の二酸化炭素を**葉肉細胞**（mesophyll cell）のC_4回路で固定してC_4酸（4つの炭素を持つ有機酸）を生成する。維管束鞘細胞でC_4酸から脱炭酸された二酸化炭素がC_3回路のRubiscoにより再度，固定される（図3.6）。C_4光合成を行うC_4植物は，維管束の周りに放射状に大きく発達した**維管束鞘細胞**（bundle sheath cell）をもち，さらにその外側に葉肉細胞をもつ。維管束鞘細胞には発達した葉緑体が見られる。C_4植物に特徴的なこの葉内構造はクランツ構造（Kranz構造，ドイツ語の花環に由来）と呼ばれ，C_3植物には見られない。

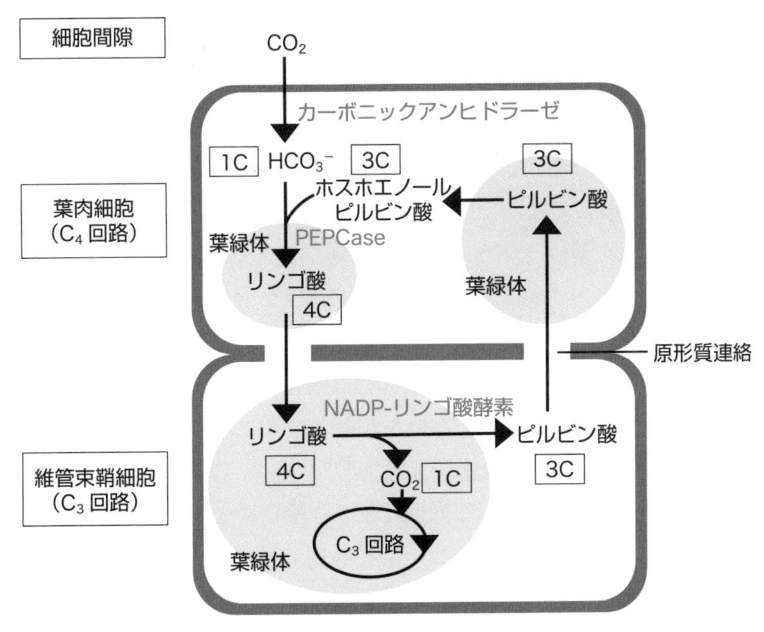

図3.6 C_4（ハッチ・スラック）回路

1950年代後半にアメリカのヒューゴ・コーチャック（Hugo P. Kortschak）らは ^{14}C を使った実験により，トウモロコシやサトウキビでは ^{14}C 標識された化合物が，リンゴ酸やアスパラギン酸のような4炭素化合物に取り込まれることを発見した。この炭素固定回路は1966年にオーストラリアのマーシャル・ハッチ（Marshall D. Hatch）とロジャー・スラック（Roger C. Slack）によって同定されたため，ハッチ・スラック回路（Hatch-Slack cycle），あるいはハッチ回路と呼ぶが，炭素固定後の最初の産物であるオキサロ酢酸が4つの炭素をもつことから **C_4 回路**とも呼ばれる。C_4 植物は葉肉細胞に C_4 回路を，維管束鞘細胞に C_3 回路をもつことから，異なる2つの炭素固定系を異なる細胞で空間的に使い分けていると言える。

気孔から取り込んだ二酸化炭素は葉肉細胞の細胞質内でカーボニックアンヒドラーゼの働きにより重炭酸イオン（HCO_3^-）となる。C_4 回路の最初の反応では，細胞質で**ホスホエノールピルビン酸カルボキシラーゼ**（phosphoenolpyruvate carboxylase, PEPCase）が重炭酸イオンとホスホエノールピルビン酸を反応させてオキサロ酢酸を生成する。オキサロ酢酸はリンゴ酸あるいはアスパラギン酸のような C_4 酸に変換された後，葉肉細胞と維管束鞘細胞をつなぐ原形質連絡を通って維管束鞘細胞に拡散する。C_4 光合成にはその炭素代謝経路の違いから，3つのサブタイプが存在する。1つ目は葉肉細胞でオキサロ酢酸からリンゴ酸が生成され，原形質連絡を通って維管束鞘細胞に拡散したリンゴ酸が脱炭酸されるNADP-リンゴ酸酵素（NADP-ME）型である。2つ目は葉肉細胞でオキサロ酢酸からアスパラギン酸が生成され，維管束鞘細胞に拡散したアスパラギン酸がリンゴ酸に変換されて脱炭酸されるNAD-リンゴ酸酵素（NAD-ME）型，3つ目は葉肉細胞でオキサロ酢酸からアスパラギン酸が生成され，維管束鞘細胞に拡散したアスパラギン酸がオキサロ酢酸に変換されて脱炭酸されるPEP-CK型である。いずれのサブタイプの C_4 光合成においても，維管束鞘細胞に入った C_4 酸は脱炭酸され，生成された二酸化炭素が葉緑体内の C_3 回路のRubiscoによって固定されることで炭水化物の合成が行われる。C_4 酸は脱炭酸された後，C_3 酸であるホスホエノールピルビン酸となり原形質連絡を通って葉肉細胞に拡散し，重炭酸イオンとの反応に使われる。

C_4 光合成は C_3 光合成と比較すると，効率的な炭素固定活性を有すると言われている。事実，トウモロコシやサトウキビに代表される C_4 植物は C_3 植物よりも生育が旺盛である場合が多い。これは炭素固定の最初の段階で働く酵素の基質の違いによるところが大きい。C_3 回路で働くRubiscoは二酸化炭素のみならず，酸素も基質とする（3.2.2項「光呼吸」を参照）。Rubiscoがリブロース1,5-二リン酸に酸素を固定した場合，その代謝産物の一部は光呼吸経路でさらに代謝されて二酸化炭素を放出するために炭素のロスを生み出す。一方，C_4 回路で働くPEPCaseは重炭酸イオンを基質とし，その反応は酸素とは競合しないためにPEPCaseは効率的に炭素固定を行うことができる。C_4 回路を駆動させるには余分のATPの消費が必要となるが，現在の大気条件下では二酸化炭素濃縮機構として維管束鞘細胞の C_3 回路により高い濃度の二酸化炭素を供給できる。また，C_4 回路による二酸化炭素濃縮機構は C_4 植物の光呼吸を低く抑えることに貢献する。光呼吸活性はRubisco周辺の二酸化炭素と酸素の分圧比によって制御されているが，C_4 回路の働きにより高い濃度の二酸化炭素が供給される C_4 植物のRubisco周辺では，C_3 植物のRubisco周辺よりも高い二酸化炭素：酸素分圧比を維持できる。

その結果として，C_3 植物で見られた光呼吸を低く抑えることができ，正味の炭素固定量が増加することにつながる。

C_4 光合成は**水利用効率**においても C_3 光合成より優れている。光合成における水利用効率とは体内から失われた水分量に対する固定炭素量であり，少ない水の消費でより多くの炭素固定ができれば水利用効率が高いと言える。水分消費量を抑えながら効率的に炭素固定を行うことは，水分が欠乏しやすい環境では重要な生存戦略となる。野外で育つ C_3 植物の光合成は二酸化炭素濃度が律速となることが多いため，晴天下でよく灌水された C_3 植物の気孔開度は大きくなる。一方，C_4 植物では C_4 回路が効率的に二酸化炭素の濃縮を行っているために，C_3 植物と比較すると気孔開度は小さくなる。よって，C_4 光合成ではより少ない水分消費で効率的に炭素を獲得しており，C_3 光合成よりも乾燥に適した光合成型であるといえる。アスファルト上に自生するエノコロクサやオヒシバなどの雑草の多くが C_4 光合成を営んでいる事実は，C_4 光合成が水利用効率に優れた光合成型であることをうかがわせる。

3.2.4　CAM 光合成

多肉植物における有機酸蓄積量の日内変動は古くから知られていた。19 世紀初頭には，オプンチアで夜間に二酸化炭素吸収が起こることや，セイロンベンケイの葉が朝には酸っぱくなるが，夕方にはホロ苦くなることが報告されている。多肉植物における炭水化物と有機酸の逆転的な日内蓄積パターンが明らかとなったのち，夜間に合成された有機酸が日中には炭水化物に変換されていることがわかってきた。20 世紀になって，^{14}C 標識を使った化合物の同定から，C_4 光合成に似ているが日内変動パターンが異なるユニークな炭素固定経路として，CAM 光合成が同定された。CAM の名称は Crassulacean acid metabolism（**ベンケイソウ型有機酸代謝**）の略であり，ベンケイソウ科（Crassulacean）の植物であるセイロンベンケイで炭素代謝系が同定されたことに由来している。

CAM 光合成では，気孔の開孔パターンが C_3 光合成や C_4 光合成と大きく異なる。CAM 植物は，夜間に気孔を開けて二酸化炭素を大気中から取り込み，C_4 回路を使って炭素固定を行う。細胞内に取り込んだ二酸化炭素は細胞質で HCO_3^- に変換されたのち，PEPCase の作用を受ける。HCO_3^- は葉緑体内のデンプンをもとにして生成されたホスホエノールピルビン酸に固定され，オキサロ酢酸が生成される。オキサロ酢酸は NAD^+ リンゴ酸脱水素酵素の作用を受けて**リンゴ酸**に変換された後，**液胞**に蓄積される（図 3.7）。日中には気孔を閉じるため，大気中から二酸化炭素を取り込むことはできないが，夜間に蓄積したリンゴ酸から脱炭酸して生じた二酸化炭素を C_3 回路での炭水化物の合成に使用する。CAM 光合成は同一の葉肉細胞内で C_4 回路（夜間）と C_3 回路（日中）を時間的に使い分けている点も C_4 光合成とは異なる。

CAM 光合成で見られる気孔開閉パターンは乾燥地での生育に有利である。降雨量が少ない砂漠では日中は気温が高く，乾燥していることが多いために，気孔の開孔による水分消費量が多くなる。ゆえに，夜間に気孔を開くことは水分消費量を抑えるのに役立つ。事実，CAM 光合成を行う植物種は乾燥地に多く見られる。CAM 光合成を行う植物の特徴として，茎葉部表面の発達したクチクラ層や，植物体の大きさに対する表面積の割合が小さいこと，茎葉表面の

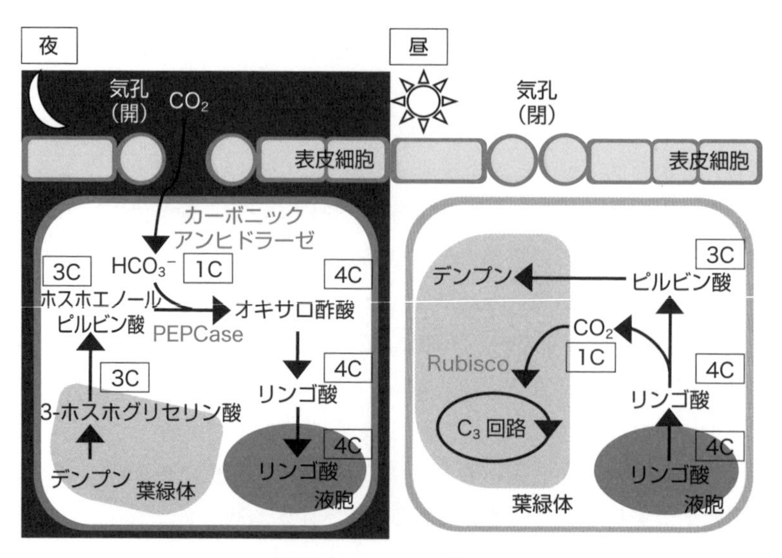

図 3.7　CAM 光合成

気孔数が少ないことが挙げられ，これらは乾燥地での水分消費の抑制に役立っている。また，細胞内に大きな液胞をもつことが多く，夜間の炭素同化により蓄積されるリンゴ酸の貯蔵庫となっている。C_3 植物や C_4 植物とは異なり，気孔の開閉パターンを逆転させる CAM 植物の水利用効率はきわめて高い。しかしながら，固定した二酸化炭素をリンゴ酸として蓄積し，再度そこから脱炭酸させる複雑な光合成的炭素固定による物質生産量は C_3 植物や C_4 植物よりも低くなる。

CAM 光合成における炭素固定パターンにはバリエーションが存在する。典型的な CAM 光合成では，日中のほとんどの間は気孔を閉鎖するかたわら，夜間に液胞に蓄積したリンゴ酸からの脱炭酸で生じる二酸化炭素を Rubisco により固定する。しかしながら，夜が明けて日が当たり始める初期にのみ気孔を開いて二酸化炭素を取り込むタイプや，日中の終わりになると気孔を開けて大気中から二酸化炭素を取り込むタイプが存在する。このような CAM 光合成における気孔のふるまいは，葉内の二酸化炭素濃度に制御されている。CAM 光合成における日中の葉内の二酸化炭素濃度は夜間に蓄積したリンゴ酸からの脱炭酸に依存しているが，日が当たり始めたころには，リンゴ酸からの脱炭酸による二酸化炭素の供給が追いつかないことがある。また，日中の終わりには液胞に蓄積したリンゴ酸が枯渇する。いずれの場合にも，葉内の二酸化炭素濃度の低下が CAM 植物の気孔開孔を促していると考えられる。

よく灌水された条件下では C_3 光合成のみで炭素固定を行うが，干ばつや塩害のような水ストレス条件下になると CAM 光合成を行う植物種もある。塩生植物のアイスプラント（*Mesembryanthemum crystallinum* L.）（口絵 13 参照）では根圏の塩分濃度の増加に応じて，C_3 光合成から CAM 光合成へとシフトさせる。アイスプラントの葉内では塩ストレスに応答して，PEPCase をはじめとした C_4 回路を駆動させるための遺伝子群の発現誘導とこれらの酵素タンパク質の活性上昇が見られる[2)]。C_3 光合成から CAM 光合成へとシフトさせることは，日中に開いていた気孔を閉じる傍ら，夜間に気孔を開くことになるため，水分消費を抑えることに役に立つ。しかしながら，炭素固定による物質生産力は低下する。C_3 光合成から CAM 光合成へのシフトは，水ストレス下での水分消費と物質生産のバランスを調整した，植物の巧妙な生存戦略とも言える。

CAM 光合成の多様性は水生植物にも見られる。ミズニラ属やクラッスラ属の植物では，水上の葉は C_3 光合成を行うが，水没した葉で CAM 光合成による炭素固定を行う[3]。水没した葉での CAM 光合成は水中であることを考えると乾燥への適応とは考えにくく，大気中と比較すると二酸化炭素が拡散しにくい水中での炭素獲得戦略と考える方がつじつまがあう。水中では植物以外にも藻類や細菌が C_3 光合成を行うために日中の水中二酸化炭素濃度は低下するが，夜間には増加することは良く知られている。夜間になると，水中のほとんどの生物は光合成を行わずに呼吸による二酸化炭素放出に転じる。水生植物が CAM 光合成を行う事実は，C_3 光合成から CAM 光合成への進化のきっかけが乾燥への適応のみではないことを示唆している。

3.3 炭水化物の転流と糖・デンプン合成

光合成によって固定された二酸化炭素は，最終的には**デンプン**（starch）や**ショ糖**（sucrose）合成に用いられる。多糖類のデンプンは葉緑体内で合成され，デンプン粒としてそのまま葉緑体内に蓄積されるが，夜間になり光合成活性が低下すると，蓄積したデンプンは分解されて様々な代謝に使われる。ショ糖は細胞質で合成されたあと，光合成が活発な茎葉（**ソース**）から茎や根などの光合成が活発でない器官（**シンク**）に輸送される。ソースからシンクへ光合成産物が輸送されることを**転流**（translocation）と呼ぶ。多くの植物では光合成産物の転流に還元糖ではない二糖類のショ糖（スクロース）が使われるが，一部のバラ科植物（モモ，リンゴ，ナシなど）ではソルビトールが，セロリではマンニトールが転流糖として使われる。ソースからシンクへのショ糖の転流は師管が重要な役割を果たす。維管束中の導管は根から吸収した水分や無機栄養分の運搬，師管は光合成産物や植物ホルモンなどの有機物のほか，無機栄養分の運搬を担う。葉肉細胞や維管束鞘細胞で合成された光合成産物は細胞間をつなぐ原形質連絡を通って伴細胞まで輸送されるシンプラスト経路，あるいは細胞外へと輸送されて細胞間隙を通って伴細胞まで輸送されるアポプラスト経路のどちらかを通る。伴細胞から師管に積み込まれたショ糖は長距離輸送によりシンク組織へと転流した後，ショ糖のまま蓄積されるか，デンプンとして蓄積される。光合成産物をショ糖として蓄積する植物種には砂糖の原料となるサトウキビ（茎に蓄積）やテンサイ（塊根に蓄積，別名サトウダイコン）があるが，穀類の子実やイモ類の塊茎や塊根など多くの植物種ではデンプンとして蓄積される。

ソースでの炭素同化能はソースとなる茎葉の水分・栄養状態や葉緑体内の生理状態に大きく依存しているが，シンクの光合成産物要求量によっても変化する。たとえば，シンクでの糖分欠乏はソースでの光合成能を増加させることが知られている。また植物の発達段階によっては，シンク・ソース機能の転換が見られる。炭水化物の生産についてみると，光合成が活発な葉身部はソースとなることが多いが，新葉はソースとして十分に発達するまではシンクとして他の部位から炭水化物を受け取る。

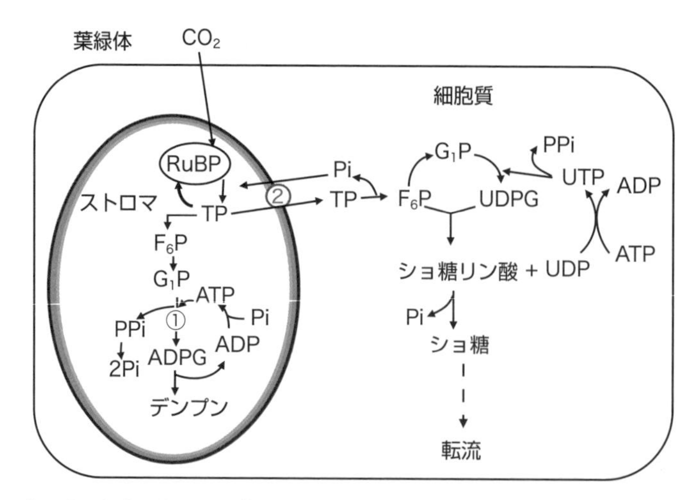

図 3.8　ショ糖・デンプン合成。① ADP グルコースピロホスファターゼ，②リン酸・トリオースリン酸トランスロケーター。RuBP：リブロース 1,5-二リン酸，TP：トリオースリン酸，F_6P：フルクトース 6-リン酸，G_1P：グルコース 1-リン酸，ADPG：ADP グルコース，UDP：ウリジン二リン酸，UDPG：ウリジン二リン酸グルコース，UTP：ウリジン三リン酸，PPi：無機リン酸。

C_3 回路で生成されたグリセルアルデヒド 3-リン酸はジヒドロキシアセトンリン酸（どちらもトリオースリン酸とも呼ばれる）に変換される。葉緑体内のジヒドロキシアセトンリン酸は葉緑体包膜のリン酸トランスロケーターの働きにより，細胞質からの無機リン酸と 1 対 1 で交換輸送される（図 3.8）。葉緑体内に輸送された無機リン酸はチラコイド反応での ATP 合成に利用される。ジヒドロキシアセトンリン酸は細胞質でフルクトース 1,6-ビスホスファターゼ（FBPase）によりフルクトース 6-リン酸（F_6P）に変換された後，ショ糖リン酸シンターゼ（SPS）の働きによりショ糖が合成される。細胞質でのショ糖合成は葉緑体からのジヒドロキシアセトンリン酸の供給力や FBPase 活性，SPS 活性によって制御されている。細胞質での無機リン酸濃度が低下すると，葉緑体からのジヒドロキシアセトンリン酸供給量が低下してショ糖合成が抑制されるとともに，葉緑体内へのリン酸供給量の低下により ATP 合成が抑制されることで光合成活性の低下を引き起こす。

デンプン合成には C_3 回路の中間産物であるフルクトース 6-リン酸（F_6P）が使われ，グルコース 6-リン酸（G_6P），グルコース 1-リン酸（G_1P）を経て，ADP-グルコース（ADPG）が生成される。この ADP-グルコースがデンプンへのグルコース供与体となり，ADP-グルコースピロホスホリラーゼが作用して，デンプン鎖の末端部分にグルコースが転移される（図 3.9）。デンプンは単糖の α-D-グルコースから構成されるアミロースやアミロペクチンの 2 成分からなる多糖類であり，その植物体内における量は β-D-グルコースからなる多糖類で構成される細胞壁に次ぐ。α-D-グルコースが α-D-1,4 グリコシド結合で連結して長鎖を形成したものが**アミロース**であり，α-D-1,6 グリコシド結合で分枝構造を多く形成したものが**アミロペクチン**である。アミロースの重合度は 500～20,000 グルコース単位であるが，アミロペクチンの重合度は大きいものであれは 1,000,000 グルコース単位になる。デンプン内のアミロースやアミロペクチンの割合はデンプン粒の構造や大きさ，性質に影響を与えるとともに，その構成は植物種や品種間

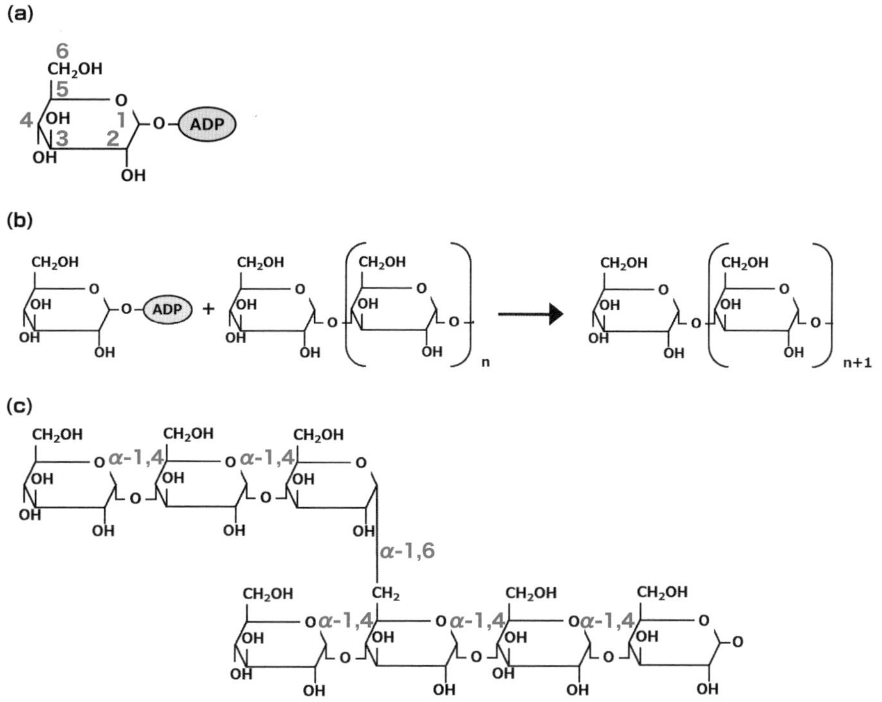

図 3.9 デンプン鎖の合成。(a) ADP-グルコースの構造，(b) デンプンの伸長，(c) デンプンの分枝形成。

によって大きく異なる。我々の生活になじみが深い米を例にとってみると，調理後の米には粘り気が強いものやパサパサしたものがある。もち米のデンプンはほぼ100% がアミロペクチンから構成され，調理後に非常に粘り気が強い食感を与える。一方，うるち米には 15〜30% 程度のアミロースが含まれる。アミロース含量が高くなる（アミロペクチン含量が低くなる）と調理後にはよりパサパサした触感を与える。うるち米のうち，多くのジャポニカ米（中〜短粒種）は，インディカ米（長粒種）よりも調理後の粘り気が強いが，これはジャポニカ米中のアミロース含量がインディカ米よりも低いためであり，インディカ米にもアミロペクチン含量が多いもち米は存在する。

3.4 光合成の環境応答

高等植物の光合成は複雑な生化学反応系であるため，様々な環境要因の影響を受ける。チラコイド反応と炭素固定反応の初発原料となる水や光，二酸化炭素の存在量は光合成活性に直接的な影響を与えるほか，温度や酸素濃度も光合成活性に影響を与える。これらの環境要因は季節の移り変わりによって変動するほか，特に光や温度，水環境は一日の中での変動が大きいため，植物の光合成活性は刻一刻と変化している。野外環境で植物が光合成活性を最大に維持し続けることは難しい。

3.4.1 光

光強度は植物の光合成活性に最も大きな影響を与えるが，その関係性は光－光合成曲線から読み解くことができる（図 3.10）。夜間や屋内の暗所のような光がまったく当たらない環境下では，光合成による二酸化炭素固定は見られず，ミトコンドリアでの呼吸による二酸化炭素放出が見られる。光強度が増してくると，呼吸による二酸化炭素放出と光合成による二酸化炭素固定が釣り合ってくる。これを**光補償点**と呼ぶ。光補償点は植物種や生育段階によって異なるほか，同じ植物種でも光強度が異なる環境で育てた場合にも異なる。たとえば，明るい環境で育った植物（陽葉）の光補償点は光量子束密度（PFD）が 10～20 μmol m^{-2} s^{-1} 程度であるが，暗い環境で育った植物（陰葉）の光補償点は 1～5 μmol m^{-2} s^{-1} 程度である。光補償点よりも強い光を植物に当てると，光合成速度は光強度に依存して直線的な増加を示す。この段階を**光律速段階**と呼び，チラコイド反応が光合成活性の律速要因となっている。光強度をさらに増加させていくと光合成速度の増加が鈍り始め，最終的には増加が見られなくなり飽和する。光合成速度が飽和に達した点を**光飽和点**と呼ぶ。この段階では主に Rubisco による二酸化炭素固定活性やトリオースリン酸代謝，電子伝達速度が律速要因となる。多くの植物の光飽和点は 500～1,000 μmol m^{-2} s^{-1} 程度である。野外で栽培される植物には日中 1,000 μmol m^{-2} s^{-1} 以上の太陽光が注がれているため，植物個体の上位葉は過剰な光エネルギーを受け取り，下位葉や群落中の下層で生育する植物は，限られた量の光エネルギーを受け取って光合成を行っている。葉緑体での過剰な光エネルギーの授受は活性酸素種の発生による障害を引き起こす原因となる（**光障害**）。そのため，植物は光エネルギーを熱として逃がしたり，葉の向きを変えたりすることで，光障害から身を守っている。

細胞内の葉緑体は光（主に青色光成分）に応答して移動する。夜明け後に光が当たり始めるころは光合成は光律速段階にあるため，葉緑体はより多くの光エネルギーを得るような配置をとる（図 3.11）。日中，光強度が高くなってくると受光量を減らすかのような配置をとる。このような葉緑体の**光定位運動**能力を欠くシロイヌナズナ変異体に連続して強光を照射しつづけると葉の枯死（葉焼け）が見られることから，光環境に応答した葉緑体の運動は，一度根差す

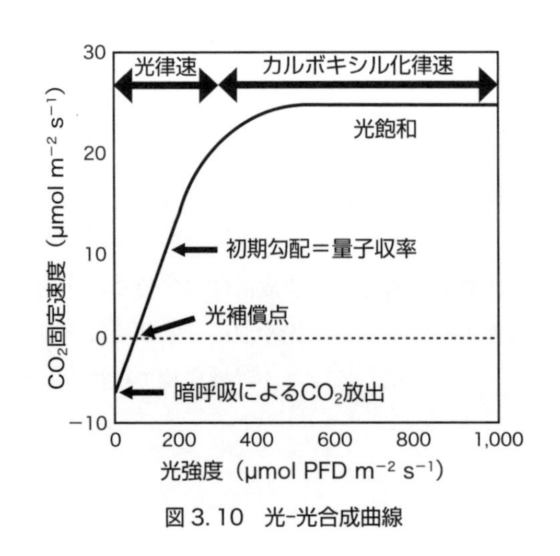

図 3.10　光-光合成曲線

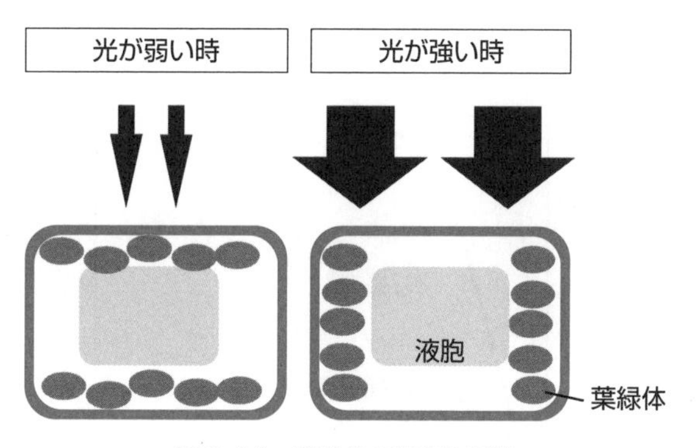

図 3.11　葉緑体の光定位運動

と動けない植物が持つ優れた受光量調節機構であると言える。

光の質も植物の光合成活性に影響を与える。太陽光放射のうち，400〜700 nm の波長域は植物の光合成に最もよく利用されるため，光合成有効放射と呼ばれる。400〜700 nm の波長域のうち，特に約 430 nm 付近（青色光）と 660 nm 付近（赤色光）はクロロフィルによく吸収されて光合成に利用される。一方で，500〜600 nm 付近（緑色光）の光はクロロフィルにあまり吸収されないため，その多くが葉を透過したり，反射されたりする。ゆえに植物の茎葉部が人間の目に緑色に映るのは，クロロフィルが持つ光吸収特性によるものである。ただし，緑色光は光合成にまったく利用されないわけではなく，群落中の下層の植物のように限定的な光条件下の植物は緑色光を光合成に利用する。

3.4.2　二酸化炭素，酸素

光と同様，二酸化炭素が光合成活性に与える影響は大きい。二酸化炭素は炭素固定の基質となるため，細胞内の二酸化炭素濃度は光合成活性を直接的に制御する。光照射下で葉緑体内の C_3 回路による炭素固定が進行している場合，一定速度で葉内二酸化炭素が消費されていることになるため，葉内の二酸化炭素濃度は大気中の二酸化炭素濃度に比べて相対的に低くなる。ゆえに植物が茎葉表面の気孔を開くことで大気中の二酸化炭素が葉内の細胞間隙へと濃度勾配に従って拡散する。

C_3 植物の光合成は外部の二酸化炭素濃度を上昇させると広い範囲にわたって増加する（図 3.12）。外部の二酸化炭素濃度を 400 ppm よりも低下させていくと，二酸化炭素固定速度は 0 になる。この点を **CO_2 補償点**と呼び，これよりもさらに外部の二酸化炭素濃度を低下させると呼吸による二酸化炭素放出が大きくなるため，二酸化炭素収支はマイナスとなる。一方，C_4 植物では CO_2 補償点は C_3 植物よりも低くなるが，二酸化炭素収支はマイナスには傾かない。これは PEPCase による二酸化炭素（重炭酸イオン）固定活性が Rubisco よりも優れているためであり，低濃度の二酸化炭素を効率よく固定できること，また呼吸によって生じた二酸化炭素を速やかに固定できること，C_4 植物では光呼吸がほとんど起こらないことが理由であると考えられている。

C_4 植物は現在の大気中の二酸化炭素濃度では C_3 植物よりも効率的な光合成を行うことがで

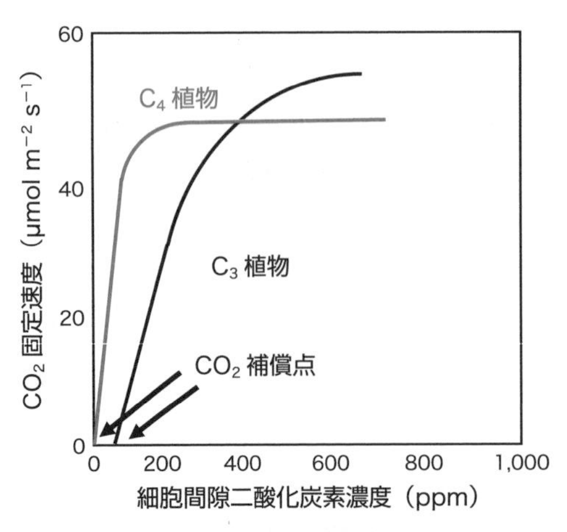

図 3.12　二酸化炭素濃度-光合成曲線

きるが，この優位性は今後も維持しうるのであろうか？　近年，大気中の二酸化炭素濃度の急激な上昇が確認されている。42 万年前から 1900 年までの二酸化炭素濃度は 300 ppm を越えない程度で変動してきたが，産業革命による近代工業の発展や化石燃料の使用量の増加により，1960 年には 315 ppm であった二酸化炭素濃度は 2020 年には年平均では 417 ppm を越えている。このような大気中の二酸化炭素濃度の急上昇傾向が続くのであれば，C_3 植物が炭素固定における利益を得ることが大きくなると予想される。

酸素濃度は C_3 植物の光合成に大きな影響を与える。Rubisco がもつオキシゲナーゼ活性による光呼吸はリブロース 1,5-二リン酸と酸素を反応させるが，Rubisco が二酸化炭素か酸素のどちらを基質とするかは葉緑体内の二酸化炭素と酸素分圧比に依存する。ゆえに細胞内の酸素濃度を低下させることは光呼吸を抑制できることが想像される。現在の大気酸素濃度はおよそ 21% であるが，これを 2% まで低下させると，光合成による二酸化炭素固定速度が上昇する[4)]。C_4 植物では C_4 回路がもつ二酸化炭素濃縮機構により，維管束鞘細胞の Rubisco 周囲での二酸化炭素濃度が高く維持されているため，酸素濃度の増減の影響をあまり受けない。

3.4.3　温度

植物の光合成の最適温度は植物種や生育環境によって異なる。光合成は様々な酵素タンパク質が関わる生化学反応であるため，生育環境の温度が光合成活性に与える影響は大きい。チラコイド反応での電子伝達系を構成するタンパク質や色素類はチラコイド膜に存在するが，温度は膜の状態にも影響を与える。温度-光合成曲線は C_3 植物と C_4 植物の間で大きな差が見られる（図 3.13）。C_3 植物の光合成活性は 20～30℃が最適であるが，C_4 植物の光合成活性は C_3 植物よりも高い温度に最適範囲が見られる。C_3 植物と C_4 植物間に見られる光合成の温度への応答の違いは，これらの植物の自生地環境と関係があると考えられる。中緯度から高緯度地域に多く見られる C_3 植物の温度環境は温暖～冷涼である一方，低緯度地域に多く見られる C_4 植物の温度環境は高温である。高温環境における光合成活性の低下は Rubisco 自身の失活が主な原因であるが，C_3 植物の場合には光呼吸活性の増加も原因となる。

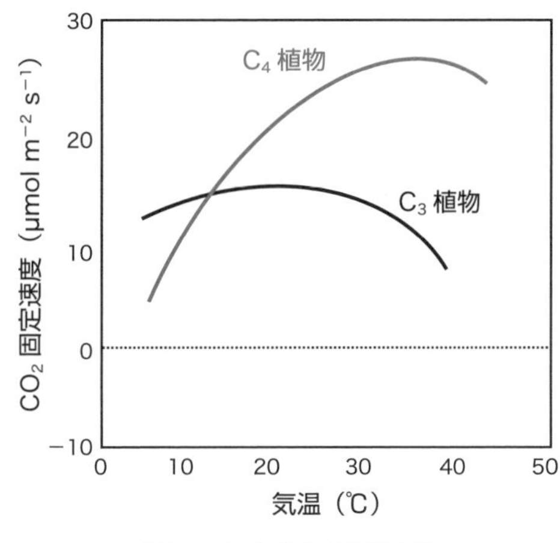

図 3.13　温度-光合成曲線

3.4.4　水分

植物の光合成は体内の水分含量にも制御されている。植物体内の水分含量が減少すると，植物ホルモンの一種である**アブシジン酸（ABA）**の合成が促進される。ABA は茎葉表面の気孔を構成する 1 対の孔辺細胞の収縮を促すことで，気孔の閉鎖を誘導する。このようにして植物は体内の水分節約による生き残りを図ろうとするが，気孔の閉鎖による水分保持は同時に大気中から葉内への二酸化炭素拡散を抑制する。よって気孔閉鎖は細胞内二酸化炭素濃度の低下を引き起こすことで，光合成活性の低下を引き起こす（**気孔的律速**）。植物体内の水分含量の減少は，干ばつや塩害のような環境ストレスによってもたらされるが，よく水管理がなされた晴天下の植物栽培現場でも起こりえる。植物の光合成には日内変動があることが知られているが，光強度が増加してくる午前中には一日の中での最大光合成活性を示す。午後には光合成活性の低下が起こるが，この一因として，茎葉からの活発な蒸散による水分消費が根からの吸水を上回ることが挙げられる。また長期の水分欠乏は葉内の光合成に関わる酵素タンパク質の失活を誘導することで，光合成活性の低下を引き起こす（**非気孔的律速**）。

水分欠乏による気孔の閉鎖は C_3 植物の光呼吸活性の増加による光合成活性の低下も引き起こす。光呼吸活性は葉緑体内の二酸化炭素：酸素分圧比によって制御されているが，気孔の閉鎖による二酸化炭素の供給量の低下は相対的に葉内の酸素分圧比を高めることになり，結果として光呼吸活性が増加することになる。

参考図書・文献

1）South, P. F., Cavanagh, A. P. *et al.* (2019), *Science*, **363** (6422), eaat9077.
2）Bohnert, H. J., Cushman, J. C. (2000), *Journal of Plant Growth Regulation*, **19**, 334–346.
3）Keeley, J. E., Busch, G. (1984), *Plant Physiology*, **76**, 525–530.
4）Makino, A., Mae, T. *et al.* (1984), *Plant and Cell Physiology*, 25, 511–521.

第4章 植物生産と土壌

世界各地には外観も性状も大きく異なる様々な土壌が分布している。できたての若い土壌もあれば，100万年以上も経過した老齢土壌もある。これらはいずれも**土壌生成因子**（気候，地形，母材，時間，生物，人為）の影響を様々に受けてきたものであり，**土壌断面**（soil profile）にその履歴（土壌生成過程）が刻まれている。土壌は，植物を支えるばかりでなく，植物根の生育環境を整え，養水分の貯蔵と植物への供給を行うことで植物の生産に大きな影響を及ぼす。本章では，土壌の生成と種類，土壌の構造，養水分の動態，植物の生産を支える土壌の機能について解説する。

4.1 土壌の種類と特徴

4.1.1 土壌の生成と土壌断面

地表面から地下数十メートルまでには，火成岩，堆積岩，変成岩などの岩石が分布している。これらの岩石（母岩）は長い年月の間に，温度変化，圧力，水の凍結，岩石や鉱物の分解・溶解・変質などによって崩壊する（これを**風化作用**と呼ぶ）（図4.1）。岩石が風化し細かい粒子になると，そこには，地衣類，コケ類などの特殊な植物や微生物が住み着く。微生物は植物の遺体を分解し，腐植と呼ばれる黒い土壌有機物になって蓄積する。これが増えると次第に高等植物が生育できるようになる。腐植は，土壌に存在する生きた生物を除くすべての有機物であり，その中でも黒色の難分解性有機物を腐植物質または腐植質と呼んでいる。このような生物の働きによって土壌層位の分化が生じる（**土壌生成作用**）。

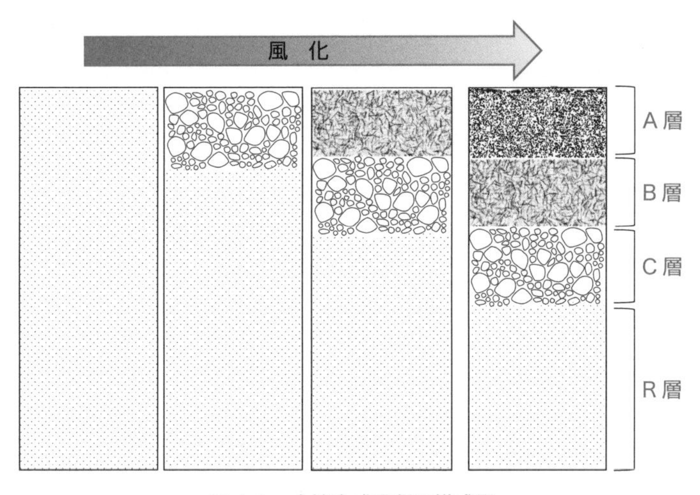

図4.1 土壌生成過程の模式図

地表面に近いところほど風化を受けやすいので，上層は風化が最も進み，下層になるほど風化していない未風化物の量が多くなる。降雨などにより水が土壌の成分を溶かして下層に運ぶ働きを**溶脱**という。溶脱によって表層の無機イオンなどは下層に流される。土壌は主に 3 つの土層に分化し，上層には腐植が豊富な下層よりも黒色の増した層ができる。これを **A 層**と呼ぶ。A 層に含まれる無機イオンなどは降雨によって溶脱し，その下の **B 層**に集積する。B 層の下の層は土壌生成の影響を受けていない母材（風化産物）からなる層で **C 層**と呼んでいる。これらの層の下には，ほとんど風化作用を受けていない母岩の層があり，これを **R 層**と呼ぶ。

岩石以外の母材から土壌が作られる場合もある。火山の多い場所では火山灰などの火山噴出物から，湿地帯では水生植物の遺体と泥が混ざり合った母材から作られる。どのような土壌ができるかは，材料となる母材の種類，雨量などの気候，生物（生育する植物の種類），土地の地形，時間などの土壌生成因子によって異なる。

4.1.2 土壌の分類と日本の土壌

土壌の分類は国によって様々で世界的に統一されたものがなかったため，国連食糧農業機関（FAO）や国際土壌学会（ISSS）が各国の土壌分類をつなぐために「世界土壌資源照合基準（WRB）」をつくり，1998 年にその体系を発表した。この体系は FAO-UNESCO 世界土壌図の凡例を土台にして，特徴層位や識別特徴の存在の有無により分類されている。照合土壌群と呼ばれるのが最上位の分類カテゴリーである。

米国農務省は 1975 年に土壌タクソノミー（Soil Taxonomy）として土壌分類体系案を発表しており，日本も独自の土壌分類体系を有している。日本の土壌分類は伝統的に農耕地土壌と森林土壌とで別の分類体系を採用しており，近年，それらを統一した統一的分類体系が提案されている。

日本は，環太平洋火山帯に属する南北に細長い孤島で，亜寒帯から亜熱帯までの気候帯に属し，アジアモンスーン気候の影響で雨量が多く，様々な土壌の種類が見られる。農耕地土壌分類に基づく代表的な土壌群には以下のようなものがある。

褐色森林土：湿潤冷温帯の非火山性山地の落葉広葉樹林（ブナ，ナラ）に広く発達している土壌である。国土の約 50% を占め，分解の進んだ腐植を含む暗褐色の A 層と褐色の B 層からなり，全体に酸性を有する。

黒ボク土：火山周辺に広く分布する火山灰土壌で，国土の約 15% を占めている。黒色の腐植を含む層はイネ科草本植生下で生成した多量の腐植と母材の活性アルミニウムが結合した安定な腐植-無機複合体を形成している。

灰色低地土：自然堤防と後背湿地の中間に分布する。土壌断面の大部分が地下水位の影響を受け酸化と還元が繰り返され，鉄やマンガンが溶脱して灰色を示す。古くから，水田として最も広く利用され，生産力が高い。

グライ低地土：地下水位の高い後背湿地や河口の三角州地帯などに分布する。グライ層が発達しているのが特徴である。グライ層は，常時水に飽和された状態で還元が進み，二価鉄に由来する独特の青緑灰色を示す。水田としての利用が多い。

図 4.2　沖縄県におけるパイナップル畑
口絵 5 参照

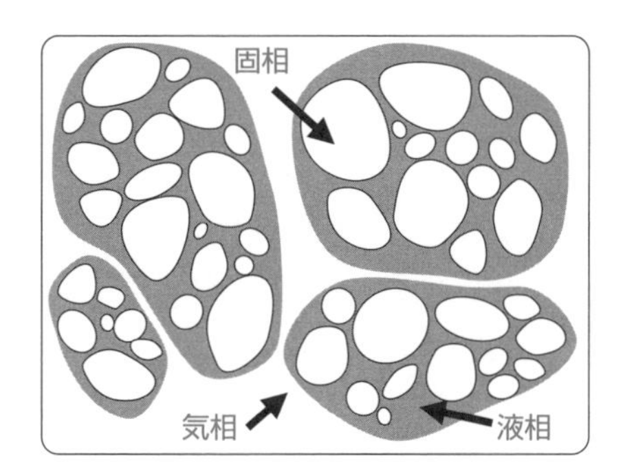

図 4.3　土壌の三相構造

褐色低地土：沖積平野の自然堤防や扇状地などに分布する。排水が比較的良好で，地下水位は低く，鉄は水酸化鉄（三価鉄）になっているので土層全体が一様に褐色を呈している。

暗赤色土：南西諸島の隆起珊瑚段丘の石灰岩上に発達する暗褐色～赤褐色の土壌で，カルシウム含量が高く，pH は微酸性～アルカリ性である。排水性は比較的良好である。

沖縄本島北部，八重山群島には，鮮やかな赤褐色を呈し，酸性土壌の国頭マージが分布し主にパイナップルが栽培されている。また，本島中南部などには赤褐色で弱アルカリ性の島尻マージが広がり，主にサトウキビ栽培に利用されている（図 4.2）。

4.1.3　土壌の構造と物理性

1）土壌三相

土壌は，固相とその隙間（孔隙）を満たす液相および気相の三相（**土壌三相**）から構成されている（図 4.3）。固相には，鉱物粒子とその他の無機化合物，土壌有機物，土壌微生物が含まれる。鉱物粒子は，その大きさによって，2 mm 以上の礫，2～0.2 mm の粗砂，0.2～0.02 mm の

表 4. 1　土性の区分

土　性	英名（略記号）	粘土（Clay）	シルト（Silt）	砂（Sand）
		%	%	%
砂土	Sand (S)	0～5	0～15	85～100
壌質砂土	Loamy Sand（LS）	0～15	0～15	85～95
砂壌土	Sandy Loam（SL）		0～35	65～85
壌土	Loam (L)		20～45	40～65
シルト質壌土	Silt Loam（SiL）		45～100	0～55
砂質埴壌土	Sandy Clay Loam（SCL）	15～25	0～20	55～85
埴壌土	Clay Loam（CL）		20～45	30～65
シルト質埴壌土	Silty Clay Loam（SiCL）		45～85	0～40
砂質埴土	Sandy Clay（SC）	25～45	0～20	55～75
軽埴土	Light Clay（LiC）		0～45	10～55
シルト質埴土	Silty Clay（SiC）		45～75	0～30
重埴土	Heavy Clay（HC）	45～100	0～55	0～55

細砂，0.02～0.002 mm のシルト，0.002 mm（2 μm）以下の粘土に区分される。2 μm 以下の粒子はコロイドともいわれている。礫を除いた粘土，シルト，砂（粗砂と細砂）の 3 つの構成割合によって区分される土壌の類別を**土性**（soil texture）と呼んでいる（表 4. 1）。粘土のような細かい粒子が多いほど土壌は粘りが強く，排水も不良となる。また，砂が多くなると排水が良くなるが保水性が不良となるなど，土性によって土壌の性質を知ることができる。

固相以外の液相には土壌水，気相には土壌空気が含まれ，それぞれの割合を固相率，液相率，気相率，そして，三相の割合を**三相分布**と呼ぶ。液相率と気相率の合計が孔隙率となる。これらの値は，土性，鉱物性，有機物含量などの物性の違いにより保水性，透水性，通気性に強く影響し，土壌間で差が見られる。孔隙量は多くの耕地土壌で全容積の約半分を占めている。

土性，鉱物性，有機物含量などの特性が，保水性や透水性を特徴づける土壌の構造に強く影響する。土壌の物質や水，空気の貯留と移動を決定づける土壌の骨格と孔隙状態に関連した性質を土壌の物理性と呼んでいる。

2）土壌の構造

土壌中には様々な大きさ，形の孔隙が存在している。この孔隙中には水と空気が存在しており，それぞれを土壌水，土壌空気と呼んでいる。いずれも作物の生育と密接に関係している。

土壌の孔隙率は，耕うん直後を除き，重量物（農業機械や家畜の踏圧など）により圧密を受けない限り短時間に大きく変化することはないが，孔隙中の水と空気の量は，降水や灌漑などの水の供給や蒸発などによる土壌水分量の変化によって大きく変動する。

有機物の供給が多く，風化が進行しやすい土壌表面近くでは，粘土や有機物（腐植）が砂やシルトの基本骨格粒子間を連結する。また，アルミニウムや鉄の酸化物，コロイド状ケイ酸がセメント剤となり粒子間の連結を安定にしている。このような粒子集合体を団粒，その構造を団粒構造と呼ぶ。

微細な団粒どうしは，根やカビの菌糸，細菌由来の粘質物などによりさらに団粒化する。いくつか集合して複合団粒（二次団粒）を作り，さらに高次の団粒を作ることもある。団粒化すると団粒間に大きな孔隙ができて，単粒状と比べて孔隙状態が多様になり，保水性，透水性，通気性などの物理性が向上する。団粒内の小さい孔隙（細孔隙）は保水性に，団粒間の大きい孔隙（粗孔隙）は透水性と通気性に寄与する。

3）土壌水の働き

土壌水には無機成分や有機成分，酸素，二酸化炭素などが溶解しており，土壌溶液となっている。また，水は表面張力が比較的大きいため，土壌中では孔隙中に保持されやすく，また土壌中を移動しやすいので，植物に供給されやすい。土壌水には，①蒸散を通して植物に吸収利用されて生育に寄与する，②土壌成分を溶解して植物に養分を供給する，③地温の急激な変化を抑える，④土壌生物の生活を支え活性化させる働きがある。

排水が悪いと，土壌空気が更新されず，植物根に悪影響を及ぼす。また，地表面を移動する表面流去水や土壌の粗孔隙中を重力によって下方に移動する浸透水は養分を流亡，溶脱させる。

第4章　植物生産と土壌

4）土壌水の表現法

土壌水分は，概念の異なるいくつかの単位で表現される。

(1) 水分含有率（含水率）：湿土重量に対する水分の百分率（%）

(2) 体積水分率（液相率）：土壌の全体積（孔隙含む）に対する水分の占める体積の百分率（%）

(3) 含水比：乾土重量に対する水分量の比率（「比」は百分率を意味しないが，100を乗じて百分率として用いることが多い）

(4) **pF，水ポテンシャル**：水分量ではなく，土壌に水が吸着・保持されている力の強弱を示す。土壌水分の絶対量を示さないが，植物の水吸収などの指標として適している。pFは，Schofield（1935）が提案したコンセプトであり，水が土壌に保持されている力（負の圧力，吸引圧）を水柱の高さ h（cm）の対数で表したもので，以下の式で水ポテンシャル（ϕ, kPa）から換算することが可能である。

$$\mathrm{pF} = \log_{10}(-h) = \log_{10}(-10.2\phi)$$

pF値が高い（水ポテンシャルが低い）ほど土壌に強く保持されていることを示す。

5）土壌水の種類と分類

(1) 土壌中で吸着・保持されている力の強弱からの分類

土壌水は，土壌中で吸着・保持されている力の強弱から重力水，毛管水，吸湿水，膨潤水に分類される（図4.4）。

重力水：降雨や灌水によって一時的に粗孔隙内（およそ0.05 mm径以上）にとどまるが，重力の作用で下方に排除される水（浸透水）のことである。土壌溶液中に溶存している成分を下方へ溶脱させる。植物にはほとんど利用できない。pFで1.8以下，水ポテンシャルで −6 kPa

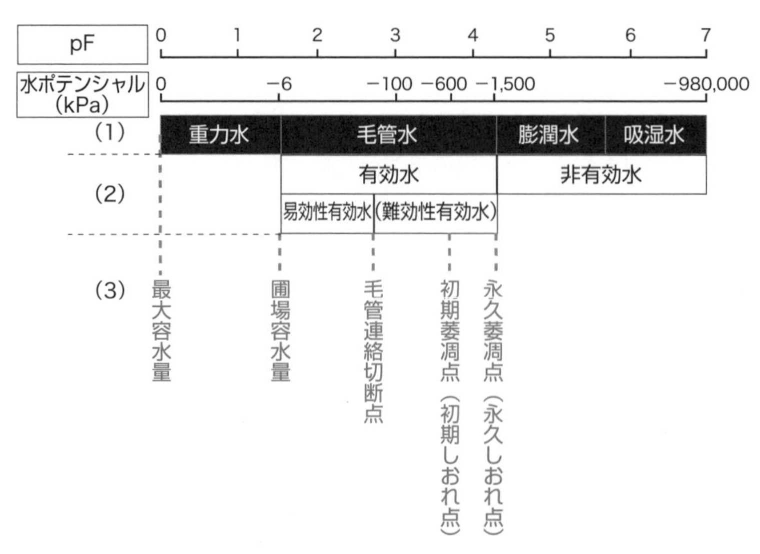

図 4.4　土壌水の種類と分類

以上に相当する水を指す。

毛管水：土壌中の細孔隙中に水の表面張力によって重力に抗して保持される水をいう。毛管水が重力に逆らって上昇することを毛管上昇と呼び，地下水や土壌水を地表面や根域に運搬する重要な役割を担っている。重力水が土壌中を短時間に移動してしまうのに対し，毛管水は長時間土壌中に留まるので植物の水源として重要である。植物が吸収可能な有効水のほとんどはこの毛管水で，pF で 1.8〜4.2，水ポテンシャルで −6 kPa〜−1,500 kPa に相当する水分量を指す。

膨潤水：粘土の結晶の間に入り込んで強く結合している水をいう。植物は吸収できない。pF で 4.2 以上，水ポテンシャルで −1,500 kPa 以下に相当する。

吸湿水：土壌粒子の表面に吸着している水をいう。

(2)　植物に吸収される難易度からの分類

土壌水は，植物によって吸収される難易度から有効水と非有効水に分類される。

有効水：植物が吸収可能な土壌水で，通常，圃場容水量から永久萎凋点までの土壌水をいう。毛管水のうち pF で 1.8〜2.7（圃場容水量から毛管連絡切断点）に相当する毛管水は毛管孔隙を移動することができ植物に容易に吸収されるので，易効性有効水と呼ばれる。

非有効水：吸湿水や膨潤水のように，土壌粒子表面や内部に強く結合し植物が吸収できない水をいう。**無効水**とも呼ばれている。

(3)　植物への水分供給状態からの分類

植物への水分供給状態を示す土壌水分の分類は，下記のような用語で表現される。

最大容水量：土壌がその全孔隙に保持しうる水分量をいう。pF はほぼ 0 で，水ポテンシャル 0 kPa の水分量を指す。

圃場容水量：多量の降雨や灌漑のあと 24 時間経過し，重力水の降下運動が極めて小さくなった時の水分量のことを指す。畑作物にとっては最適の水分量といわれる。一般に最大容水量の

60% 程度の水分量になることが多い。通常 pF が 1.8，水ポテンシャルで －6 kPa の水分量を指す。

毛管連絡切断点：毛管水のつながりが切れて，毛管孔隙による水の移動が困難になったときの水分状態で，植物が容易に吸収できる水分（易効性有効水）の限界を示す。植物生育が停滞しはじめる。pF で 2.7，水ポテンシャルで －50 kPa の水分量を指す。

初期萎凋点（初期しおれ点）：植物の水分要求量に不足するほど土壌水分がなくなって，植物がしおれはじめる土壌水分量である。この時点では給水により植物は回復できる。pF で 3.8，水ポテンシャルで －600 kPa の水分量を指す。

永久萎凋点（永久しおれ点）：植物が吸水できる水がなくなって，枯死するときの土壌水分量である。植物は給水によって回復しない。pF で 4.2，水ポテンシャルで －1,500 kPa の水分量を指す。

有効水分量：植物が吸収できる水分量を有効水分量と呼び，その値は次の式で表される。

有効水分量 ＝ 圃場容水量－永久萎凋点水分量

6）土壌空気

土壌に含まれる空気は，①大気よりも CO_2 濃度が著しく高い，②大気よりも O_2 濃度が低い，③水蒸気で飽和されている，④相対湿度がほとんど 100% に近い，⑤場所による不均一性がある，⑥硫化水素（H_2S），メタン（CH_4），亜酸化窒素（N_2O）などの還元性物質が多い，などの特徴がある。

土壌空気は土壌中の気相（土壌三相）を占め，土壌孔隙中に水と共存している。したがって，その量は土粒子の詰まり具合と雨，蒸発散などによって変わる水分量に依存する。土壌-大気間のガス交換や土壌中のガス移動は土壌通気と呼ばれ，土壌空気は表層では**マスフロー**（mass flow）と**拡散**（diffusion）によって，下層では主として拡散によって移動する。いずれも孔隙量が多いほどガス交換速度が速くなる。

酸素濃度の低下は土壌-大気間の土壌通気がスムーズに行かない場合に生じ，土壌空気中の酸素濃度が低下すると，根の伸長が阻害される。

4.2 土壌の材料

4.2.1　土壌鉱物

土壌鉱物は，**一次鉱物**（primary minerals）と**二次鉱物**（secondary minerals）に分類される。一次鉱物とは母岩を構成する鉱物で，造岩鉱物とも呼ばれ，ケイ素を多く含む長石，石英などのケイ長質鉱物，さらに，鉄，マグネシウムに富む輝石，角閃石，黒雲母，カンラン石など苦鉄質鉱物などがある。二次鉱物は地表で一次鉱物が風化した結果変質したもので**粘土鉱物**（clay minerals）とも呼ばれる。

鉱物に最も多量に存在する元素は酸素（O）であるが，酸素はその他の元素と酸化物を作って岩石中に存在する。酸素に次いで含量の多いのがケイ素（Si），次いでアルミニウム（Al），鉄

(Fe)，カルシウム（Ca)，ナトリウム（Na)，カリウム（K)，マグネシウム（Mg）である。マグマが地表付近で固まる際にこれらの元素が酸化物を作る。存在量が最も多く，かつ安定な酸化物を形成するのがケイ素であり，一次鉱物はこのケイ酸が形成する基本骨格に従って分類される。

4.2.2 一次鉱物

通常は無水物で，土壌中の礫や砂の成分である。いわば土壌の骨格の部分で，土壌の一次構造とみなせる。一次鉱物は風化の過程で，カリウム，マグネシウム，鉄，ケイ素などの植物養分を放出する。

岩石中の一次鉱物の種類は約2,000種類と多いが，主要なものは数種類で，石英，長石，角閃石，輝石，雲母の5種類のケイ酸塩鉱物で岩石圏の約90％を占める。火成岩は一次鉱物を主体としているが，堆積岩は一次鉱物の石英，長石と二次鉱物の粘土鉱物を主体としている。

土壌中の主な一次鉱物は，石英，長石，雲母，角閃石，輝石，かんらん石，火山ガラスである。

1）石英

ケイ酸四面体が三次元的に重合したテクトケイ酸塩に属する。土壌中には多量に存在し，一部はゾルやケイ酸イオンとして溶解し，植物に吸収される。

2）長石

テクトケイ酸塩構造を有し，ケイ素が部分的にアルミニウムで置換されたもので，カリウム，ナトリウム，カルシウムを含むアルミニウム・ケイ酸塩に属する。火成岩に多く含まれ，風化しやすく塩基の供給源となる。カリ長石（$KAlSi_3O_8$）が主体のものは正長石と呼ばれ，カリウムの供給源である。花崗岩には正長石が多く含まれ，マサ土などの花崗岩風化土壌ではカリウム供給量が多く，開墾後数年はカリウム施与量が少なくてすむ場合が多い。カリウムの代わりにナトリウムを多く含むものを曹長石，カルシウムを多く含むものを灰長石と呼んでいる。

3）雲母

板状のフィロケイ酸塩構造を有する薄片状の鉱物で，カリウム，マグネシウムの供給源となる。雲母には白雲母と黒雲母とがある。白雲母は$KAl_3Si_3O_{10}(OH)_2$の化学組成で，無色透明で電気絶縁体として用いられる。黒雲母は$KAl(Mg,Fe)_3Si_3O_{10}(OH)_2$で，黒色の鉱物で風化しやすく，花崗岩に多く含まれる。

4）角閃石，輝石，かんらん石

有色鉱物でマグネシウム，鉄，カルシウムなどの供給源となり，火成岩中では長石に次いで多い。風化されやすく，風化過程でマグネシウム，鉄，カルシウムを放出する。風化土壌は一般に黒色や赤色などの濃い色を示す。角閃石は複鎖のイノケイ酸塩構造，輝石は単鎖のイノケイ酸塩構造，カンラン石はネソケイ酸塩構造を有する。

- 普通角閃石：$Ca_2Al_2Mg_2Fe_3Si_6O_{22}(OH)_2$
- 普通輝石：$Ca_2(Al, Fe)_4(Mg, Fe)_4Si_6O_{24}$
- かんらん石：$(Mg, Fe)_2SiO_4$

5）火山ガラス

火山灰や火山灰土壌に見られ，はっきりとした結晶構造をもたない非晶質のケイ酸塩鉱物である。わが国には火山放出物に由来する土壌が広く分布しているので，最も重要な母材鉱物の一つである。

4.2.3　二次鉱物

一次鉱物（造岩鉱物）が風化作用を受けて二次的に生成されるので，土壌中の2 µm 以下の粘土画分の無機物の主体であることから，粘土鉱物とも呼ばれる。土壌溶液中の成分が再結晶して生成する場合もある。土壌中の二次鉱物の種類や量は土壌生成過程の影響を強く受けるので，二次鉱物の組成は土壌生成過程を反映している。

土壌中では粘土鉱物は腐植と複合体（粘土-腐植複合体）を形成する場合が多く，養分の保持などの重要な土壌機能を担う。また，可塑性，膨潤・収縮などの土壌の物理性に強く影響し，水中では懸濁する場合が多い。

1）二次鉱物の種類

多数の粘土鉱物が知られているが，その化学組成から以下に区分される。

①層状ケイ酸塩鉱物（結晶質，準晶質および非晶質）
②酸化物・水和酸化物
③リン酸塩・硫酸塩・炭酸塩鉱物

2）二次鉱物の基本構造（層状ケイ酸塩鉱物）

1個のケイ素（Si）原子を4個の酸素（O）原子と結合した四面体構造のものを**ケイ酸四面体**（図4.5），1個のアルミニウム（Al）原子を6個の酸素原子あるいは水酸基と結合した八面体構造のものを**アルミニウム八面体**と呼ぶ（図4.6）。ケイ酸四面体あるいはアルミニウム八面体が水平面上に酸素原子を共有しながら鎖状に連続した層格子を形成する時，それぞれをケイ酸四面体層，アルミニウム八面体層と呼ぶ。マグネシウムや鉄も6配位をとり，八面体層を形成する。

ケイ酸四面体層格子とアルミニウム八面体層格子がそれぞれ酸素原子を共有しあった2層構造を形成しているとき，これらの粘土鉱物を1：1型鉱物と呼び，アルミニウム八面体層を2層のケイ酸四面体層がサンドイッチ状に挟んだ構造をもつ時，この粘土鉱物を2：1型鉱物と呼ぶ（図4.7）。1：1型鉱物の代表的なものはカオリナイト，ハロイサイト，2：1型鉱物の代表的なものはスメクタイト，バーミキュライト，イライトである。

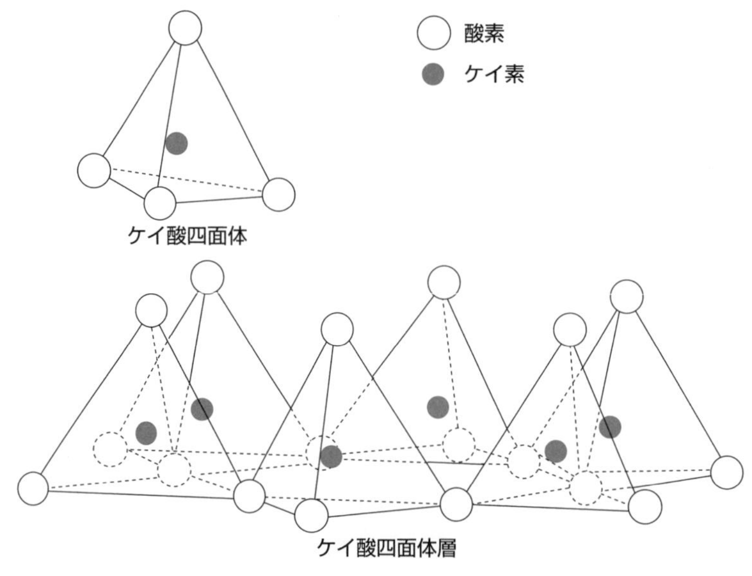

図 4. 5　ケイ酸四面体の構造

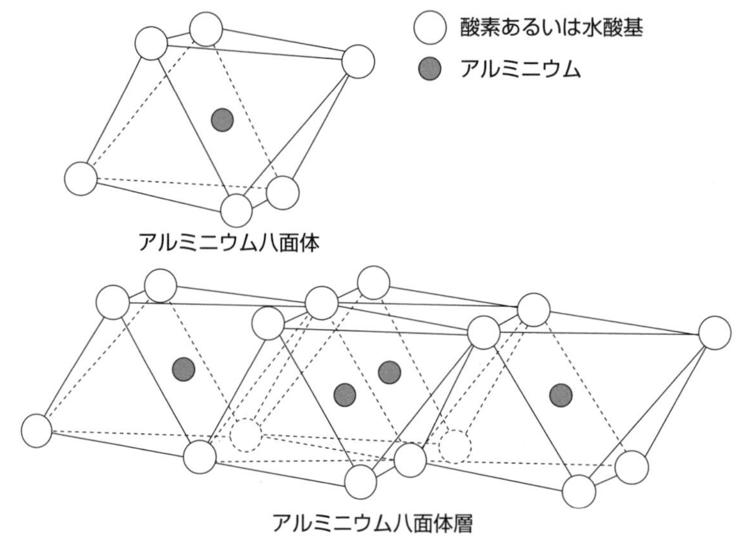

図 4. 6　アルミニウム八面体の構造

ケイ酸四面体の Si 原子（原子価 4）がアルミニウム（原子価 3）と，また，アルミニウム八面体の Al 原子（原子価 3）が鉄やマグネシウム（ともに原子価 2）と置換されている場合がある。このようなほぼ同じイオン半径を持つイオン間の置換を**同形置換**と呼び，2：1 型鉱物に多い。同形置換は，結晶形には基本的な変化をもたらさないが，粘土鉱物に陰電荷が生じ，粘土鉱物は陽イオン交換能を示すようになる。

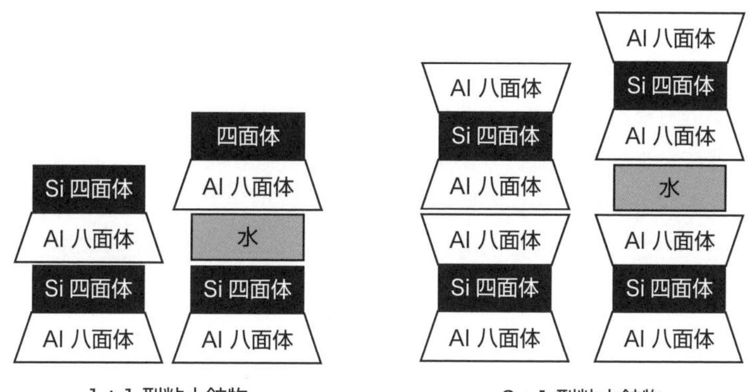

図 4.7　層状粘土鉱物の模式図

4.2.4　土壌の有機物

1）土壌有機物とは

土壌の材料のもう1つの主要構成物は土壌有機物である。**土壌有機物**（soil organic matter）は，広義には土壌中の生物を含むすべての有機物を指す。しかし一般的には，生物以外の非生物的有機物，すなわち**腐植**（humus）を指す場合が多い。また狭義には，単に**腐植物質**を指す場合もある。広義の土壌有機物は，まず植物根や土壌動物，土壌微生物など土壌中で生活している「生物」とその他の「非生物」に区分される。

非生物は，「生物の遺体など同定可能で除去できる程度の動植物遺体（粗大有機物）」と「同定不可能で除去できないような細かい動植物遺体（土壌有機物：腐植）」に分けられ，腐植には，同定可能な化合物である非腐植物質（non-humic substances）と土壌固有の有機物である腐植物質（humic substances）に分類される。非腐植物質は多糖類，タンパク質，アミノ酸，脂質，リグニンなどであるが，多くは**土壌微生物**によって容易に利用される。

腐植の主要成分である腐植物質は，暗色不定形の高分子有機化合物の混合物で，特定の構造は認められていない。腐植物質は，多くの生体高分子と異なり，合目的性をもって合成された物質ではないことが大きな特徴であり，微生物の利用残渣とも言える。腐植物質は，地表の酸化的な条件で生成するため多量のカルボキシル基（$-COOH$）をもち，イオン交換に寄与する。

2）土壌有機物の分解と蓄積

土壌有機物は土壌微生物（細菌，放線菌，糸状菌など）によって分解される。非腐植物質は一般に速やかに分解されるので，低温，乾燥，嫌気条件下などで土壌微生物の活動が著しく低下している場合を除き，土壌に蓄積することはほとんどない。腐植物質は微生物分解を受けにくく，通常，年3% 以下（多くの場合1% 前後）の分解速度といわれている。土壌有機物は微生物により分解され，最終的には二酸化炭素，水，アンモニウムイオン，リン酸イオン，硫酸イオンなどの無機物になる。この過程を**無機化**（mineralization）と呼んでいる。逆に土壌中の無機物を微生物体内に取り込む過程を**有機化**（immobilization）と呼ぶ。

一般に，無機化の過程で無機態の窒素，リン，硫黄などの植物の養分を放出する腐植を「栄養腐植」と呼び，分解されにくく土壌粒子の結合や土壌構造の維持発達に役立つ腐植を「耐久腐植」と呼んでいる。しかし，これらは腐植の機能を示す言葉で，特定の化学物質群があるわけではない。土壌の有機物含量は，土壌への有機物の供給速度と土壌中の有機物分解速度の差で決まる。分解速度を上回る有機物の供給があれば，土壌有機物含量が増加する。土壌に供給される有機物は一般に分解性の高い非腐植物質が主であり，これらは土壌中で速やかに無機化されて，消失する。したがって多量の有機物を施与しても，大部分は速やかに分解され，腐植として土壌に蓄積する量は少ない。腐植に富む黒い土は長年の土づくりの結果である。

草地は耕地に比べて有機物含量に富む場合が多い。この理由は，草地では牧草の枯死部分や根が多量に土壌に供給される上に，耕うんしないので有機物の分解が抑えられるためである。植物の生育が旺盛な湿地，寒冷地，乾期が明瞭な場所では，低温，乾燥，嫌気条件などが土壌微生物の活動を著しく低下させて有機物の分解を抑えるので，土壌の有機物含量が多い。その典型例は冷涼地域の泥炭土壌である。したがって，寒冷地には比較的多量の土壌有機物が蓄積されているが，地球温暖化が進行すると蓄積有機物の分解が促進され，その結果，大気中の二酸化炭素濃度が上昇し，これが温暖化を加速することが懸念されている。

3）腐植物質の生成過程

土壌表面に堆積した植物遺体に含まれる糖類，ヘミセルロース，セルロース，タンパク質などは，微生物によって分解され，大部分は水，二酸化炭素，アンモニウムイオンになる。分解過程で，植物成分のごく一部が低分子有機物となり，長時間をかけて腐植物質が合成される。土壌中の微生物の菌体成分も植物遺体と同様に分解されて腐植物質の給源となる。生成した腐植物質は土壌 A 層の無機成分と結合して微生物による分解に対して抵抗性をもつようになる（腐植-無機複合体）。腐植物質のうち分解されやすい部分（易分解性腐植）は，再び微生物分解を受け，より安定な構造の腐植物質が合成される。その結果，腐植物質の難分解性部分はさらに安定な部分として残存する。

4）腐植物質の性質

酸やアルカリ溶液に対する溶解性から，腐植物質は，酸とアルカリに不溶な**ヒューミン**（humin），酸に不溶でアルカリに可溶な**腐植酸**（humic acid），酸とアルカリに可溶な**フルボ酸**（fulvic acid）の3つに区分される。このことは腐植がヒューミン，腐植酸，フルボ酸と明確に区分できる化学物質で構成されていることを示すものではなく，むしろ，同一物質を起源とする腐植物質でも，その生成と分解の過程で酸やアルカリに対する可溶性が変化すると理解した方が良い。一般的に分子量，炭素含有量，窒素含有量は，フルボ酸＜腐植酸＜ヒューミンの順に大きく，陽イオン交換容量（CEC）や酸素含有量の順序はこの逆である。

5）土壌中における有機物の機能

土壌中で有機物（腐植）は多くの役割を果たしており，土壌の物理性，化学性，生物性のすべてに関わる。

①土壌の物理性への効果
- 土壌の団粒形成などを通し，土壌の通気性，透水性，保水性，硬度を改善する。

②土壌の化学性への効果
- 無機養分を含むとともに，有機物の分解にともない徐々に無機養分を供給する。
- 腐植物質は負の電荷をもった官能基を有し，養分保持能（陽イオン交換容量）および緩衝能を向上させる。
- 有機酸やキレート化合物により微量要素を溶解する。
- 腐植物質は過剰な有害金属・有機化合物と結合し不活性化する。

③土壌の生物性への効果
- 栄養源として土壌微生物の生育を促進し，植物への養分供給や物質循環に寄与する。

4.3 土壌の化学性

4.3.1 陽イオンの吸着・交換

土壌が植物の生育に適した培地である理由の1つは，肥料成分を蓄える性質があることであり，その性質を保肥力という。保肥力に直接関係するのが陽イオンの吸着・交換反応である。粘土鉱物と腐植は通常負に荷電し，陽イオンを吸着する（図4.8）。NO_3^-, Cl^-, SO_4^{2-} などの陰イオンはほとんど吸着されない。ただし，PO_4^{3-} は配位子交換反応により特異吸着される。

1）陽イオンの吸着・交換反応

土壌に水溶性のカリウム（K）塩を添加しても，土壌溶液のカリウム濃度は添加量に応じて上昇しないことが多い。これは K^+ が土壌の固相に吸着されるからで，吸着された K^+ と電気的に当量（電荷のモル数として当量）の Ca^{2+} や Mg^{2+} などが固相から土壌溶液に放出されてくる。つまり，陽イオンの吸着は交換吸着で，この反応が陽イオン交換反応である。

土壌の主な陽イオン交換体は粘土鉱物と腐植であり，以下のような交換基を有する。粘土鉱物や腐植はコロイドとしての特性を持ち，土壌コロイドと呼ばれる。

①層状ケイ酸塩鉱物（粘土鉱物）における同型置換部位（**永久陰電荷**）

ケイ酸四面体の Si^{4+} が Al^{3+}, Fe^{3+} と，またアルミニウム八面体の Al^{3+} が Fe^{2+}, Mg^{2+} と同型置換（大きさが同じくらいのイオンが本来入るべきイオンと入れ替わる）すると，電荷数にアンバランスを生じて陽電荷が足りなくなり，陰電荷を生じる。この陰電荷はpHの影響を受けない。

スメクタイトやバーミキュライトのような2：1型粘土鉱物の主要な陽イオン交換基であるが，1：1型粘土鉱物や非晶質粘土鉱物では同型置換はほとんど生じない。K^+ や NH_4^+ 等に対する選択性が高いが，その他の多くの陽イオンに対する選択性には極端な差がないため，土壌溶液中の濃度の高い陽イオンが多く保持される傾向がある。スメクタイトやバーミキュライトの選択性は，K^+, $NH_4^+ > Al^{3+} > Ca^{2+}$, Mg^{2+}, Na^+, Cu^{2+}, H^+ の順である。

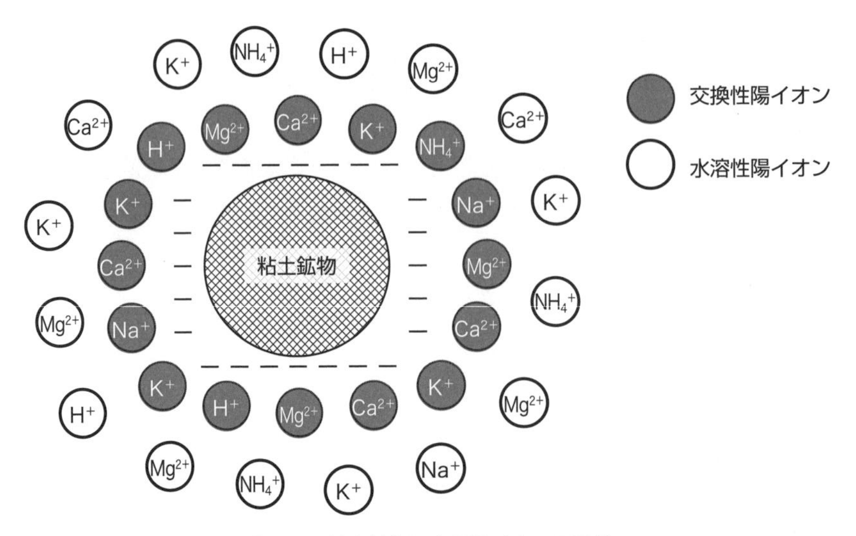

図 4.8　粘土鉱物による陽イオンの吸着

②粘土鉱物の構造端末と腐植物質上のカルボキシル基やフェノール性水酸基（**pH 依存性陰電荷，変異電荷**）

粘土鉱物（層状ケイ酸塩鉱物，酸化物鉱物など）粒子の構造端末では，-Si-O-Si-や-Al-OH-Al-のような結合の連鎖が途切れるので，-Si-O^- や -Al-O^- のように原子価が満たされない酸素イオンが露出し，陰電荷を生じる。これは，黒ボク土に多く含まれるアロフェンなどの非晶質粘土鉱物の主要な陽イオン交換基であるが，層状ケイ酸塩鉱物では一部にすぎない。

粘土鉱物の構造端末の -Si-O^- や -Al-O^-，そして腐植物質の -COO^- などの変異電荷は，水素イオンに対して極端に高い選択性を示すため，主に-COOH，-Si-OH，-Al-OH として存在している。つまり，これらの交換基は，弱酸性の交換基で，pH に影響を受けて，pH が高くなると陰電荷が発生し，pH が低くなると陰電荷が減少する。

$$\text{-Si-OH} = \text{-Si-O}^- + \text{H}^+$$

$$\text{-Al-OH} = \text{-Al-O}^- + \text{H}^+$$

$$\text{-COOH} = \text{-COO}^- + \text{H}^+$$

また，重金属イオンに対する選択性も高く，選択性は，$H^+ \gg Cu^{2+}, Zn^{2+}, Pb^{2+}, Mn^{2+}, Cd^{2+} \gg Ca^{2+}, Mg^{2+} > K^+, Na^+$ の順である。

なお，一般的な土壌では圧倒的に陰電荷が多いので，陽イオン交換反応がイオン交換の主体となる。

2）土壌の交換性陽イオン

陽イオン交換基は異なる種々の陽イオンに対して異なる親和性を示す。土壌の陽イオン交換基に保持された陽イオンは，特定の陽イオンと定量的に交換するが，他の陽イオンとは交換しにくい。この性質を利用して，土壌に含まれる種類やその量を測定することができる。土壌の陽イオンの交換性を評価するには，H^+ と Al^{3+} および NH_4^+ に対しては 1 M 塩化カリウム溶液が，その他の陽イオンに対しては1Mの酢酸アンモニウム溶液（pH7）を使用することが基準とされている。

(1) 陽イオン交換容量（cation exchange capacity, CEC）

陽イオン交換容量とは概念的には土壌の交換性陽イオン保持容量のことであるが，数値として示される場合は既定の方法で測定された値である。最も広く採用されている測定法は，ショーレンベルガー法であり，カラムに充填した土壌試料に，1Mの酢酸アンモニウム溶液（pH7）を浸透させ，粒子間隙の酢酸アンモニウムを80%エタノールで洗浄除去した後，陽イオン交換基に保持されていたNH_4^+イオンを10%塩化カリウム溶液で交換抽出し，その量を電荷のモル数を用いてCEC（meq/100 g，あるいは$cmol_c$/kg）とする。

(2) 土壌の交換性陽イオン組成

土壌の交換性陽イオン組成は，陽イオン交換基のイオン選択性，土壌溶液の陽イオン組成によって決まる。大部分の土壌における交換性陽イオンはCa^{2+}, Mg^{2+}, K^+, Na^+, Al^{3+}, H^+であり，Ca^{2+}, Mg^{2+}, K^+, Na^+は一括して塩基と呼ばれ，一般的な耕地土壌では，$Ca^{2+}>Mg^{2+}>K^+>Na^+$の順にその量は多い。湛水下の水田ではFe^{2+}, Mn^{2+}, NH_4^+がある程度存在することがあるが，落水により酸化されて，交換基から離脱し，代わりにH^+が交換基を占めるようになる。

交換性塩基と低濃度の水溶性塩基は平衡関係にあり，植物が水溶性塩基を吸収すると交換性塩基が水素イオンと交換して水溶性となり植物に吸収される（図4.8)。交換性塩基は植物が利用可能な可給態養分である。

陽イオン交換容量に対する交換性塩基量の電荷のモル比をパーセントで表したものを**塩基飽和度**と呼び，塩基飽和度が大きいほどpHが高く，小さいとpHが低くて交換性Al^{3+}やH^+が多いことを意味する。土壌管理での目標値は60～90%である。また，陽イオン交換容量に対する交換性カルシウム量の電荷のモル比をパーセントで表したもの**石灰飽和度**と呼び，作物の種類や土壌によって異なるが，目標値は概ね40～70%である。

(3) 陽イオンの固定

いったん吸着されたイオンの一部が酢酸アンモニウム溶液や塩化カリウム溶液では交換抽出できなくなる現象を**陽イオンの固定**と呼ぶ。層状ケイ酸鉱物のバーミキュライトはK^+およびNH_4^+に対する選択性が高く，バーミキュライトを含む土壌ではK^+やNH_4^+の一部が固定されることがある。交換性のものとの明確な差はなく，土壌溶液中のK^+, NH_4^+濃度が低下すると徐々に交換されて土壌溶液に出てくる。これは，バーミキュライトの単位層間のK^+, NH_4^+とほぼ同じ大きさの穴にはさみこまれるように捕捉され，同型置換による永久陰電荷によって吸着され，層間が閉鎖されることによって交換されにくくなるためである。

4.3.2 陰イオンの吸着

1）陰イオン吸着・交換基

層状ケイ酸塩および酸化物鉱物の構造端末に存在する無機水酸基のうちAl-OH基とFe-OH基は，以下のように，さらに水素イオンを取り込むことができる（変異電荷）。

$Al\text{-}OH + H^+ = Al\text{-}OH_2^+$, $Fe\text{-}OH + H^+ = Fe\text{-}OH_2^+$

この反応は酸性下で生じ，NO_3^-, Cl^-, SO_4^{2-} などの陰イオンを吸着する。

たとえば NO_3^- の場合，

$$Al\text{-}OH + H^+ + NO_3^- = Al\text{-}OH_2NO_3$$

$$Fe\text{-}OH + H^+ + NO_3^- = Fe\text{-}OH_2NO_3$$

保持された NO_3^- は，他の陰イオンと交換可能で，たとえば硫酸塩が加えられると，

$$2Al\text{-}OH_2NO_3 + SO_4^{=} = (Al\text{-}OH_2)_2SO_4 + 2NO_3^-$$

$$2Fe\text{-}OH_2NO_3 + SO_4^{=} = (Fe\text{-}OH_2)_2SO_4 + 2NO_3^-$$

のような反応を示す。

$Al\text{-}OH_2^+$, $Fe\text{-}OH_2^+$ 基は土壌溶液の主要陰イオン，NO_3^-, Cl^-, SO_4^{2-} の中では，SO_4^{2-} に対して選択的である。しかし，大量の酸が土壌に添加されることはまれであるので，酸化物鉱物やアロフェンを含む土壌でも NO_3^-, Cl^-, SO_4^{2-} などの陰イオンの吸着・交換保持量は少ない。

2) リン酸イオンの吸着

他の NO_3^-, Cl^-, SO_4^{2-} などの陰イオンと異なり，土壌に添加されたリン酸塩の相当部分は Al-OH 基と Fe-OH 基をもつ物質により強く吸着される。この吸着反応は，リン酸イオンが鉱物表面の水酸基を置換し，鉄やアルミニウムイオンに直接配位結合する反応であるので，配位子交換反応，あるいは**特異吸着**と呼ばれる。この反応は中性リン酸塩として添加しても進行する。しかもいったん吸着されたリン酸イオンは NO_3^-, Cl^-, SO_4^{2-} とはほとんど交換しない。このため，**リン酸の固定**とも呼ばれる。酸化物鉱物やアロフェンを含む土壌では肥料として加えたリン酸の植物による利用性は低い。

土壌 100 g が吸収固定するリン酸の量を mg で表したものが**リン酸吸収係数**（$mgP_2O_5/100$ g）である。土壌 50 g に 2.5% リン酸アンモニウム溶液 100 ml を加えて攪拌し，24 時間放置後にろ液中のリン酸量を測定する。リン酸吸収係数は，リン酸肥料の施与量や肥効を評価するため，また黒ボク土を他の土壌と区別するための重要な指標となる。多くの土壌では 500〜1,000 の範囲にあるが，黒ボク土では 1,500 以上の値を示す。

4.3.3 酸化と還元

1) 酸化還元反応

湛水，降雨，乾燥，生物活動などにより土壌中の酸素濃度が変化すると，土壌の化学的性質は大きく変化する。酸素濃度が低くなると，微生物の呼吸反応によって，酸化鉄，水酸化鉄，酸化マンガン，硫酸イオン，硝酸イオンなどの還元が進行する。

酸化還元反応は電子が還元剤（電子供与体）と酸化剤（電子受容体）の間で授受される反応である。たとえば，水酸化鉄（$Fe(OH)_3$）は土壌中で以下の反応によって $Fe(OH)_3$ と Fe^{2+} の間で平衡状態になる。酸素が十分（酸化的）であれば平衡は左辺に，酸素濃度が低ければ（還元的）平衡は右辺に片寄る。

$$Fe(OH)_3 + 3H^+ + e^- = Fe^{2+} + 3H_2O$$

2）酸化還元電位（Eh）

酸化還元電位（Eh）は，白金電極と比較電極（標準水素電極など）の電極表面で電子が移動して生じる電位差で表される。Eh の値は，酸化還元系の電子受容傾向の目安になる。その値が大きいほど土壌が電子受容的，つまり酸化的であることを示す。特に，水田土壌における特定の酸化還元反応の進行可能性や，土壌の酸化・還元状態の比較等に有用である。

水田のように土壌を湛水にすると，大気からの酸素供給が制限される。すると，微生物の呼吸により溶存酸素濃度が低下することで，好気性微生物の活性が低下し，嫌気性微生物が酸素以外の物質を電子受容体とする呼吸を行う環境になる。

硝酸イオンの亜硝酸イオンや窒素ガスへの還元反応が可能な環境になると，一群の微生物はこれらの反応を触媒する酵素を生産し，硝酸イオンの酸素を用いて呼吸して還元する。さらに硝酸イオン濃度も低下すると別の微生物が酸化マンガン（四価マンガン）の酸素を用いて呼吸して二価マンガンに還元する。同様の連鎖により，次には，水酸化鉄（三価鉄）が二価鉄に，さらに，SO_4^{2-} が S^{2-} へ還元される。

これらの反応の進行は還元される物質の量に依存する。この連鎖の順序は Eh の値とほぼ対応しており，各還元反応の起こりやすさの尺度となる。

3）還元の進行にともなう土壌の性質の変化

土壌の還元が進行すると，土色が赤褐色（三価鉄）から青灰色（二価鉄）に変化する。二価鉄（Fe^{2+}）や二価マンガン（Mn^{2+}）として可給化すると，場合によってはこれらの元素が過剰となる。還元反応の進行に伴って，H^+ が消費されるため（たとえば，$Fe(OH)_3+3H^++e^-=Fe^{2+}+3H_2O$），土壌 pH は中性になる。水酸化鉄（$Fe(OH)_3$）は二価鉄（$Fe^{2+}$），酸化マンガン（$MnO_2$）は二価マンガン（$Mn^{2+}$）に還元されると溶脱しやすい，土壌の鉄含量が高くて Fe^{2+} が十分に存在すと，硫黄は硫化鉄（FeS）となって沈殿するが，少ないと硫化水素（H_2S）が発生して植物の根を傷める（秋落ち現象，5.3.8.4 項参照）。

4.3.4　土壌の酸性とアルカリ性

土壌の酸性，中性，アルカリ性を示す性質を土壌の反応といい，主に気候などの土壌生成環境を反映するものであるが，それ自身が植物の生育に影響を及ぼすばかりでなく，土壌微生物の活動，あるいは土壌中での物質変化，養分の有効性（可給性），有害元素の挙動などを通して，植物の生育に影響している。

土壌の酸性，アルカリ性は水溶液と同様に pH 値を指標として判断される。一般的に，pH の測定にはガラス電極をセンサーとする pH メーターを用いる。土壌試料に対して 2.5 倍量の純水あるいは 1 M 塩化カリウム溶液を加えた懸濁液について pH を測定し，それぞれを pH（H_2O）あるいは pH（KCl）と表す。単に土壌 pH というときは pH（H_2O）のことを指す。

世界に分布する大部分の土壌の pH は 4 から 8.5 の範囲のものが多い。わが国のように蒸発散量に比べて降雨量の多い湿潤な地域では雨水の H^+ が土壌の交換性塩基と交換し土壌が酸性化しやすい。

1）土壌の酸性

土壌酸性の本体は土壌溶液中の水素イオン（H^+）とアルミニウムイオン（Al^{3+}），そして土壌コロイドに交換吸着している H^+ と Al^{3+} である。Al^{3+} が酸性化に寄与する理由は，Al^{3+} が溶液中では加水分解をして H^+ を放出するからである。

$$Al^{3+}+H_2O = Al(OH)_2{}^{+}+H^+$$

溶液中の Al^{3+} は6分子の水を配位しているので，この形式で表すと次のようになる。

$$Al(OH_2)_6{}^{3+} = Al(OH_2)_5(OH)^{2+}+H^+$$

これらとは反対に，Ca^{2+}, Mg^{2+}, K^+, Na^+ は pH を高く保つ要因となるので交換性塩基と呼ばれる。交換性塩基が欠乏し，塩基飽和度が低くなるほど，土壌の酸性が強くなる。

土壌水中に解離している水素イオン濃度を指す pH（H_2O）で示される土壌酸性を**活酸性**と呼び，主に交換性水素イオンと交換性アルミニウムイオンに起因する pH（KCl）で示される土壌酸性を**潜酸性**と呼ぶ。同じ土壌について両 pH を測定すると，一般的に pH（H_2O）の方が pH（KCl）より1内外高い。pH（H_2O）は土壌溶液の pH に近い。

また，pH（KCl）を測定した懸濁液のろ液の一定量を採取して 0.1 M 水酸化ナトリウム溶液で中和滴定して，ろ液 125 ml 当たりに換算した滴定値を交換酸度という。土壌 pH が酸性の強度因子（強弱）を示す値であるのに対し，交換酸度は酸性の容量因子（大小）を示す。

2）酸性土壌の改良

酸性土壌の改良で重要なのは，交換性のアルミニウムと水素を減少させることである。このためには交換性塩基を増加させ，pH を上昇させることが必要となる。一般には，石灰資材（炭酸カルシウム（炭酸石灰），水酸化カルシウム（消石灰），酸化カルシウム（生石灰），炭酸カルシウム・マグネシウム（苦土石灰）など）による改良が行われる。炭酸カルシウムが酸性土壌中に施用されると，次のような反応が起こり，交換性カルシウムが増加して土壌 pH は上昇し，Al^{3+} イオンは水酸化物として沈殿する。

$$2Al\mathbf{R}_3+3CaCO_3+3H_2O = 3Ca\mathbf{R}_2+2Al(OH)_3+3CO_2 \qquad (\mathbf{R}：イオン交換基)$$

石灰の必要量の決定には土壌 pH を指標とする緩衝曲線法がある。土壌試料に水と何段階かの石灰を加え，一定時間反応させて pH を測定する。この土壌 pH と石灰添加量との関係の曲線（緩衝曲線）から，目標の pH にするための石灰添加量を読み取る。一般に，土壌 pH が6以上では交換性アルミニウムがほとんどなくなるので，酸性矯正の目標 pH は 6～6.5 である。

3）土壌の酸性化の機構

わが国においては，**土壌の酸性化**は主に雨水と施肥が原因である。

(1) 雨水による酸性化

雨水は二酸化炭素が溶け込んだ希薄な炭酸水（$H_2O+CO_2=H_2CO_3=H^++HCO_3{}^-$, pH 5.7）となっている。雨水中の H^+ が粘土鉱物に吸着されている交換性塩基と交換反応を起こして，陽イオン交換基に占める H^+ の割合が増加するともに土壌 pH が低下して酸性化する。酸性が強まっていくと粘土鉱物自体の構造が破壊され，粘土鉱物から Al^{3+} が溶出して安定な交換性

Al^{3+}となる。交換性Al^{3+}が土壌コロイドから離れて水溶性Al^{3+}になった場合には，H^+を放出するので土壌がさらに酸性化する。

(2)　施肥による酸性化

農耕地に硫酸アンモニウムや塩化カリウムなどの化学肥料を施用すると，NH_4^+やK^+が交換性陽イオンと交換して吸着される。これらが植物根から吸収されると，代わりにH^+が吸着され，陽イオン交換基に占めるH^+の割合が増加してpHが低下する。酸性化が進むと粘土鉱物自体からAl^{3+}が溶出して交換性Al^{3+}となり，土壌コロイドから離れて水溶性Al^{3+}になってさらに酸性化する。アンモニウム塩の場合には，硝化により酸化されて硝酸を生成することによっても土壌を酸性化する。茶園では多量の窒素質肥料を用いられるため，土壌pHが4以下にまで低下する場合もある。

4）土壌のアルカリ化

乾燥地域では，湿潤地域と異なり交換性塩基の溶脱が進まないので，塩基飽和度が高く保たれる。陽イオン交換基がほとんど飽和されれば，土壌反応は中性からアルカリ性になる。塩基飽和度が100%以上の場合には，土壌中に炭酸塩が存在する。**土壌のアルカリ化**が生じる理由の1つは，溶脱が少ない条件下におけるアルカリ金属（KやNa）やアルカリ土類金属（MgやCa）を含むケイ酸塩鉱物の炭酸による溶解である。

炭酸ナトリウム（Na_2CO_3）や炭酸カルシウム（$CaCO_3$）などの炭酸塩は弱酸と強塩基の塩なので，その水溶液はアルカリ性を示す。ただし，$CaCO_3$の水への溶解度は低いので，土壌pHは最大8.2程度までしか上がらない。一方，Na_2CO_3は水によく溶解し，次のように加水分解して，pH8.5～10までの強アルカリ性を示す。

$$Na_2CO_3 + H_2O = NaHCO_3 + Na^+ + OH^-$$

わが国では湿潤気候のため，自然状態では土壌中に炭酸塩が含まれることはない。しかし，雨水による塩類の地下への浸透が制限されるビニールハウスや温室の土壌には，炭酸カルシウムが集積することがある。また，湖などの干陸によって生成した土壌では，貝殻（主成分は$CaCO_3$）が土壌中に残っている場合がある。八郎潟干拓地（秋田県）の一部の土壌にはシジミの貝殻が多量に含まれており，このため塩基飽和度は100%を越え，土壌pHは中性ないし微アルカリ性になっていた。

5）土壌の緩衝能

土壌に酸，アルカリが添加されても土壌pHおよび土壌溶液のpH変化は酸，アルカリの添加量から予測されるよりもはるかに小さいことが多い。このpH変化に抗する作用を**土壌の緩衝能**と呼ぶ。土壌に添加された酸は，遊離炭酸塩との中和，イオン交換反応による遊離H^+イオンの除去により，pHは低下しにくい。

$$CaCO_3 + 2H^+ = H_2CO_3 + Ca^{2+}$$

$$\mathbf{R}\text{-}Ca^{2+} + 2H^+ = \mathbf{R}\text{-}2H^+ + Ca^{2+} \qquad (\mathbf{R}\text{：イオン交換基})$$

この場合，陽イオン交換基が永久陰電荷であれば，水素イオンが解離してしまうので緩衝能は弱まる。また，アロフェンなどの変異電荷による陰イオン吸着反応も緩衝作用に寄与する。

$$Al\text{-}OH + H^+ + NO_3^- = Al\text{-}OH_2NO_3$$

土壌に添加されたアルカリは，交換性アルミニウムおよび H^+ イオン，そして腐植物質のカルボキシル基などの弱酸的官能基との反応により中和される。

4.4 土壌の生物と物質循環

4.4.1 窒素の循環

土壌窒素の給源は，大局的には大気中の N_2 である。大気中の N_2 は化学的に不活性で安定であるため，利用可能な生物は限られている。生物によって固定された窒素が食物連鎖をつくり，動植物がそのなかで活動を続け，一部は N_2 となって再び大気中にもどり，一部は**有機態窒素**として堆積して蓄積する（図 4.9）。

土壌から窒素が減少する原因として，雨水や灌漑水によって下層へ硝酸態窒素（NO_3^-）が**溶脱**すること，水田の還元層で NO_3^- が還元されて N_2, N_2O として輝散する（**脱窒**）こと，植物が吸収すること，裸地にした傾斜地では侵食により表層の窒素が失われることなどが挙げられる。土壌への窒素の供給源としては，動植物・微生物遺体，堆肥などの有機物，化学肥料，有機質肥料，土壌改良資材などの施用，土壌微生物による窒素固定などが挙げられる。

土壌中での窒素の形態には，植物・動物・微生物の遺体，腐植物質に由来するタンパク態，ペプチド態，アミノ態（アミノ酸，アミノ糖態），核酸などの**有機態窒素**，有機態窒素からの無

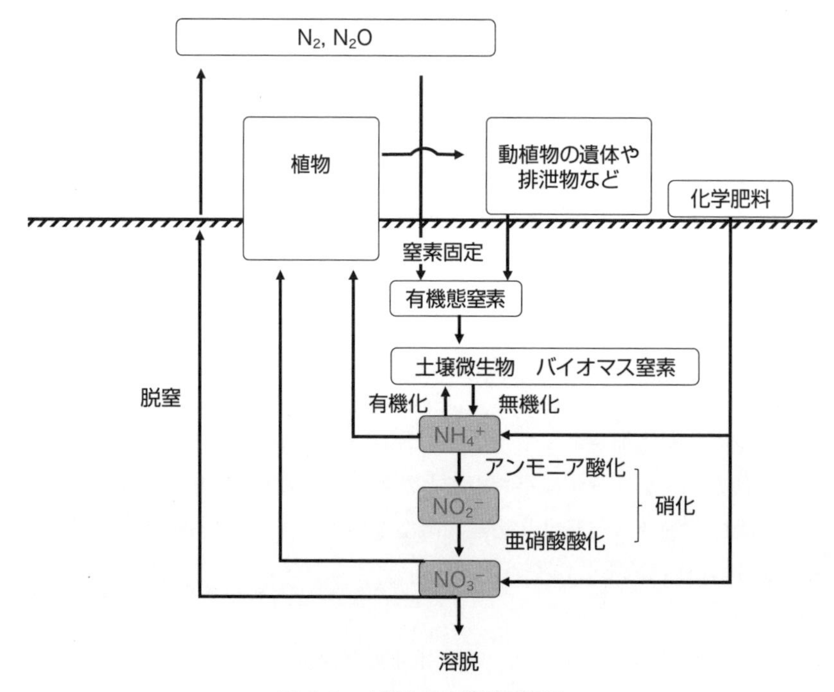

図 4.9　土壌中での窒素の循環

機化あるいは肥料に由来する**無機態窒素**（NH_4^+, NO_2^-, NO_3^-）がある。微生物に分解された有機態窒素や無機態窒素は土壌微生物に取り込まれて**土壌微生物バイオマス窒素**となり，微生物の代謝や死滅に伴い土壌微生物バイオマス窒素は無機化されて，植物や微生物の養分として利用される。土壌中の窒素はNO_3^-として溶脱しやすいため，窒素を保持・供給する土壌微生物の役割は大きい。

1）有機化（immobilization）

土壌微生物は土壌の硝酸態窒素（NO_3^-）またはアンモニウム態窒素（NH_4^+）を窒素源として，硝酸同化系，アンモニア同化系の両方で生体構成成分としてのアミノ酸，タンパク質，核酸などの有機態窒素化合物を合成する。

2）無機化（mineralization）

土壌中の動植物遺体，動物の排泄物，微生物菌体，有機物などに含まれる有機態窒素が，微生物の働きによりアンモニア態や硝酸態などの無機態窒素に変化することを無機化と呼ぶ。また，土壌有機物中のアミノ基が，土壌微生物の産生する加水分解酵素によってアンモニウム態窒素（NH_4^+）が生成することを**アンモニア化成**（ammonification）という。

3）硝化（nitrification）

好気的な条件下でNH_4^+がNO_3^-に酸化される過程を**硝化**と呼び，酸素，NH_4^+濃度の影響を受ける。独立栄養の硝化菌（アンモニア酸化細菌と亜硝酸酸化細菌）の作用により進行し，酸素の供給が少ないとN_2Oが発生する。

$$NH_4^+ \rightarrow NO_2^- \rightarrow NO_3^-$$

①アンモニア酸化過程（亜硝酸化成作用）

$$NH_3 + 3/2O_2 \rightarrow NO_2^- + H_2O + H^+$$

Nitrosomonas 属などのアンモニア酸化細菌（亜硝酸菌）によって進行する。

②亜硝酸酸化過程（硝酸化成作用）

$$NO_2^- + 3/2O_2 \rightarrow NO_3^-$$

Nitrobacter 属などの亜硝酸酸化細菌（硝酸菌）によって進行する。

4）脱窒（denitrification）

土壌中の硝酸態窒素が，従属栄養の脱窒菌の働きにより嫌気条件下で一酸化二窒素（亜酸化窒素，N_2O）を経て窒素ガス（N_2）に変化する反応を**脱窒**と呼ぶ。

$$NO_3^- \rightarrow NO_2^- \rightarrow NO \rightarrow N_2O \rightarrow N_2$$

一般的に有機物が多いと脱窒は進行しやすい。脱窒菌の至適pHは7～8で，酸性条件下ではN_2Oの発生割合が高い（N_2O還元酵素が阻害されるため）。

5）硝化菌による脱窒（nitrifier denitrification）

硝化菌による脱窒は低酸素，高窒素で生じ，関わる微生物の大部分は独立栄養アンモニア酸化細菌と考えられている。硝化段階は独立栄養の硝化と同じであるが，硝化と違って NO_3^- は生成されない。

$$NH_4^+ \rightarrow NO_2^- \rightarrow NO \rightarrow N_2O \rightarrow N_2$$

6）植物の生育と C/N 比

土壌に投入された有機物が，土壌微生物によって分解される時に有機物の窒素（N）量に対する炭素（C）量の比（**C/N 比**）が高いと，微生物は有機物分解により無機化されたアンモニア態窒素ばかりでなく，土壌中の無機態窒素まで取り込んでしまうため，植物との窒素の競合が起こり，植物の生育が妨げられる。この有機物分解に伴う窒素不足を**窒素飢餓**と呼ぶ。微生物が有機物を分解する際，有機物中の炭素の大部分をエネルギー源として使い，一部を菌体合成に用いる。微生物の菌体の C/N 比は 5～10 であり，菌体合成には炭素の 1/5～1/10 の窒素が必要となり，呼吸を通して CO_2 として失われる炭素もある。有機物の C/N 比がおよそ 20 よりも小さい場合は，無機化された窒素が土壌へ放出されるため植物に窒素飢餓が起こりにくい。しかし，有機物の C/N 比がおよそ 20 よりも大きい場合は，無機化された窒素ばかりでなく，土壌中の無機態窒素まで微生物に取り込まれるため，植物に窒素欠乏が生じる。

7）水田土壌の窒素無機化と施肥

水稲の窒素吸収量に占める土壌由来の窒素量は，わが国の一般的な栽培条件では 50～80 kg/ha であり，施肥由来の窒素量約 30～60 kg/ha より多い。土壌中の有機物が微生物によって分解されて発現してくる無機態窒素を**地力窒素**と呼び，温度，水分，酸素，土壌の種類，pH，腐植含量などによって変化する。したがって，水稲の生育期間中における土壌窒素の無機化量と無機化速度は水稲の生育にとって重要である。窒素の無機化量，無機化速度は，土壌有機物の中の速やかに分解する部分（**易分解性有機物**）と緩やかに分解する部分（**緩分解性有機物**）の比率によっても異なる。基肥窒素の利用効率はおよそ 30～40% と見積もられる。

また，水田において，土壌をいったん乾かしてから湛水すると水稲の生育が良くなることが古くから知られている。水田土壌を含水比で 15～35%，あるいは pF4 の永久しおれ点付近の水分以下まで脱水すると好気的環境になって土壌有機物が微生物分解を受けやすくなり，湛水期間に土壌から放出される NH_4^+ の量が増加するためである。この乾燥による土壌有機物の分解促進，あるいはアンモニア化成量の増加現象を**乾土効果**と呼ぶ。

4.4.2　リンの循環

土壌に含まれるリンの形態は，給源となる母材により異なり，リン酸質肥料が由来の**無機態リン**と，動植物の遺体，動物の排泄物や微生物が由来の**有機態リン**に大別される（図 4.10）。いずれも可給態のリン酸イオン（主に $H_2PO_4^-$）になったのち植物に吸収される。

リン酸質肥料に含まれる無機態リンは，雨水や灌漑水などにより溶け出してリン酸イオンと

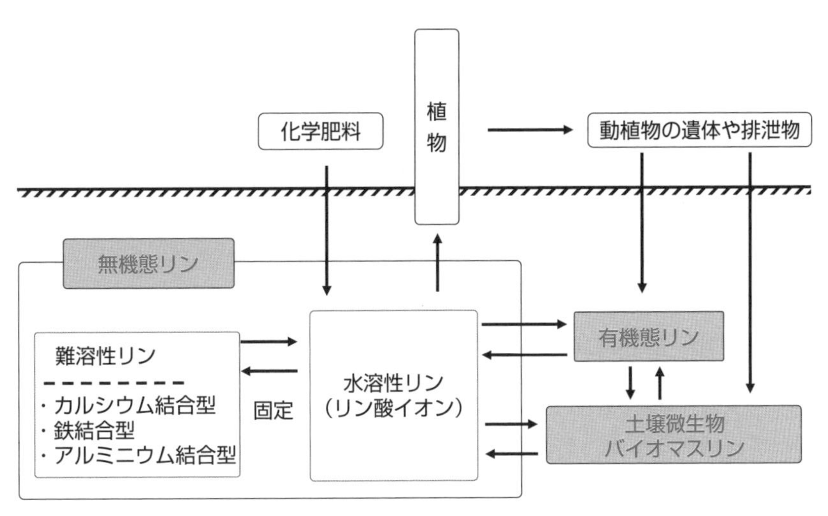

図 4.10　土壌中でのリンの循環

なって植物に吸収される。しかし，多くの水溶性リン（リン酸イオン）は，土壌中のカルシウムイオン，鉄イオン，アルミニウムイオンなどと結合して植物が吸収しにくい**難溶性リン**に変化する（これを**リン酸の固定**という）。なかでも，比較的結合度の弱いカルシウム結合型リンは，植物に利用されやすいが，アルミニウム結合型，鉄結合型リンは溶けにくく植物に利用されにくい。土壌の pH が低い場合にはリン酸イオンは鉄やアルミニウムと結合する量が多くなり，逆に pH7.0 以上と高い場合はカルシウムと結合する。土壌 pH が 5.5〜6.5 の時，リンの有効度が最も高いといわれている。作物によるリンの利用率は，窒素，カリウム，リンの三要素の中では最も低く 3〜15% といわれ，このためリン酸の固定を防ぎ，植物栄養としての利用効率を高めることが重要である。

動植物の遺体，動物の排泄物（堆肥）などが分解すると含まれていたリン酸イオンが放出される。その一部は植物に吸収され，一部は土壌微生物に取り込まれて微生物の成長に利用される。微生物に吸収されて有機化されたリンは微生物の代謝や死滅によって無機化されて土壌中に放出されて循環する。土壌微生物に吸収されたリンは**土壌微生物バイオマスリン**と呼ばれており，微生物を介したリンの循環は，土壌中のリンの固定を抑制し植物栄養としての利用効率を高める。

植物遺体や有機物などに含まれる主なリンは，フィチン酸などの植物体で合成された様々な有機リン酸化合物（有機態リン）である。この有機態リンを無機化し，植物が吸収利用できるようにするためには，細菌，糸状菌，放線菌などの微生物が重要な働きをしている。これら多くの微生物が，有機態リンを無機化する加水分解酵素のホスファターゼ活性やフィチン酸やフィチンを分解する酵素のフィターゼ活性を持っている。有機態リンを無機化し，可給態リン酸とするような微生物の働きが活発な土壌を作ることが作物の収量を増加させる。

土壌中の**可給態リン酸**（有効態リン酸ともいう）を評価する方法は，**トルオーグ法**，**ブレイ第二法**など数種ある。トルオーグ法は，風乾土を 0.001 M 硫酸で抽出する方法で，主にカルシウム結合型を測定する。また，0.03 M フッ化アンモニウムと 0.1 M 塩酸の混液で抽出するブレイ第二法では，カルシウム結合型に加えアルミニウム結合型と鉄結合型の一部を測定する。わが国の土壌診断では，トルオーグ法が広く用いられている。一般的に，トルオーグリン酸が10 mg/100 g 以下の土壌では収量が低くなる。可給態リン酸の適正範囲は，一般的に，水田で10〜20 mg/100 g，畑地で 20〜100 mg/100 g であるが、施設栽培などでは 300 mg/100 g 以上超える場合も見られ，土壌診断などを行い適正な施肥を行うことが必要である。

参考図書・文献

1）三枝正彦・木村眞人 編（2005），『土壌サイエンス入門』，pp. 318，文永堂出版.
2）久間一剛 編（1997），『最新土壌学』，pp. 216，朝倉書店.
3）犬伏和之・安西徹郎 編（2001），『土壌学概論』，pp. 219，朝倉書店.
4）木村眞人・仁王以智夫他 著（1994），『土壌生化学』，pp. 231，朝倉書店.
5）松本 聰・三枝正彦 編（1998），『植物生産学（Ⅱ）―土壌環境技術編』，pp. 255，文永堂出版.
6）日本土壌肥料学会 編（2015），『世界の土・日本の土は今―地球環境・異常気象・食料問題を土から見ると』，pp. 126，農山漁村文化協会.

第5章 植物の必須元素とその役割

植物体の約80〜90%は水（H_2O）で構成されている。植物体を高温で乾燥すると，水分が蒸発し植物体の重量が徐々に減少するが，やがて一定となる。この状態になったものを乾物と呼ぶ。乾物のうち約90%は，空気中の二酸化炭素（CO_2）と土壌から吸収した水（H_2O）由来の，炭素（C），酸素（O），水素（H）で占められ，残りの約10%に窒素（N）をはじめとした様々な元素が含まれる。本章では，はじめに植物における物質の吸収機構を紹介し，つづいて植物の生育に必要な元素の種類と役割，植物を栽培するうえで欠かすことのできない肥料の種類や特性について解説する。

5.1 植物細胞における物質の吸収機構

5.1.1 生体膜の構造と物質の移動

植物の**生体膜**，すなわち細胞膜，液胞膜や細胞小器官の膜は，**リン脂質二重層**の間にタンパク質が入り込んだ構造をしている。物質が生体膜を通過する場合，物質によって通り方が異なる。リン脂質二重層は，分子の大きさが小さく疎水性の高い物質ほど透過しやすく，親水性の高い物質ほど透過しにくい。電荷をもたない酸素，二酸化炭素のような小さく疎水性の物質は濃度勾配に従って拡散によって生体膜を通ることができる。しかし，ナトリウムイオン（Na^+）やカリウムイオン（K^+）などの電荷をもつ物質，糖やタンパク質などの分子のサイズが大きい物質は通ることはできない。また，水など小型の極性分子も比較的通りにくい。

5.1.2 輸送タンパク質

電荷をもつ元素や糖，アミノ酸などの分子のサイズが大きい物質は，生体膜の脂質二重層を通過することができないため，膜に入り込んだ膜タンパク質（輸送タンパク質，transporter）を介して輸送される。タンパク質による物質の輸送には，濃度勾配に従った拡散によって起こる**受動輸送**と，濃度勾配に逆らった**能動輸送**がある（図5.1）。能動輸送はエネルギーを必要とする。

1）受動輸送

受動輸送はエネルギーを必要とせず，輸送の方向はその物質の濃度勾配によって決まり，いずれの方向にも輸送される。受動輸送のうち，生体膜の内と外のイオンの濃度の状況に応じてイオンを透過させるしくみをイオンチャネルという。イオンチャネルのゲートの開閉は，細胞膜の電位差（膜電位）や細胞内のシグナル分子によって調節されている。水の透過に対しては

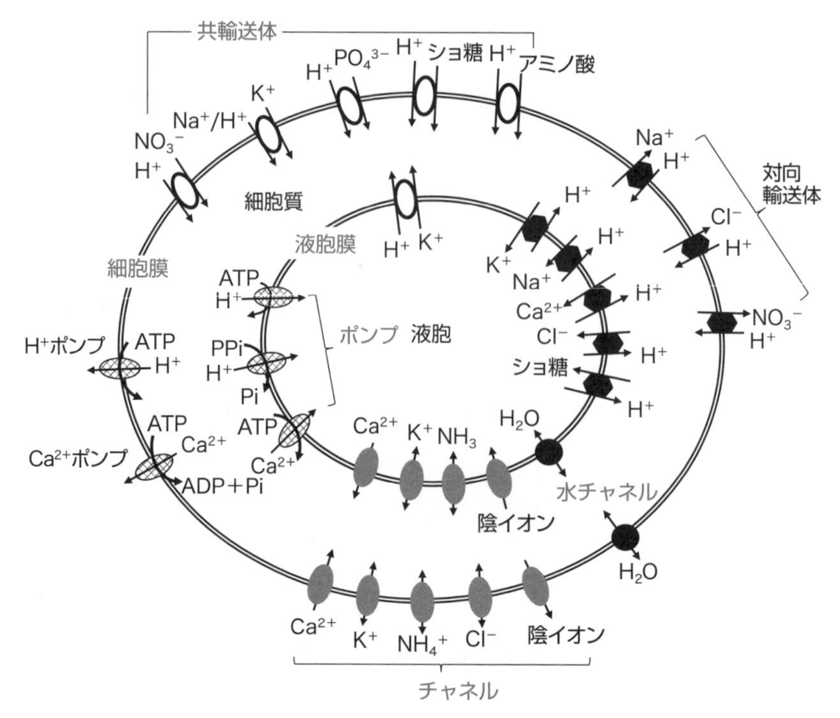

図 5. 1　生体膜における物質の輸送

アクアポリンと呼ばれるチャネルが働いている。アクアポリン（水チャネル）では膜を貫通する中心部分が狭くなっており水より大きい分子は通ることができない。また，分子サイズの大きい糖やアミノ酸などの栄養素は細胞膜上の輸送体（担体）によって取り込まれる。物質が輸送体に結合すると，輸送体の立体構造が変化し，濃度が高い細胞外から低い細胞内に濃度勾配に従って運ばれる。

2）能動輸送

能動輸送は，濃度の低い側から高い側へ濃度勾配に逆らった物質の移動をいう。この過程には，一次能動輸送体（**プロトンポンプ**）と二次能動輸送体（**キャリアー**）がある。プロトンポンプは，アデノシン三リン酸（ATP）が ATPase によって加水分解される際に発生するエネルギーを利用する。プロトンポンプは，細胞膜，葉緑体，ミトコンドリア，液胞などのすべて細胞内小器官（オルガネラ）の生体膜に見られる。こうした細胞小器官ではプロトンポンプによって膜の内側あるいは外側に水素イオン（プロトン H^+）を輸送し，そこで生じた電気化学ポテンシャルの勾配により膜の内外にイオンなどを輸送する。液胞膜には，ATPase の他にピロリン酸（PPi）を基質とするプロトン輸送性ピロホスファターゼ（H^+-PPase）が局在している。

二次能動輸送体（キャリアー）は，膜の両側の電気化学ポテンシャル差を利用して物質を輸送する。輸送体には，膜の内側と外側にある 2 つの物質を交換する対向輸送体（antiporter）と，同じ方向に輸送する共輸送体（symporter），さらに 1 つの物質だけを輸送する単輸送体（uniporter）がある。単輸送体の代表的なものに，グルコースキャリアーがあり，グルコースなどの溶質の濃度勾配に逆らった能動輸送で Na^+ や H^+ の輸送にともなって生じるエネルギーが利用される。

5.2 植物の必須元素

植物体に含まれる元素は，60 種余りといわれているが，そのすべてが，植物の生育に必要不可欠というわけではない。植物に不可欠な元素として認められているのは，炭素（C），水素（H），酸素（O），窒素（N），リン（P），カリウム（K），カルシウム（Ca），マグネシウム（Mg），硫黄（S），鉄（Fe），マンガン（Mn），銅（Cu），亜鉛（Zn），モリブデン（Mo），ホウ素（B），ニッケル（Ni），塩素（Cl）の計 17 種類であり，これらの元素を**必須元素**（essential element）と呼ぶ（表 5.1）。そのうち，植物による要求量の違いによって炭素から硫黄までを多量必須元素，残りの鉄から塩素を微量必須元素と呼んでいる。炭素（C），酸素（O），水素（H）を除いた元素を無機元素あるいは**養分**（mineral）と呼び，一般的に根から吸収される。

必須元素は，以下の条件を満たすことが必要である。①その元素がなくなると発芽から開花・結実までの植物のライフサイクル（生活環と呼ぶ）が完結できない。②その元素が植物の代謝に直接関与している。たとえば，細胞成分や酵素などの構成元素であり，酵素活性や反応に不可欠である。③その元素が欠乏した場合，当該元素を与えることによってのみ回復し，他の元素では代替できない。

ケイ素（Si）は水稲，ナトリウム（Na）は一部の塩生植物，アルミニウム（Al）は茶樹など

表 5.1　植物に含まれる必須元素の種類，吸収形態，濃度および必須元素として認められた年

元素	元素記号	吸収形態	乾物重当たりの濃度 (mmol/kg)	発見年
必須多量元素				
水素	H	H_2O	60,000	
炭素	C	CO_2	40,000	
酸素	O	O_2, CO_2	30,000	
窒素	N	NO_3^-, NH_4^+	1,000	1804
カリウム	K	K^+	250	1866
カルシウム	Ca	Ca^{2+}	125	1862
マグネシウム	Mg	Mg^{2+}	80	1875
リン	P	$H_2PO_4^-$, HPO_4^{2-}	60	1839
硫黄	S	SO_4^{2-}	30	1966
必須微量元素				
鉄	Fe	Fe^{2+}, Fe^{3+}	2.0	1860
マンガン	Mn	Mn^{2+}	1.0	1922
ホウ素	B	H_3BO_3, $H_2BO_3^-$	2.0	1923
亜鉛	Zn	Zn^{2+}	0.3	1926
銅	Cu	Cu^{2+}	0.1	1931
モリブデン	Mo	MoO_4^{2-}	0.001	1938
塩素	Cl	Cl^-	3.0	1954
ニッケル	Ni	Ni^{2+}	0.001	1987

H, C, O は光合成の研究過程で 1804 年までに必須元素として認められていた。
[文献 1，2 を参考に作成]

において健全に生育するのに必要である。しかし，これらの元素は，すべての植物に必須であることが証明されていないため，必須元素には入らずに**有用元素**と呼ばれている。

5.3 必須元素の吸収・代謝と働き

5.3.1 水素，炭素，酸素

この3つの元素は，炭水化物，タンパク質，脂肪などの有機化合物の構成元素として，元素の中でも生育のもとになる最も大切な役割をしている。水素（H）は，根で吸収した水が葉緑体で分解されて作られる。炭素（C），酸素（O）は，植物の光合成作用により大気から吸収した二酸化炭素（CO_2）が基であり，糖類に合成された後，植物の生育に必要な様々な有機化合物やエネルギー源として使われる。

5.3.2 窒素

1）植物における窒素の吸収形態

窒素（N）は，原形質を構成するタンパク質の主成分であり，葉緑素（クロロフィル），植物ホルモン，核酸，酵素など植物体内で重要な働きをする有機化合物の構成元素である。植物の主な窒素源は，**アンモニウムイオン**（NH_4^+）および**硝酸イオン**（NO_3^-）であり，植物の種類や栽培環境によってその吸収形態は異なる。NO_3^- は十分に酸化された土壌や酸性でない土壌に豊富に存在しているのに対して，NH_4^+ は酸性土壌や湛水土壌に存在する。

植物が吸収する窒素形態のうち NH_4^+ を多く与えた場合に生育が良い植物を好アンモニア性植物と呼ぶ。好アンモニア性植物は NH_4^+ を選択的に吸収し，また，吸収した NH_4^+ を速やかにアミノ酸に同化する能力が高い。それに対して，NH_4^+ より NO_3^- を与えた方が生育の良い植物を好硝酸性植物と呼ぶ。トウモロコシ，トマトなど多くの畑作物は好硝酸性植物に属し，アンモニア性植物に比べて硝酸を同化する能力が優れ，逆に NH_4^+ を同化する能力が劣る。水田のような酸素の少ない還元状態の土壌では窒素の多くが NH_4^+ で存在しているため，イネは NH_4^+ の吸収割合が高い。また，NH_4^+ を NO_3^- へと酸化する硝化菌が生息しにくい強酸性の土壌で生育できる茶樹は NH_4^+ を主として利用する。それに対して，酸素が多い酸化的条件の土壌では，硝化菌の働きによって NH_4^+ は速やかに NO_3^- へと酸化されるため，トウモロコシなどの畑作物は窒素源として NO_3^- を多く吸収し利用している。しかし，畑作物も NH_4^+ を吸収しないわけではなく，両イオンが共存すれば NH_4^+ も吸収利用する。

2）窒素同化

土壌中の NO_3^- および NH_4^+ は，根の細胞膜の硝酸トランスポーターおよびアンモニウムトランスポーターの働きにより吸収され，植物はこの窒素源をもとに窒素を含んだ有機化合物を合成する。この過程を**窒素同化**（nitrogen assimilation）と呼ぶ（図5.2）。

根で吸収された NO_3^- は，根および葉の液胞内にも蓄積されるが，細胞質において**硝酸還元酵素**（nitrate reductase：NR）の働きにより亜硝酸イオン（NO_2^-）に還元される。NR はニコ

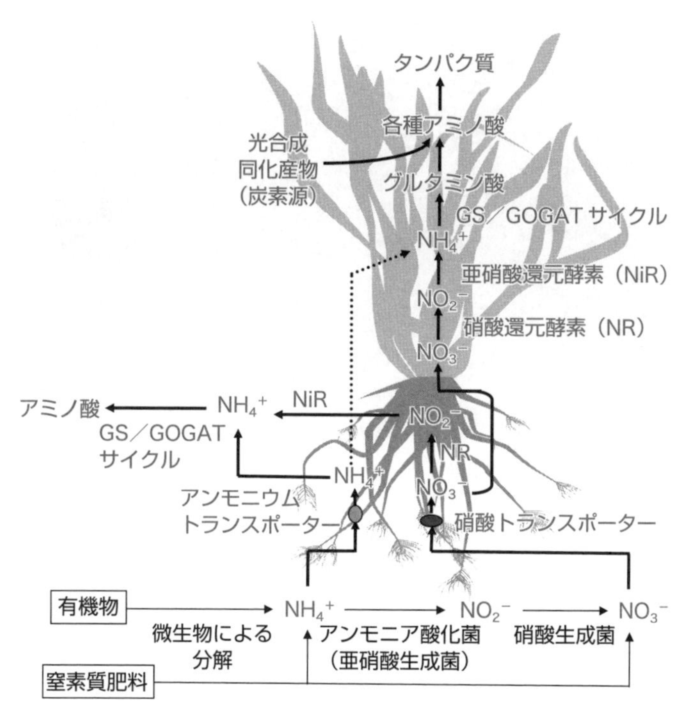

図 5.2 植物における窒素の吸収と同化

チンアミドジヌクレオチド（NADH）あるいはニコチンアミドジヌクレオチドリン酸（NADPH）を電子供与体として，NO_3^- を NO_2^- へ触媒する酵素である。

$$NO_3^- + NAD(P)H + 2H^+ + 2e^- \rightarrow NO_2^- + NAD(P)^+ + H_2O$$

細胞質において還元された NO_2^- は，根の白色体（プラスチド）あるいは葉の葉緑体に移動し，**亜硝酸還元酵素**（nitrite reductase：NiR）の働きにより NH_4^+ に還元される。NiR は，還元型フェレドキシン（Fd）から電子を受け取り NO_2^- を NH_4^+ に還元する。

$$NO_2^- + 6Fd(還元型) + 8H^+ \rightarrow NH_4^+ + 6Fd(酸化型) + 2H_2O$$

NH_4^+ は有毒であるため，速やかにアミノ酸に組み込まれる。その過程は，まず NH_4^+ が，**グルタミン合成酵素**（glutamine synthetase: **GS**）によってグルタミン酸と結合し**グルタミン**となる。

$$NH_4^+ + グルタミン酸 + ATP \rightarrow グルタミン + ADP + Pi$$

生成したグルタミンは**グルタミン酸合成酵素**（glutamine-2-oxoglutarate aminotransferase: **GOGAT**）の働きによりクエン酸回路の中間産物である 2-オキソグルタル酸（*α*-ケトグルタル酸）と結合し，2 分子の**グルタミン酸**となる。

$$グルタミン + 2\text{-}オキソグルタル酸 + 電子 \rightarrow 2 \times グルタミン酸$$

この電子は，根のプラスチド，葉の葉緑体に局在している Fd あるいは NADH から供与される。

NH_4^+ からグルタミン酸が合成される一連の過程は GS/GOGAT 回路（経路）と呼ばれてい

図 5.3　低窒素条件下における植物の生育と窒素欠乏症状
口絵 6 参照

る。この回路では 2 分子のグルタミン酸が生成され，そのうちの 1 分子は GS の基質として使われ，残り 1 分子のグルタミン酸はアミノ基転移酵素（aminotransferase）を介して様々なアミノ酸の合成に使われる。

最近，元素以外に，グルタミン，プロリン，アルギニンなどのアミノ酸も根細胞膜に存在するアミノ酸トランスポーターによって吸収され，利用されることが明らかになってきている[3)]。

3）窒素の欠乏とその症状

植物に窒素が不足すると，植物の下の葉（下葉）の窒素化合物が分解されてできた窒素が若い葉に運ばれるため，下葉から黄色になり（この現象を**クロロシス**と呼ぶ），最終的には植物体全体が黄色に枯れあがり生育が停止する（図 5.3）。

陽イオンの NH_4^+ が土壌に多く存在すると，**拮抗作用**により Ca^{2+} や Mg^{2+} などの同じ陽イオンの元素の吸収量が低下する。また，土壌粒子はマイナスに帯電しているため，陰イオンである NO_3^- は土壌粒子と反発し，吸着されないため，雨水などにより流れやすくなる。そのため，窒素肥料を過剰に施肥すると地下水に流れ出し環境に影響を与えることがある。

4）窒素と作物の品質

窒素は，農作物の品質に大きな影響を及ぼす。たとえばイネの場合，窒素施肥量が多いと，精米のタンパク質量が高くなり，食味値を低下させる。また，ホウレンソウは窒素施肥量を多くすると収量は増加するが，NO_3^- が増加し，逆に糖やビタミン C 含量が低下してくる。また，NO_3^- を高濃度に蓄積している作物を人や家畜が摂取すると，NO_3^- が肝臓で NO_2^- に還元され，NO_2^- が血中ヘモグロビンと結合しヘモグロビンが酸素と結合できなくなるメトヘモグロビン血症を発症するなど，NO_3^- が人体に取り込まれると，悪影響を招くことが指摘されている。したがって，多くの国で野菜の中の NO_3^- 濃度の上限を規制している。野菜の NO_3^- 濃度を減少させるためには適正な窒素施肥を行うことが重要である。また，硝酸還元酵素（NR）は光照射により活性化されるため，NO_3^- 濃度は午前に比べて午後に減少することから，ホウレンソウでは収穫時間を午後にすることでも NO_3^- 濃度を低減できることが明らかになっている[4)]。

5.3.3　リン

1）リンの吸収と働き

リン（P）は植物に必要な元素であるにも関わらず，植物が吸収し利用できる可給態リン酸の土壌中の濃度はNやKに比べて著しく低い。植物の根細胞膜上にはプロトンと無機リン酸の共輸送体（**リン酸トランスポーター**）が存在し，細胞膜内外の H^+ の電気化学ポテンシャル勾配を利用して能動的に無機リン酸を細胞内に取り込んでいる。リン酸トランスポーターには，高親和性および低親和性の2種類があり，土壌中のリン酸濃度が低く植物がリン酸欠乏状態にあると，高親和性リン酸トランスポーターが働き，効率よく無機リン酸を取り込むことができる。

植物体に取り込まれたリン酸は，正リン酸などの無機態のイオンとして存在するほかに，原形質の重要な構成成分である核酸，リン脂質などの有機態リン酸の合成に使われる。核酸は遺伝子として細胞の核に存在する。リン脂質は原形質膜の構成成分で物質の透過および移動に，さらに，ATP，NADP，NADPHは植物体のエネルギー転移反応に関わっている。また，リン酸は，糖とのエステルを形成して，光合成産物の合成に重要な役割をしている（3.3項参照）。リン酸はエネルギー代謝と多くの物質の合成に不可欠であることから，根や葉の先端など若い組織に集積する。成熟期に入ると茎葉中のリン酸は種子へ移行し，有機態リン酸のフィチン酸に合成され，貯蔵される。フィチン酸は，発芽時にフィチン酸分解酵素のフィターゼによって分解されて利用される。

一方，**フィチン酸**は消化器官にフィターゼを持たない単胃動物では消化・吸収できないため，穀類やダイズなど植物性飼料原料に含まれるリン酸は利用されずに体外に排泄され，環境中へのリン酸の蓄積による富栄養化の一因にもなっている。そこで，植物性飼料原料からの動物でのリン酸利用率を高めることを目的にフィチン酸含量の低い穀類の育成が試みられている[5)]。

2）リンの欠乏とその症状

植物にリン酸が不足すると茎葉の伸びが悪くなり，茎も細く生育は軟弱となる。根菜類では根の肥大が悪くなる。リン酸は，植物体内で，新しく成長する部分へ移動しやすく，古い組織から欠乏症が発生する。欠乏症になると黒みが強い暗緑色になるが，欠乏が著しい時は，赤紫色になる。赤紫色は糖分とアントシアニジンが結合したアントシアニンの色で，リン酸が不足し炭水化物がエネルギー源として利用されなくなるために合成される。

一方でリン酸は施肥量が多くても植物に生育障害が現れにくいために，過剰にリン酸が施肥される傾向にある。しかし，土壌にリン酸が蓄積すると，野菜類などにおいて，葉に白い斑点ができたり，葉全体が白くなる白化現象が現れたりする。これは，土壌中の亜鉛や鉄がリン酸と結合し難溶性となるためこれらの元素の吸収が阻害されることが原因とされている。

3) 低リンへの適応と耐性機構

土壌中のリン酸が少なくなると，植物は様々な方法を使って土壌中のリン酸を吸収する[6)]。低リン酸条件で，リン酸を吸収し生育が維持できる植物を**低リン耐性**あるいは低リン酸耐性植物と呼んでいる。一般的に，リン酸が少なくなると，植物は地上部の生育は抑えられるが，リン酸を吸収しようとして，根を成長させ，根が長くなったり，根毛を多くしたりして根の表面積を広げる傾向にある。低リン耐性植物の中には根の表面積をさらに広げるために，クラスター根，ダウシフォーム根と呼ばれる，根毛をタワシやブラシのように房状に変形させる植物もある。また，土壌には家畜のたい肥や，収穫後の植物残渣が蓄積している。これらの中には植物が吸収利用できない有機態リン酸化合物が多く含まれている。低リン耐性植物の中には有機態リン酸を分解するホスファターゼを根から放出し，植物が直接利用できないリン酸を可給態リン酸に変えて吸収，利用している植物もある。さらに，根からリンゴ酸やクエン酸などの有機酸を分泌する植物もある。有機酸は土壌中の鉄やアルミニウムイオンとキレートを作り，鉄やアルミニウムと結合した難溶性リン酸からリン酸を遊離させることができる（図 5.4）。たとえば，白花ルーピンの場合は，植物のリン酸濃度が低くなるとクエン酸回路上のクエン酸合成酵素の活性が上昇し，クエン酸が作られ根から分泌される。植物に取り込まれたリン酸は植物体で脂質，核酸など様々な物質に合成される。植物の中には，一度合成し古い葉に蓄積されたリン酸化合物を分解し成長中の新しい葉や生殖成長器官に転流し利用する能力（モビライゼーション）が普通の植物に比べて高い，より進んだ低リン耐性能力の備わったものもある。

リン酸肥料は，**リン鉱石**が原料である。リン鉱石は有限な地下資源であり，採掘される国が限られているため世界各国で争奪戦が行われている。わが国のリン鉱石の自給率は 0% であり海外に依存している。そのため，より低リン耐性の強い作物やリン資源を有効活用する技術の開発が重要になっている。

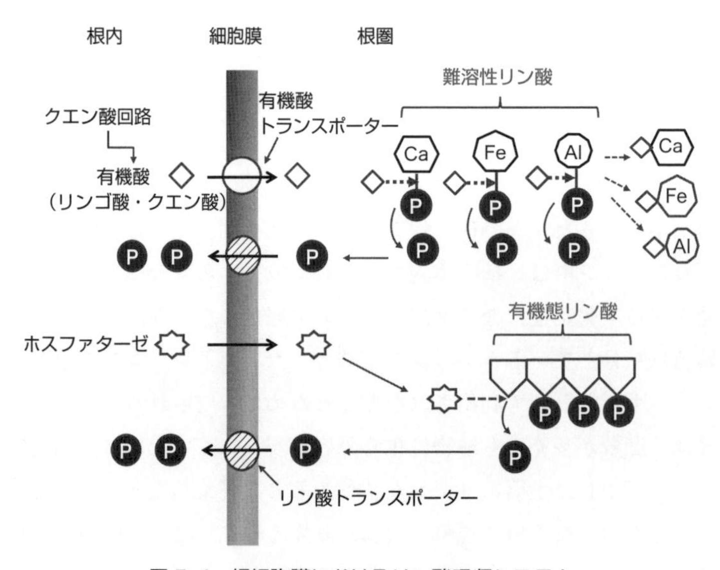

図 5.4　根細胞膜におけるリン酸吸収システム

5.3.4　カリウム

カリウム（K）はカリウムイオン（K^+）として吸収され，その大部分は，水溶性の無機塩または有機酸塩としてイオンの状態で存在している。カリウムは窒素，リンなどと違い，植物体の構造を作る元素でないため，その役割は不明な点が多いが，細胞内のpHや浸透圧の調整などに関与しているほか，多くの酵素がK^+により活性化されることが知られている。たとえば，解糖系においてホスホエノールピルビン酸とADPからピルビン酸とATPを生成する際に働くピルビン酸キナーゼ，ADP-グルコースからデンプンを合成するデンプン合成酵素（starch synthase），プロトンポンプATPaseなどはカリウムにより活性が高まる。また，カリウムは気孔の孔辺細胞に多く含まれ気孔が開閉する際の孔辺細胞の浸透圧の調節に関わるためカリウムが不足すると気孔が閉鎖し葉緑体へのCO_2の取り込みが減少する（6.1.1.4項参照）。さらに，炭酸固定酵素であるRuBP carboxylaseもカリウムが不足すると活性が低下するため，葉のカリウムの存在は光合成に大きな影響を及ぼす。その他，カリウムが不足するとスクロースやグルコースなどの可溶性糖やグルタミンやアスパラギンなどの中性アミノ酸が増加し，逆に有機酸，グルタミン酸，アスパラギン酸などの側鎖に負電荷を持つ酸性アミノ酸が減少するなど野菜の品質にも影響を及ぼす。

カリウムは植物体内で移動しやすく，欠乏症は古葉から現れ，葉の先端や周縁が黄褐色になったり，または褐色の斑点が葉面に現れたりする。欠乏症状はカリウムの要求量が高まる生育の後期に現れやすい。植物の種類によってカリウム不足の影響を受けやすいものがあり，サツマイモ，ジャガイモなどのイモ類，ダイズ，インゲンマメなどの豆類，トマト，ナスなどの果菜類はカリウム要求度が高く，カリウム欠乏症が現れやすい。

5.3.5　カルシウム

カルシウム（Ca）はカルシウムイオン（Ca^{2+}）として吸収され，植物の細胞壁の構造維持，植物がストレスを受けた時にそのストレスに対して反応するためのメッセンジャーイオンとしての役割をしている。カルシウムは多量要素の中では含有量の植物間差異の最も大きい元素であり，一般的に双子葉植物はカルシウム含量が高く，単子葉植物，なかでもイネ科植物はカルシウム含量が低い傾向にある。双子葉植物のようにカルシウム含量が高くカルシウム要求量の大きい植物は好石灰植物，それに対し，カルシウム含量が低くカルシウム要求量の少ない単子葉植物は嫌石灰植物と呼んでいる。植物の細胞壁はセルロース，ヘミセルロース，ペクチンで構成され，双子葉植物は単子葉植物に比べてセルロース，ヘミセルロース含量が低く，逆にペクチン含量が高い。**ペクチン**はカルボキシル基（$-COO^-$）を持ち，これがCa^{2+}と結合することによって細胞壁の構造が維持されている（図5.5）。したがって，ペクチン含量の高い双子葉植物ではカルシウム含量が高く，ペクチン含量の低い単子葉植物ではカルシウム含量が低く，カルシウムの要求量も低い。

一方，Ca^{2+}はリン酸イオンと結合し難溶性のリン酸カルシウムとなるため，細胞質内に多量のCa^{2+}が取り込まれると，リン酸が不足しATP，核酸物質，糖リン酸などの有機化合物の合成が阻害され，植物の生命活動に重要なエネルギー・炭水化物代謝が影響を受ける。このこと

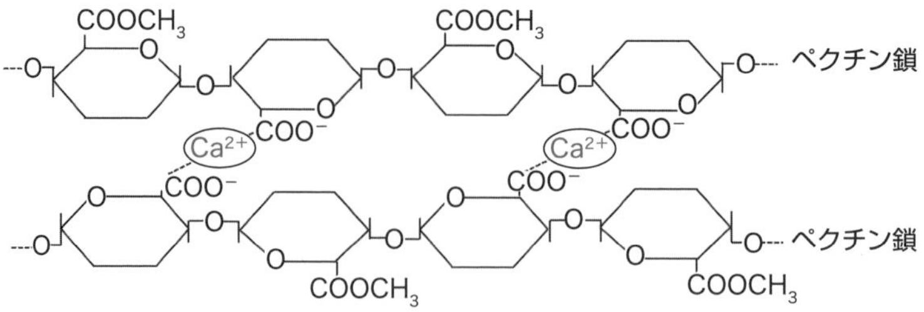

図 5.5　ペクチンとカルシウムイオンとの結合

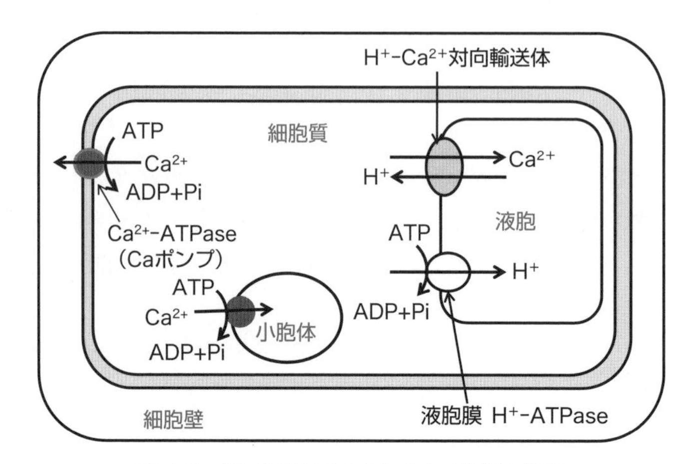

図 5.6　細胞におけるカルシウムの輸送と貯蔵

から，細胞質内のカルシウム濃度は，膜上のカルシウムチャネルやカルシウムポンプによって細胞外へ排出したり，カルシウム貯蔵庫の液胞や小胞体に取り込んだりして低く保たれている(図 5.6)。

カルシウム欠乏症は急速に展開する新葉や果実に現れやすい。その理由としてカルシウムは植物体内を移動しにくく，またカルシウムの吸収移行は，蒸散流依存性が大きいため，カルシウム欠乏症は蒸散量が少ない部位で現れやすい。たとえば，トマトでは土壌にナトリウムなど塩類が蓄積し土壌の浸透圧が上昇したり乾燥により水の吸収が阻害されたりすると，果実へのカルシウムの移動が阻害されて果実先端部が褐変化する**尻腐れ症**が発症する（図 5.7）。また，ハクサイ，キャベツなどの結球野菜では，カルシウムは蒸散の盛んな外葉に移動するため，内葉の縁がカルシウム不足により黒変し芯腐れが表れる。また，落花生は，雌しべが受精すると子房が長く伸びて地中で莢（さや）を作って結実する。莢は土に直接接触し，根からカルシウムを吸収し利用するより多くのカルシウムが利用できる。落花生では土が乾燥し，カルシウムが十分に吸収できない時に実のない空（から）の莢が多くなる。

図 5.7　カルシウム不足によるトマト尻腐れ症
口絵 7 参照

5.3.6　マグネシウム

植物に含まれる**マグネシウム**（Mg）濃度は，乾物当たり 0.2〜1.0% であるが，カルシウムで見られた植物の種類による含有量の違いは見られない。

マグネシウムの重要な働きの 1 つは光合成に関わるクロロフィル（葉緑素）の合成に関与していることである。クロロフィルは，グルタミン酸を基質として α-アミノレブリン酸，ポルフィリン環をへて合成される。マグネシウムは，ポルフィリン環の中心に配位しキレート化合物を作る。また，光合成において炭素固定に重要な酵素である Rubisco は，光条件と葉緑体のストロマの pH の変動によって制御される。明るい条件ではストロマのプロトン（H^+）がチラコイドに移動してストロマがアルカリ性になる。この pH の差をなくすため酸性化したチラコイドから陽イオンであるマグネシウムイオン（Mg^{2+}）がストロマに移動し，それがシグナルとなって Rubisco が活性化される。逆に暗い条件では，H^+ がチラコイドからストロマへ，Mg^{2+} がチラコイドに移動するためストロマの Mg^{2+} 濃度が減少し Rubisco が不活化する。マグネシウムはクロロフィル合成のほか，Rubisco の働きも制御することによっても光合成に影響を及ぼしている。

マグネシウムは植物体内では移動しやすい。マグネシウム欠乏が進むと，マグネシウムは古い葉から新しい葉へ移動するので，マグネシウム欠乏症状は下位葉から発生する。マグネシウムが欠乏するとクロロフィルが合成できなくなるので葉脈間が黄化するクロロシスが現れる。マグネシウム欠乏症は，マグネシウムの流れやすい砂質土壌や，pH が低く，K^+ や NH_4^+-N 含量が高い土壌で発生しやすい。また，マグネシウムの要求性の高いダイズなどの油脂作物，トマトなどの果菜類，大根などの根菜類，ミカン等の果実類は，マグネシウム欠乏が現れやすい。

家畜糞尿にはカリウムが多く含まれているため，草地や飼料用畑に家畜堆肥を大量に散布すると飼料作物がカリウムを多く吸収し，逆にマグネシウムの吸収が抑制される拮抗作用により飼料作物のマグネシウム含量が著しく減少する。家畜がカリウムとマグネシウムのバランスの悪い飼料を摂取すると血液中のマグネシウムが減少し，興奮，けいれんなどの**グラステタニー症**を発症し，症状が悪化すると死亡することもある。

5.3.7 イオウ

植物の**イオウ**（S）含量は，乾物当たり0.1〜0.5%である。土壌中のSは，根の硫酸イオントランスポーターにより硫酸イオン（SO_4^-）の形で吸収される。吸収された硫酸イオンは，亜硫酸イオン（SO_3^{2-}）となり，さらに，還元されて硫化物イオン（S^{2-}）となり代謝される。硫化物イオンからシステイン，メチオニン等の必須アミノ酸が合成され，その後，タンパク質など必須な成分へと合成される。グルタミン酸，システイン，グリシンからなるトリペプチドの**グルタチオン**（glutathione）は，チオール基（−SH基）をもち活性酸素種を還元して消去する。グルタチオンは，チオール基を含み還元力の供給源としてだけでなく，イオウの貯蔵形態でもある。ネギ，ニンニクなどの臭い成分であるアリニン（硫化アリル）にもイオウが多く含まれている。

イオウの欠乏症状は，窒素欠乏症状とよく似ている。その症状は，古葉から現れ，次第に新しい葉や茎も黄化し，最後には葉全体が黄白色から黄色となる。

5.3.8 鉄

1）鉄の役割

鉄は，二価（Fe^{2+}）または三価（Fe^{3+}）の鉄イオンとして吸収されるが，体内では80%以上が葉緑体中でタンパク質と結合して存在している。鉄はクロロフィルの成分ではないが，その前駆物質のポルフィリン合成に関与する。したがって，鉄が不足すると葉全体が黄白色となる鉄特有のクロロシスを生じる。鉄は体内を移動しにくい元素のため鉄不足によるクロロシスは上位葉から発生する。

チトクロームオキシダーゼ，パーオキシダーゼ，カタラーゼなどの酸化酵素，葉緑体において活性酸素の消去に関わっている**スーパーオキシドジスムターゼ（SOD）**など，生体内で重要な働きをしている酵素には鉄を構成元素としているものが多い。

2）鉄の吸収と難溶性鉄

鉄は土壌中に約5%含まれているが，その多くが植物には吸収できない難溶性三価鉄として存在している。そのため，植物は様々な機構により鉄を吸収している。アルファルファなどの双子葉植物では，難溶性三価鉄を溶解するキレート能力を持ったフェノール化合物を根圏に分泌する。また，根から細胞膜プロトンポンプで根圏に水素イオンを分泌しpHを低下させ鉄を溶解させる。pHの低下やキレート化合物として溶け出した三価鉄イオンは，根表皮細胞に存在する三価鉄還元酵素によって二価鉄イオンに還元され，さらに，二価鉄イオントランスポーターによって細胞内に取り込まれる。この双子葉植物による鉄の吸収機構を**ストラテジーI**と呼んでいる（図5.8）。

一方，オオムギ，コムギ，エンバクなどのイネ科植物は，鉄が欠乏すると根からアミノ酸の一種である**ムギネ酸**類を分泌し難溶性三価鉄を吸収している（これを**ストラテジーII**と呼んでいる（図5.9）。根から分泌されたムギネ酸類は三価鉄とキレート化合物を形成し，根の細胞膜上にあるムギネ酸・三価鉄トランスポーターによって根に取り込まれる。ムギネ酸・三価鉄化

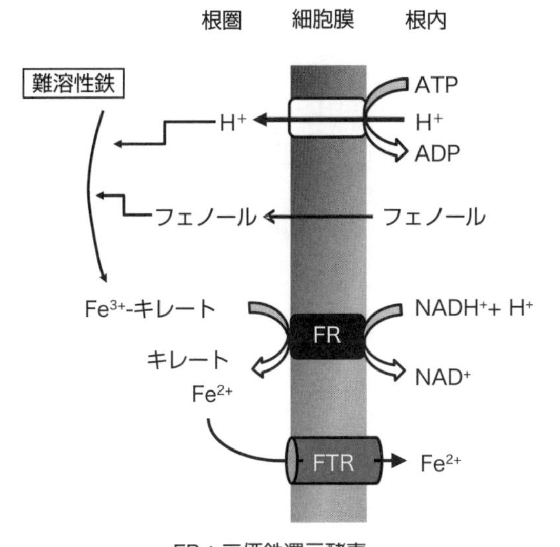

FR：三価鉄還元酵素
FTP：二価鉄イオントランスポーター

図 5.8　双子葉植物根における鉄の吸収機構（ストラテジーⅠ）

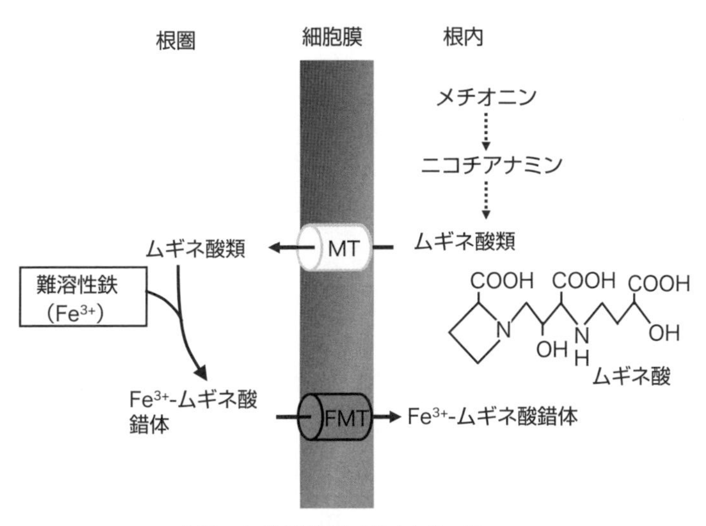

MT：ムギネ酸類トランスポーター
FMT：鉄ムギネ酸類トランスポーター

図 5.9　単子葉植物根における鉄の吸収機構（ストラテジーⅡ）

合物は植物体内で分解され，三価鉄とムギネ酸類に分解される。三価鉄は二価鉄に還元され，茎葉に運ばれて利用される。ムギネ酸はムギネ酸トランスポーターによって根外に分泌され再び鉄の吸収に利用される。ムギネ酸類は，植物体内ではアミノ酸のメチオニンから合成される。ムギネ酸類の分泌量の多少と植物の低鉄耐性との間には密接な関係があり，分泌量が多い植物では鉄欠乏耐性が強い。イネ科植物では，イネはコムギやオオムギに比べて鉄欠乏に非常に弱い。土壌 pH がアルカリ性になると鉄の溶解度が急激に減少するために植物は鉄を吸収できなくなる。わが国では少ないが世界全体でみると乾燥地，半乾燥地，熱帯・亜熱帯地域ではアルカリ土壌が多い。世界の陸地の約 30% はアルカリ土壌といわれ，世界の食料生産に影響を及ぼしている。土壌の pH を下げる方法として石膏の土壌への散布や，EDTA（エチレンジアミン四酢酸）鉄やクエン酸鉄などの鉄キレート資材の葉面散布が行われている。しかし，こうした資材は広大な農地での利用は難しく，近年，鉄吸収能力の高い作物の選抜や，ムギネ酸類を合成しないイネに遺伝子組換え技術でムギネ酸合成能力を高めたイネの開発が試みられている[7]。

3）秋落ちと老朽化水田

一方，わが国では瀬戸内海地方をはじめ多くの地域で，花崗岩などを母材とした水はけ（透水性）の良い砂質土壌が多く分布している。こうした水田では生育の前半は良好であったものが，生育後期になって急激に生育が衰え収量が著しく減少する**秋落ち**が発生する。水田は湛水状態のため酸素の供給が少なく，還元層がよく発達している。夏季に地温が高まると還元層において硫酸還元菌の働きが強まり，硫酸イオン（SO_4^{2-}）が還元され硫化水素（H_2S）が発生する。この硫化水素は通常の水田では，土壌中の鉄と結合し無害な硫化鉄となる。しかし，鉄の流れやすい水はけの良い水田では，鉄が十分でないため硫化水素が発生し，それが根に吸収されて根の呼吸や養分吸収を阻害し，生育後期に障害をもたらす。こうした水田を老朽化水田と呼んでいる。秋落ちでは，地上部では下葉の黄化，枯れ上がり，葉への斑点の発生，登熟不良，地下部では硫化鉄による根表面の黒化，腐敗が現れる。**老朽化水田**を改良するには，製鉄所から出る副産物の鉄鋼スラグなどの鉄資材を投入し，有害物質と反応させるなどの方法がある。

5.3.9　マンガン

マンガン（Mn）は二価イオン（Mn^{2+}）の形で吸収され，体内においては鉄や銅と異なり，酵素の構成成分としてよりも，マンガンイオンとして多くの酵素を活性化させる。マンガンは**酸素発生中心**の構成元素（マンガンクラスター）として光化学系Ⅱの電子の生成に重要な役割をしている。すなわち，光化学系Ⅱの反応中心で励起された電子を失ったクロロフィルが，チラコイドに結合したマンガンから電子を奪い，その結果生じた酸化型のマンガンが，解離した水の OH^- イオンから電子を奪い酸素を発生させる。また，チラコイド膜にはマンガンを含む SOD が結合しており，光化学系において生じる活性酸素を消去し，葉緑体を守るのに重要な役割を果たしている。

土壌 pH が 6.5 以上になると可溶性の二価マンガン（Mn^{2+}）が不溶性の四価マンガン（Mn^{4+}）に変化するために，植物がマンガンを吸収できなくなる。マンガン吸収量が低下するとリグニン合成能が低下して病害虫の被害を受けやすくなる。リグニン合成に関与するシキミ酸回路やフェノール性化合物の代謝に関与する酵素はマンガンが必須である。

5.3.10　銅

銅（Cu）は酸化還元酵素の成分元素であり，$Cu^+ \Leftrightarrow Cu^{2+}$ の反応によって酸化還元が行われる。銅を含む酵素としては，アスコルビン酸酸化酵素やポリフェノール酸化酵素などがある。

銅は地上部では葉緑体に多い。葉緑体の2つの光化学系Ｉ，Ⅱ間の電子伝達の橋渡しに重要でチラコイド膜上に存在しているプラストシアニンは銅結合タンパク質である。葉緑体のストロマには銅と亜鉛を含んだSODがあり，活性酸素の消去に関わっている。RuBPカルボキシラーゼ/オキシゲナーゼも銅を含んでいる。

銅が欠乏すると，新葉に黄化現象が見られ，生殖器官では花粉母細胞の減数分裂ができなくなり不稔が発生しやすくなる。

5.3.11　亜鉛

亜鉛（Zn）は植物ホルモンであるオーキシン（インドール酢酸）の生成に関与している（2.5.1項参照）。亜鉛が欠乏すると若い葉の成長が著しく抑えられ，茎の節間が短くなり，葉が密生し叢生状（ロゼット状）になる。亜鉛欠乏は，pHの高い土壌や有機物含量の多い土壌で起こりやすい。また土壌リン酸の濃度が高い場合，リン酸亜鉛を作り亜鉛の可給度を減少させる。亜鉛欠乏では葉が白化し，鉄欠乏と異なり葉脈間に黄色の斑入りができる。亜鉛欠乏の植物の茎の頂端のオーキシン濃度は，正常のものより著しく低い。その原因としては，オーキシンの原料となるトリプトファンの合成，あるいはトリプトファンからオーキシンが作られる合成系に，亜鉛が必要なためと考えられている。

亜鉛は活性酸素を消去する酵素SOD，気体のCO_2を可溶性の炭酸水素イオン（HCO_3^-）に変換するカーボニックアンヒドラーゼの補因子として機能している（3.2.3項参照）。また，ジンクフィンガー（Zinc finger）型転写因子は，亜鉛が4個のシステインまたはヒスチジンと配位結合することによって，その構造が維持されている。また，DNAポリメラーゼも亜鉛を補因子としているためDNAを合成することはできない。亜鉛が欠乏すると植物の細胞分裂やタンパク質の合成に様々な影響を及ぼす。

5.3.12　モリブデン

モリブデン（Mo）は植物に含まれる微量必須元素の中で最も含有量の少ない元素であるが，窒素代謝に重要な役割をしている。根から吸収したNO_3^-をNO_2^-に還元する硝酸還元酵素，マメ科植物の窒素固定作用において中心的役割をしているニトロゲナーゼの構成成分である。したがって，モリブデンが欠乏するとNO_3^-の還元が行われにくくなり，NO_3^-が体内に蓄積する。土壌中のモリブデンの形態は，モリブデン酸イオン（MoO_4^{2-}）であり，リン酸や硫酸などと同じ陰イオンである。Al^{2+}，Cu^{2+}，Mn^{2+}などの陽イオンの金属元素は土壌の酸性化によって溶けやすくなり，酸性土壌で過剰害を引き起こしやすい。それに対して，陰イオンのMoO_4^{2-}の土壌に吸着する強さは中性土壌では低く，酸性土壌になるほど高くなるため，モリブデンの欠乏症は酸性土壌で出やすく，石灰で中和することによりMoO_4^{2-}が溶け出しモリブデンの欠乏症が改善する。

5.3.13　ホウ素

ホウ素（B）は弱酸性から中性ではほとんど解離せず電荷を持たないホウ酸（H_3BO_3）として

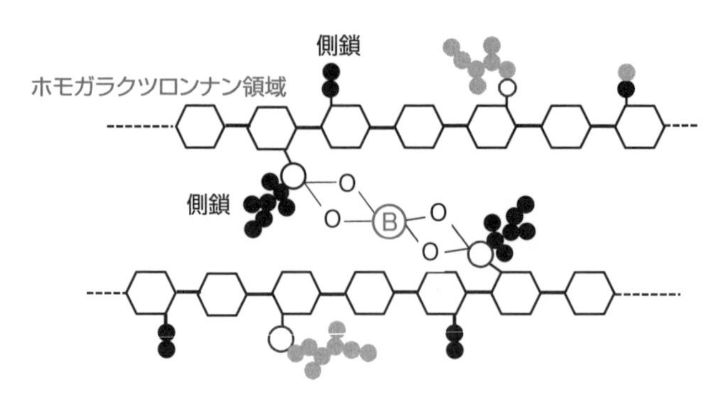

図 5.10 細胞壁におけるホウ素の役割

存在している。そのため，植物は電荷を持たないホウ酸を直接吸収し利用している。土壌 pH が高くなるとホウ酸イオン（$H_2BO_3^-$）となって土壌に吸着し植物に吸収されにくくなる。ホウ酸は根細胞膜に存在するチャネルにより受動的に吸収され，根細胞内でマイナスのホウ酸イオン（$B(OH)_4^-$）となり，根細胞内からトランスポーターにより導管へ移動する。ホウ素の移動はカルシウムと同様，蒸散による影響が大きく，また，植物体内で再移動しにくいためホウ素欠乏は成長点付近で起こりやすい。ホウ素はタンパク質の構成元素でなく，また，電荷も持っていないので，その働きは他の金属元素とは異なっている。ホウ素は，糖などの有機物の水酸基とエステル結合（-COO-）するため，細胞壁の主成分であるリグニンやペクチンなど糖残基と結合することによって分子間架橋を形成し細胞壁の構造維持に重要な働きをしている（図 5.10）。細胞壁を持たない動物や微生物ではホウ素は必須でなく，細胞壁を持つ植物のみにホウ素が必須なのは，ホウ素が細胞壁の構築に関与しているためと考えられている。ホウ素含量は植物の種類による差は大きく，双子葉植物では高いが単子葉植物とくにイネ科では低く，この傾向はカルシウムと似ている。

5.3.14 塩素

塩素（Cl）は植物体に広く存在する元素であるが，比較的最近（1954 年）微量必須元素になった。塩素は，光化学系 II のマンガンクラスターにおいて酸素の発生に関与している。そのほか，気孔が光照射によって開くときに，カリウムとともに塩素が孔辺細胞中に取り込まれ，カリウムのカウンターイオンとして浸透圧調整に関与している（6.1.1.4 項参照）。

5.3.15 ニッケル

ニッケル（Ni）はニッケルイオン（Ni^{2+}）の形態で植物に吸収される。植物においてニッケルの必要性は 20 世紀後半までは明らかになっていなかった。しかし，ニッケルが，尿素（$(NH_2)_2CO$）を分解する酵素のウレアーゼの構成元素であり植物体内の窒素代謝に関わっていることが発見され，1987 年に必須元素に認定された。他に，スーパーオキシドジスムターゼ（SOD）などの各種酵素の働きにも影響を及ぼすことが知られているが，ニッケルの役割について十分に明らかにされておらず，その解明はこれからである。

5.4 窒素固定

5.4.1　アンモニアの工業的製造と生物的窒素固定

化学肥料，合成繊維，燃料の原料に欠かせないアンモニア（NH_3）は，空気中に大量に存在する窒素ガス（N_2）と天然ガス由来の水素ガス（H_2）を反応させて合成する。窒素ガス（窒素分子，N_2）は窒素原子同士が三重結合で強固に結びついているため，アンモニア（NH_3）を合成するには，まず窒素分子の三重結合を切り離すことが必要である。そのため，工業的に NH_3 を製造するには，N_2 と H_2 を，高温（400～650℃），高圧（200～400 気圧）下で鉄の触媒作用により窒素原子（N）と水素原子（H）に解離させて反応させる。約 1 世紀前に生まれたこの方法は，**ハーバー・ボッシュ法**（Haber-Bosch process）と呼ばれ，これによって窒素肥料が大量に生産され，世界の食糧供給に大きな貢献をした。

一般的に，多くの生物は空気中の N_2 を直接利用することはできない。しかし，特定の種類の窒素固定細菌，たとえば，土壌細菌のアゾトバクター（好気性細菌）やクロストリジウム（嫌気性細菌），植物に共生する根粒菌や放線菌，水中のシアノバクテリアなどは，N_2 を取り込んでアンモニアに変えることができる。生物がアンモニアを合成することを生物的窒素固定と呼ぶ。

生物的窒素固定は，高温，高圧など高エネルギーは必要とせず，自然条件下でアンモニアを合成する。それを実現するために根粒菌が共生しているマメ科植物では，根に特別な**根粒**（nodule）を作り根粒菌が窒素固定を効率よく行うことができる仕組みが備わっている（図 5.11）。

病原菌と異なり根粒菌は，その生命を維持するためにマメ科植物すなわち**宿主植物**から必要なエネルギー源（スクロースや有機酸）をもらう代わりに，宿主植物の生育に必要な窒素化合物（NH_3）を供給している。こうした宿主植物と根粒菌の関係を**共生**と呼ぶ。

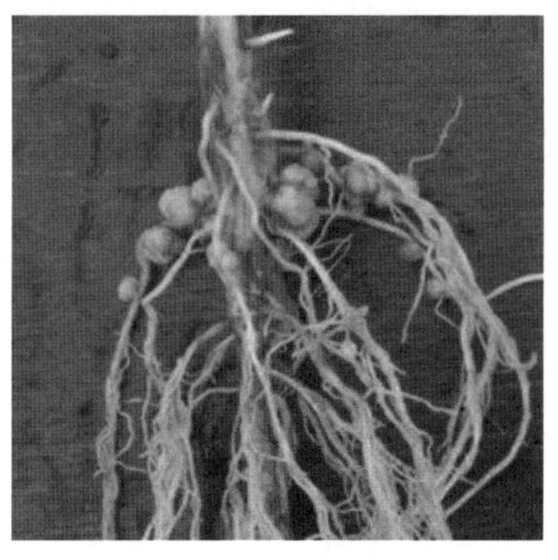

図 5.11　ダイズ根の根粒
口絵 8 参照

5.4.2 根粒菌の種類と宿主植物

根粒菌の種類は多く，それぞれの菌は特定の植物種との間で共生関係を示す**宿主特異性**が見られる。農作物として利用されるマメ科植物に共生する根粒菌は，主にリゾビウム（*Rhizobium*）属，シンリゾビウム属（*Shinorhizobium*）属，ブラディリゾビウム（*Bradyrhizobium*）属，アゾリゾビウム（*Azorhizobium*）属に分けられ，ソラマメ，エンドウマメ，インゲンマメ，クローバーなどにはリゾビウム属，ムラサキウマゴヤシ（アルファルファ）にはシンリゾビウム属，ダイズにはブラディリゾビウム属，熱帯マメ植物のセスバニア・ロストラタにはアゾリゾビウム属の根粒菌が共生する。根粒菌以外にも，温帯地域に分布している樹木のヤシャブシ，ハンノキ，ヤマモモ，グミ，亜熱帯・熱帯地域に分布しているモクマオウなどには放線菌のフランキア（*Frankia*）属，また，ソテツやアカウキクサには藍藻が共生している。

5.4.3 根粒菌の根への感染と根粒形成

マメ科植物における根粒形成は，根から分泌されている有機化合物に根粒菌を感知することから始まる（図 5.12）。マメ科植物の根からは，糖やアミノ酸のほかに多くの**フラボノイド化合物**が分泌されている。フラボノイド化合物はもともと植物が病原微生物などを寄せ付けないための抗菌物質（ファイトアレキシン）として知られている。マメ科植物の種類によって根から分泌するフラボノイド化合物の種類は異なっている。たとえば，ダイズではダイゼイン，ゲニスチン，アルファルファではルテオニン，ソラマメではナリンゲニンが知られている。根粒菌は植物から分泌されるフラボノイド化合物を利用して共生する宿主植物を選別している。

根から分泌されたフラボノイド化合物が根粒菌に入ってくると，根粒菌中の **NodD タンパ**

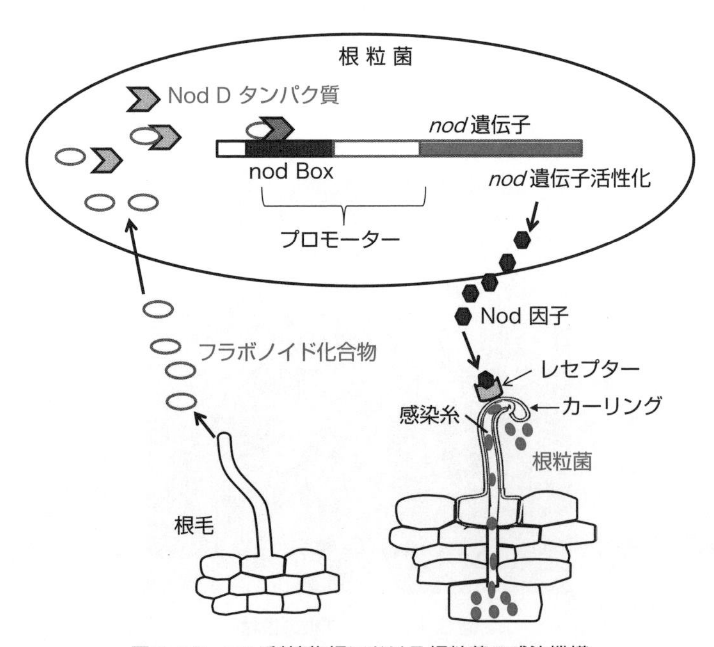

図 5.12　マメ科植物根における根粒菌の感染機構

ク質と結合する。フラボノイド化合物・NodD タンパク質結合体は，根粒形成遺伝子群の中にある nod ボックスを活性し，これがシグナルとなり *nod* 遺伝子が働き，根粒を作らせる**根粒形成因子**（**Nod 因子**，Nod ファクターともいう）を合成する。Nod 因子はアセチルグルコサミンが重合し，さらに脂肪酸が付加してできた多糖類である。

根粒菌から分泌された Nod 因子が，宿主植物の根毛の表面にあるレセプター（レクチン：糖結合性タンパク質）と結合すると，根毛でノジュリン遺伝子と呼ばれる根粒の形成に必要な様々な遺伝子が誘導され，根の形態が変化する（図 5.12）。まずはじめに，Nod 因子に反応して根の先端は内側に巻いて歪曲し（**カーリング**とも呼ばれる），その中に根粒菌が滑り込む。すると，さらに根の中に根粒菌の通り道（**感染糸**と呼ぶ）が作られ，この感染糸の中を通って根粒菌は根の皮層細胞にまで到達し，根粒菌が充満した塊となり，さらに増殖と肥大を繰り返しコブ状の根粒が形成される（図 5.11）。根粒の構造は，根粒菌に感染した感染細胞と感染していない非感染細胞に分かれ，その外側に物質の輸送を行う維管束があり宿主植物と繋がっている。根粒菌が充満した組織は**バクテロイド**（bacteroid）と呼ばれ，外側をペリバクテロイド膜に包まれている。バクテロイドとペリバクテロイド膜およびその周辺組織はシンビオゾームと呼ばれる。

5.4.4 窒素固定反応

空気中の N_2 ガスは，拡散により根粒内のバクテロイドに到達し，**ニトロゲナーゼ**（nitrogenase）によりアンモニアに還元される。ニトロゲナーゼは，モリブデン（Mo）と鉄（Fe）を含むジニトロゲナーゼと，硫黄と鉄を含むジニトロゲナーゼレダクターゼの複合体である。

生物的窒素固定の反応は，次式で表される。

$$N_2 + 8H^+ + 8e^- + 16ATP \rightarrow 2NH_3 + H_2 + 16ADP + 16Pi$$

この反応に必要な電子や ATP は，地上部から送られてきたスクロースが代謝されることによって供給される。ニトロゲナーゼは，酸素（O_2）によりその活性が著しく低下するために，窒素固定は嫌気的条件で行われる。そのため，バクテロイドの周りのシンビオゾームには，O_2 と可逆的に結合するマメ科植物特有な色素タンパク質のレグヘモグロビンが分布している。

5.4.5 アミノ酸の合成と転流

バクテロイドで合成された NH_4^+ は，根粒の細胞質で GS/GOGAT 経路によりアミノ酸に合成される。光合成産物はソース器官である葉において合成され，その後，師管を通って茎，根，果実などのシンク器官に運ばれる（3.3 項参照）。マメ科植物では，このほかに根粒において窒素化合物が合成される。この窒素化合物は導管を経由して茎，葉や子実に運ばれタンパク質などの合成に利用される。窒素固定を行うマメ科植物の場合，窒素化合物を合成する根粒がソース器官となり，それを成長などに利用する葉や子実などがシンク器官となる（図 5.13）。ソース器官からシンク器官への有機化合物が移動することを転流と呼んでいる。

マメ科植物における窒素化合物の転流形態は，導管液の組成から**アミド**（アマイド）輸送型と**ウレイド**輸送型に大別される。エンドウ，クローバー，ソラマメなどではアスパラギンやグ

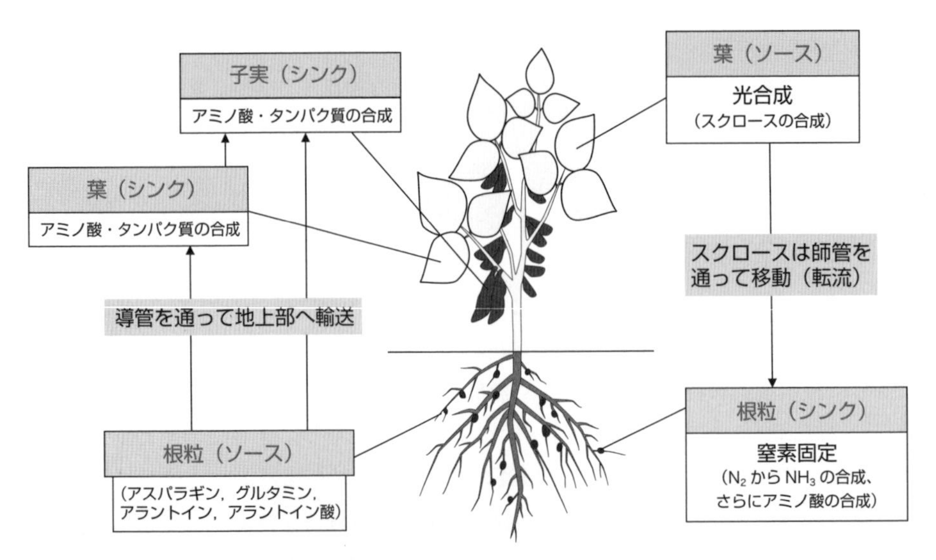

図 5.13　マメ科植物におけるソース・シンク関係と転流物質

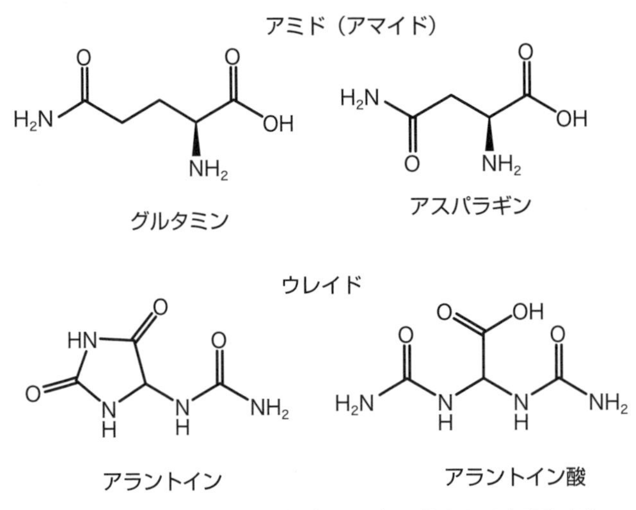

図 5.14　マメ科植物の根粒（ソース）で作られる窒素化合物

ルタミンなどのアミドが，さらにダイズ，インゲンマメなどでは，尿酸を経て合成された窒素含量のより多いウレイドのアラントイン，アラントイン酸が転流形態である（図 5.14，5.15）。これらの窒素化合物は，導管を介して地上部に転流され，再び NH_4^+ に分解されたのち GS/GOGAT 経路によりアミノ酸，その後，クロロフィルやタンパク質などの植物の成長に欠かせない窒素化合物の合成に利用される。

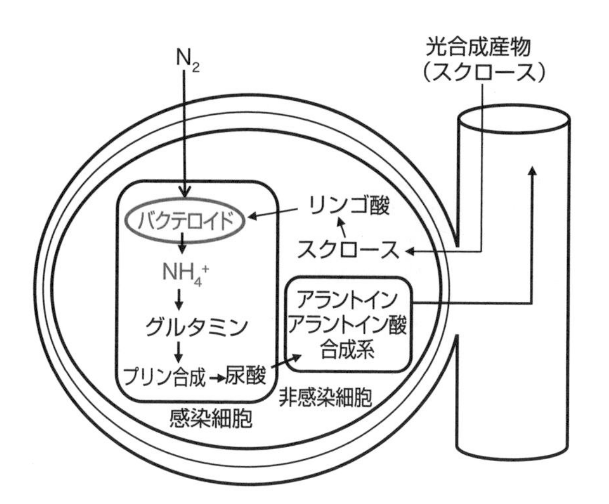

図 5.15　ダイズ根粒における窒素固定および固定窒素の代謝と転流

5.5 菌根菌と菌根

5.5.1　菌根菌の種類

根粒菌と同じように，植物と共生して植物の生育に重要な働きをしているのが**菌根**（マイコライザ，mycorrhiza）である。菌根は植物側から光合成産物の提供を受けて自身の成長に役立てている。陸上植物の 80% が菌根を形成すると言われており，菌根を形成する菌類を**菌根菌**（mycorrhizal fungi）という。根粒菌は原核生物の細菌であり，菌が根の中に侵入するのに対して，菌根菌は真核生物の糸状菌（カビ）の仲間であり，糸状菌から伸びる菌子が根の表面に付着したり，根の中に入り込んだりしている。カビから伸びた菌糸は土壌の隅々に張りめぐらされ，その菌糸が土壌から水，リン酸などの無機成分を吸収し植物に供給することで共生関係が成立している。菌根の種類は多く，農作物にはアーバスキュラー菌根，キノコや樹木のブナなどには外生菌根，針葉樹などには内外生菌根，ツツジなどにはエリコイド菌根，ランなどにはラン型菌根などが見られる。

5.5.2　菌根の形成と宿主植物

菌根のなかでも**アーバスキュラー菌根**は，大多数の農作物の根にみられる。根粒菌はマメ科植物の根において根粒を作るが，菌根菌では根に形態的な大きな変化は生じさせない（図 5.16）。菌根菌の場合も根粒菌と同様に植物から分泌される有機化合物に感知して菌根菌の胞子が発芽する。発芽した胞子から**菌糸**が広がり（根の外側で広がる菌糸を外生菌糸と呼ぶ），植物の根に付着すると，付着したところ（付着器と呼ぶ）から内部に菌糸が伸び，細胞間隙に菌糸を広げる（内生菌糸）。細胞間隙での菌糸の広がり方から，枝状に分かれた状態を樹枝状体（arbuscule），袋状になった状態を嚢状体（vesicle）と呼んでいる。菌根は，以前は VA 菌根（vesicular-arbuscular mycorrhiza）といわれていたが，嚢状体が見られない場合もあるので，現在では，総称してアーバスキュラー菌根（arbuscular mycorrhiza：AM 菌根）と呼んでいる。

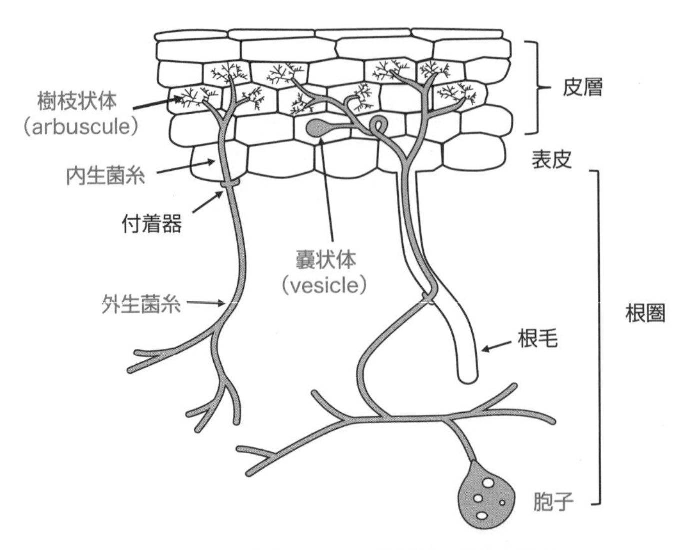

図 5.16　植物根における菌根菌の感染と菌根
[文献 9 を参考に作成]

AM 菌根を形成する宿主植物には，イネ科，マメ科，ナス科，ウリ科，キク科，ミカン科など多くの農作物がある。これらの植物では，ブランチングファクター（branching factor）と呼ばれるカロテノイド誘導体のストリゴラクトン（strigolactones）が根から分泌され，菌根菌の胞子の発芽と菌糸分岐を誘導する。ストリゴラクトンは植物ホルモンとしても知られている（2.5.9 項参照）。アブラナ科，アカザ科，タデ科植物などでは菌根の形成が見られない非宿主植物とされ，その理由として，たとえば，アブラナ科のナタネでは，ストリゴラクトンの分泌量が著しく少ない。また，マメ科植物のシロバナルーピンでは菌糸が分岐するのを阻害する物質ピラノイソフラボンなどが分泌されることが知られている[8)]。

AM 菌根の最も大きな働きとして無機養分と水分の吸収促進があげられる。そのため，菌根ができると植物は乾燥の影響が少なくなり，また，リン酸などの栄養分の少ない土壌でもよく育つようになる。

5.6 肥料の種類と特性

5.6.1　最小養分律と収量漸減の法則

植物が順調に生育するためには，各種養分が植物の要求に応じて供給されることが必要であるが，どれか 1 つでも不足すると，他の養分が十分にあっても，植物の生育は悪くなる。この養分を最小養分と呼び，これを補わない限り収量をあげることはできない。これは，1840 年代にドイツの化学者リービッヒ（Justus Freiherr von Liebig）が唱えた学説で，**最小養分律**と呼ばれた。その後，この法則は養分だけでなく，植物の生育に必要な環境因子の光，温度，水分などについても当てはまり，植物生産は供給割合の最も少ない因子に支配されるとして，これを最少律（law of minimum）と呼ぶようになった。この法則をドイツ人のドベネック（Hans

Arnold von Dobeneck）は，桶（おけ）に例えてわかりやすく説明している。すなわち，桶の縦板１枚ずつをそれぞれの生育因子または養分とし，桶にたまる水の量を植物の収量と考え，一番短い板によって，桶の水量（収量）が決定される。最も少ない因子を制限要因と呼んでいる。

植物の生育と養分の関係をみると，他の養分が十分にある場合に，制限要因となっている養分を増やしていくと，生育量（収量）もしだいに増加していくが，その増加は直線的でない。養分の増加量に対して生育量の増加割合はしだいに減少していき，生育量が最高値に達した後は減少に転ずる。このように，適量以上に施肥量を増やしても生育量（収量）は増加せず逆に減少することを**収量漸減の法則**と呼んでいる。

5.6.2　肥料の定義，分類と種類

肥料の法律「**肥料取締法**」において，肥料とは「①植物の栄養に供すること，また②植物の栽培に資するため，土壌に化学的変化をもたらすことを目的として土地に施されるもの，および③植物の栄養に供することを目的として植物に施されるもの」と定義付けられている。しかし，植物の生育に必要な 17 元素を肥料の主成分としているのではなく，政令（第百九十号）で窒素（N），リン（P），カリウム（K），カルシウム（Ca），マグネシウム（Mg），マンガン（Mn），ケイ素（Si），ホウ素（B）を肥料の主成分として定めている。また，土壌に施肥するもの以外に，葉面散布剤や養液栽培，砂耕栽培などに使用する培養液も肥料とされている。土壌の物理性だけを改良する資材，また，植物への有効成分が一定濃度以上にないものは肥料として認定されていない。

必須元素のうち炭素，水素，酸素は大気の二酸化炭素や土壌から吸収した水から供給される。一般的に土壌中に含まれる他の元素は作物に吸収されると減少する。そのため，植物の生育にとって十分でなかった場合は肥料として与えなければならない。特に，植物の生育に多く必要とする窒素，リン，カリウムは，**肥料の三要素**と呼んでいる。また，マグネシウム，カルシウムも酸性土壌や砂質土壌などで不足することがあり肥料として与えることがある。微量元素は，植物が生育するうえで必須であるが，その量はごく少量であれば良い。そのため微量要素と呼ばれている。土壌中のこれらの元素は水に溶けて植物に利用されるが，土壌の pH によって溶け出す元素の量（可給度）が異なる。そのため，土壌 pH の状態によっては不足することがあり，その場合は施肥する必要がある（図 5.17）。

肥料の成分表示では，リンをリン酸（P_2O_5），カリウムを加里（K_2O），カルシウムを石灰（CaO），マグネシウムを苦土（MgO），マンガンを MnO，けい酸を SiO_2，ほう素を B_2O_3 などとしている。肥料袋の「15－15－15」の記載は，窒素，リン酸（P_2O_5），加里（K_2O）が 15% ずつ含まれていることを示している。

肥料取締法における肥料の分類には普通肥料と特殊肥料がある。また，原料によって有機質肥料と化学肥料，含まれている成分の種類やその数によって単肥と複合肥料，さらに，肥料の効き方によって速効性肥料，緩効性肥料，遅効性肥料などに分けることができる。

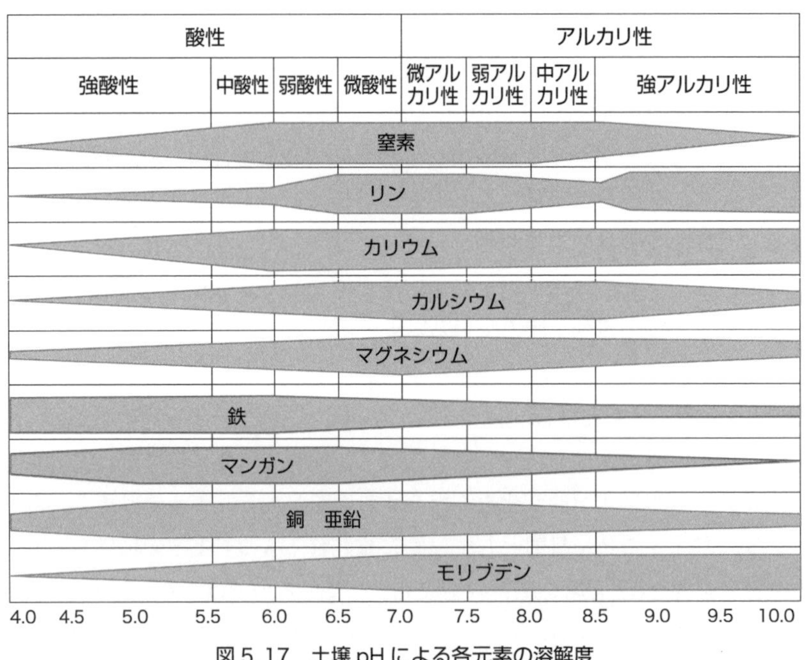

図 5.17　土壌 pH による各元素の溶解度

1）普通肥料と特殊肥料

普通肥料は，窒素，リン酸，加里の 3 つの成分のうち 1 種類を含む単肥と 2 種類以上を含む複合肥料に分けられる。複合肥料は，さらに**化成肥料**と**配合肥料**に分けられる。そのうち，化成肥料は，原料となる肥料に化学的操作を加えて粒状やペレット状にした肥料であり，3 成分のいずれか，あるいは 2 成分以上の合計が 30% 以上含まれるものを高度化成肥料，10〜30% 含まれるものを普通化成（低度化成）肥料という。配合肥料は，肥料の原料を混合しただけの肥料である。有機質肥料，石灰質肥料，苦土肥料，マンガン質肥料，ほう素質肥料，微量要素複合肥料も普通肥料に入る。

特殊肥料は，魚かす，蒸製骨，肉かすなど肉眼で鑑別ができるものや，米ぬか，アミノ酸かす，コーヒーかす，乾燥藻およびその粉末，草木灰，くん炭肥料，人ぷん尿，動物の排泄物，たい肥などの有害成分が含まれていないものを材料にして製造した肥料である。

2）化学肥料と有機質肥料

肥料は原料によって主に化学肥料と有機質肥に分けられる（表 5.2）。

化学肥料は，石油，天然ガスなどの化石燃料や，りん鉱石，加里鉱石などの鉱物資源を原料として化学的に製造された肥料である。化学肥料は，①水に溶けやすく肥料の効果（肥効という）がすぐに現れる，②成分量がはっきりしているため施肥量が調節しやすい，③堆肥などに比べて軽く，そのため施肥に労力がかからず，また，相対的に値段が安い，という利点がある。しかし，①過剰に施肥すると濃度障害を起こしやすい，②作物に吸収された後に残る陰イオンにより土壌が酸性化しやすい，③有機物を含まないため堆肥などに比べて土壌の物理性の改善

表 5.2　肥料の主な分類と種類

化学肥料	
窒素質肥料	硫酸アンモニウム（硫安），硝酸アンモニウム（硝安），尿素など
リン酸質肥料	過リン酸石灰（過石），熔成リン肥（熔リン）など
加里質肥料	硫酸カリウム（硫加），塩加カリウム（塩加）
複合肥料	化成肥料，配合肥料
石灰・苦土質肥料	炭酸カルシウム，消石灰，苦土石灰
その他	ケイ酸質肥料，マンガン質肥料，ホウ素肥料など
有機質肥料	
堆肥	牛ふん，豚ふん，鶏ふんを原料とする肥料
動物質肥料	魚粉，骨粉などを原料とする肥料
植物質肥料	ナタネ，ダイズ，綿実などの搾油粕を原料とする肥料
有機副産物肥料	食品工場などの廃棄物や乾燥菌体などを原料とする肥料
汚泥肥料	下水道施設から出る下水汚泥等を原料とする肥料

効果が見られない，などの特徴もある。

有機質肥料は，動物質肥料，植物質肥料，自給有機質肥料，有機廃棄物に由来する肥料の 4 種類に分けられる。動物質肥料は魚粉・骨粉などの魚類や動物由来のもの，植物質肥料はナタネ，ダイズ，綿などの実から油を搾ったかすなどを原料とするものである。自給有機質肥料は，堆肥や緑肥，草木灰など農家で自給した有機質を原料として作られる。有機廃棄物に由来する肥料の原料は，食肉加工の後に出る廃棄物，食品やパルプ工業からでる廃棄物，発酵工業などから出る乾燥菌体などがある。汚泥肥料は，下水道処理場などから回収した汚泥を乾燥や粉砕，発酵させることにより肥料化したものである。近年，肥料原料価格の高騰により汚泥の利用が増えている。

家畜ふん尿は生のまま使われることはなく，乾燥し，あるいは他の有機物と混ぜて堆肥にして使われる。牛ふん堆肥は，窒素，リン酸，加里などの肥料成分の含量が豚ふんや鶏ふん堆肥に比べて少ないが，バランスよく含まれている。また，牛ふん堆肥は有機物が多く含まれているため，土壌に対して有機物の蓄積効果が高い。豚ふん，鶏ふん堆肥は肥料成分の含量が高く牛ふん堆肥に比べて肥料的効果が高い。

堆肥は，肥料取締法において「各種有機物（汚泥などを除く）を堆積又は撹拌し，腐熟したもの」と定義されている。以前は稲わらなどの植物残渣を積み重ねて発酵，腐熟させたものを堆肥といっていたが，最近は家畜ふん尿の他に，食品産業や林産業の廃棄物など複数の原料を混合して作られることが多くなったため，これらを総称して「堆肥」あるいは「コンポスト」と呼ぶようになっている。

3）速効性肥料，緩効性肥料と遅効性肥料

肥料を与えると直ちに効果が表れる肥料を**速効性肥料**という。化学肥料の単肥，液体肥料，粉状や粒状の化成肥料などは速効性肥料に含まれる。一度に大量に施肥すると濃度障害を起こしやすく，また，効果が長続きしないために，作物を栽培している間に複数回に分けて施肥を

行う場合がある。これを追肥と呼ぶ。

緩効性肥料は，肥料成分が徐々に溶け出すため，施肥した直後から肥効が現れ長期間続く。播種前や植え付け時に施肥する元肥（もとごえ）や追肥として幅広く使用できる。複合肥料には緩効性肥料が多い。

近年，粒状の速効性肥料を樹脂などの膜でコーティングした**被覆肥料**が開発されている。被覆肥料は，作物の生育にあわせて養分が供給できるよう工夫されているため**肥効調節型肥料**とも呼ばれている。被覆肥料の肥料成分は穴の開いた樹脂の小さな隙間から徐々に溶け出すため雨水などによる成分の流亡が少なく，環境への影響が少ない環境保全型肥料として注目されている。

堆肥などの有機質肥料は土壌中の微生物などによって分解されて効果が現れる。栽培期間の中盤以降に肥効が現れることから遅効性肥料と呼ばれている。遅効性肥料と速効性肥料を併用すると施肥の効果がより高まる。

5.6.3　肥料の反応

肥料は，肥料の形態や材料，製造方法による分類の他に，化学的反応と生理的反応から区分されている。

1）化学的反応

肥料を水に溶かした時に，その水溶液の pH がどのように変化するかを示した反応で，pH によって**化学的酸性肥料**，**化学的中性肥料**，**化学的アルカリ性肥料**に区別されている。水で抽出した溶液の pH が酸性を示す化学的酸性肥料には過リン酸石灰，重過リン酸石灰，化学的中性肥料には硫安，硫加，塩安，塩加，尿素など，アルカリ性を示す化学的アルカリ肥料には石灰窒素，熔成りん肥，消石灰などの石灰質肥料などがある。

2）生理的反応

肥料を土壌に施肥して作物を栽培した場合に，作物に吸収された後に副成分として土壌に残されたものが示す酸性，アルカリ性などの反応を生理的反応という。**生理的酸性肥料**には，硫安，硫加，塩加，塩安など，**生理的中性肥料**には過リン酸石灰，重過リン酸石灰，尿素など，**生理的アルカリ性肥料**には，石灰窒素，熔成りん肥，石灰質肥料などが入る。たとえば生理的酸性肥料の硫安（$(NH_4)_2SO_4$）を施肥すると，NH_4^+ と SO_4^{2-} に解離する。NH_4^+ は土壌粒子に結合している Ca^{2+} と交換され土壌粒子に吸着する。Ca^{2+} は SO_4^{2-} と結びつき硫酸カルシウム（$CaSO_4$）となって溶脱する。この結果，硫安を施肥すると土壌の交換性塩基が次第に減少し土壌が酸性化する。反対に生理的アルカリ肥料のチリ硝石（$NaNO_3$）は，NO_3^- が植物に吸収され Na^+ が土壌に残るので土壌がアルカリ性に傾く。また，生理的中性肥料の尿素（$(NH_2)_2CO$）は，土壌中の微生物によって NH_4^+ と炭酸に分解される。NH_4^+ は作物に吸収され，炭酸は CO_2 と水に分解されるため土壌の pH には影響を与えない。

一方，有機質肥料は水に溶けないので反応は複雑である。たとえば，ダイズかすなどは，分解のはじめは有機酸を生じて酸性を示すが，アンモニアの生成と有機酸の分解によってしだいにアルカリ性となる。魚かすのように窒素含量の高いものでは分解してすぐにアンモニアを生じるので，初めからアルカリ性を示し，堆肥などは，分解のはじめは弱アルカリ性，その後は中性を示すようになる。このように肥料によって反応は様々であり，肥料を用いるときには肥料の特性を考慮しながら施肥することが重要である。

参考図書・文献

1）Marschner, P. (2012), Mineral Nutrition of Higher Plants Third Edition, pp. 651, Academic Press, Elsevier Ltd.
2）Reed, H. S (1942), A Short History of The Plant Sciences, pp. 320, Chronica Botanica Co.
3）Fisher, W. N. *et al.* (1998), *Trends in Plant Science*, **3**, 188-195.
4）日本土壌肥料協会（2013），『環境にやさしく美味しい農産物　ホウレンソウ』，pp. 19.
5）上田晃弘・実岡寛文（2013），日本土壌肥料科学雑誌，**84**，118-124.
6）和崎 淳（2017），化学と生物，**55**，189-195.
7）北原 武・西澤直子（2010），化学と教育，**58**，356-359.
8）Akiyama, K., Tanigawa, F. *et al.* (2010), *Phytochemistry*, **71**, 1865-1871.
9）Lambers, H., Stuart Chapin III F., Pons T. L. (2008), Plant Physiology Ecology Second Edition, pp. 604, Springer.
10）江坂宗春 監修（2011），『生命・食・環境のサイエンス』，pp. 220，共立出版.
11）間藤 徹・馬 建鋒・藤原 徹 編（2010），『植物栄養学 第2版』，pp. 288，文永堂出版.
12）岡崎正規他（2001），『新版土壌肥料』，pp. 191，社団法人全国農業改良普及協会.
13）L. テイツ・E. ザイガー編／西谷和彦・島崎研一郎 監訳（2004），『テイツ・ザイガー植物生理学 第3版』，pp. 679，培風館.

第6章 環境ストレスと作物生産

作物は目まぐるしく変化する環境で生きている。環境が悪化し適応できなくなると，ストレスが引き起こされる。気候変動や土壌の劣化で，作物がストレスに遭遇する機会が増えている。収量を低下させる環境要因や範囲を理解することは，不良環境下における収量の確保や耐性品種の開発にとって重要である。農業もまた環境に負荷を与える。増加する食料需要に対応して，現状の環境条件を持続させながら生産性を増加させる農業が求められている。本章では，作物を取り巻く環境を概説し，植物の環境ストレス応答について述べる。また，「**持続可能な開発目標 sustainable development goals（SDGs）**」に対する農学の貢献について考察する。

6.1 作物生産を取り巻く環境

6.1.1 大気環境（特に CO_2 について）

1）CO_2 濃度の現状とその決定要因

図 6.1 は、ハワイ島、マウナ・ロア山で調べられた 1958 年以降の大気中の CO_2 濃度である。CO_2 濃度は，9 月下旬から 4 月下旬にかけて増加し，その後低下するという振幅をくり返しながら，年間 1.5～2.0 ppm 増加し続けている。1957 年以前の大気に含まれる CO_2 濃度は，極地の氷床に閉じ込められた気体成分の分析により明らかにされた。CO_2 濃度は 1800 年頃まで 280 ppm とほとんど変化せず，その後増加した。この時期の CO_2 の増加は，西欧を中心に居住空間と農耕地の確保のために進められた森林伐採の影響と考えられている。18 世紀後半に産業革命が起こり，19 世紀後半から化石燃料の燃焼で発生した CO_2 の影響が出始める（図 6.1）。

気候変動に関する政府間パネル（**IPCC**：intergovernmental panel on climate change）第 5 次

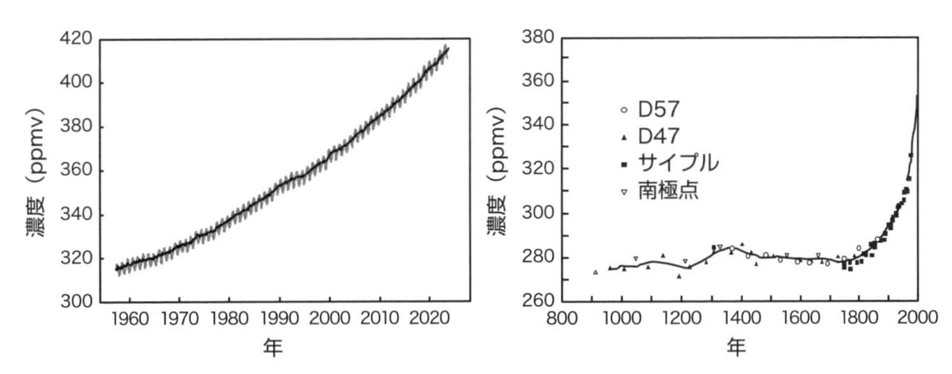

図 6.1　大気 CO_2 濃度の変化
左：ハワイ島マウナ・ロア山における大気 CO_2 濃度，右：氷床コア観測と現代の観測。

表 6.1　人為起源の炭素収支

		1750〜2011 年総計	1980〜1989 年	1990〜1999 年	2000〜2009 年	2002〜2011 年
人為起源二酸化炭素排出	化石燃料燃焼およびセメント製造	3,750±300	55±4	64±5	78±6	83±7
	土地利用変化（森林破壊）	1,800±800	14±8	16±8	11±8	9±8
二酸化炭素吸収	陸域生態系による吸収	1,600±900	15±11	27±12	26±12	25±13
	海洋による吸収	1,550±300	20±7	22±7	23±7	24±7
大気中二酸化炭素増加量（排出源−吸収源）		2,400±100	34±2	31±2	40±2	43±2

10 年ごとの数値は 1 年当たりの値。単位は億トン炭素。[IPPC（2013）Table6.1 を参考に作成]

評価報告書は，化石燃料の燃焼やセメント製造（$CaCO_3 \rightarrow CaO + CO_2$）により排出される CO_2 と，森林破壊（農地拡大等による土地利用の変化）で排出される CO_2 を人為起源 CO_2 としている。人為起源 CO_2 は，1980 年から 2011 年の間に約 1.5 倍増えた。陸域生態系と海洋による CO_2 の吸収量はほぼ頭打ちなので，排出量から吸収量を差し引いた量（約 40 億トン炭素）が大気中に残留する（表 6.1）。

2）CO_2 の特性

CO_2 には**温室効果**があり，CO_2 濃度の増加は気温の上昇を引き起こす。温室効果ガスでない気体は，①分子振動ができない（原子間の結合が変化しない）単原子分子，および②等核 2 原子分子（同じ原子からなる 2 原子分子で，分子振動に双極子モーメントが変わらない）であり，ほとんどの気体は温室効果をもつ。大気の主成分である窒素および酸素は温室効果ガスではない。温室効果ガスが地球を温暖化させる能力は，**地球温暖化係数**（GWP, global warming potential）で表される。これは，CO_2 1 g の温室効果能力を 1 としたときの，気体 1 g あたりの温暖化能力のことで，気体の赤外線吸収能力・吸収波長などに依存する。1997 年に京都で開催された第 3 回気候変動枠組条約締約国会議（**COP3**）では，CO_2，メタン（CH_4），一酸化二窒素（N_2O），ハイドロフルオロカーボン類（HFCs），パーフルオロカーボン類（PFCs），六フッ化硫黄（SF_6）等が削減対象とされた。これらの温暖化係数は，CO_2 の 21 倍（メタン）から 23,900 倍（六フッ化硫黄）高い。しかし，CO_2 は温暖化への寄与率が約 60% と 6 種類のガスの中で最も大きく，人間活動によって毎年増加しており，削減効果が大きいため重要視される。CO_2 濃度は，2018 年現在で 407.8 ppm であるが，今世紀末には 700 ppm を超すと予測される。

3）葉身への CO_2 の拡散

CO_2 は光合成の基質であり，CO_2 の吸収量は作物の生育に大きな影響を及ぼす。CO_2 は光合成によって葉の内外に生じた濃度勾配に従い拡散する。葉緑体で CO_2 が固定されるまでには，①葉を取り囲む大気から葉の表皮，②葉の表皮から葉の表皮下，③葉の表皮下から葉の葉肉細

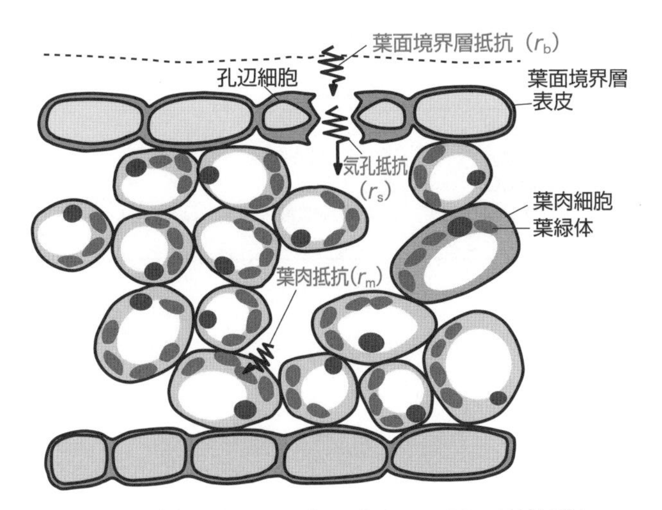

図 6.2　大気からクロロプラストまでの CO_2 の拡散抵抗

胞表面（葉内細胞間隙），および④葉内細胞表面からクロロプラストにかけてそれぞれ抵抗が存在する（図 6.2）。CO_2 拡散過程を電気回路のようにとらえて，組織体を抵抗体（$\sum r$），大気と葉緑体との CO_2 濃度差（ΔC）を電圧とすると，CO_2 拡散量はオームの法則により以下のように書くことができる。

$F = \Delta C / \sum r$

F：拡散量

ΔC：大気中と葉内とのガス濃度差

$\sum r$：ガス拡散経路の抵抗

光合成による CO_2 吸収は次のように表すことができる[1)]。

$F_{co_2} \fallingdotseq (C_a - C_c)/(r_b + r_s + r_m)$

F_{co_2}：CO_2 吸収量，正味光合成速度

C_a：大気 CO_2 濃度

C_c：クロロプラスト仮想 CO_2 濃度

r_b：葉面境界層抵抗

r_s：気孔抵抗

r_m：葉肉抵抗

C_a, C_c は大気中およびクロロプラストにおける仮想の CO_2 濃度であり，r_b, r_s, および r_m は，それぞれ**葉面境界層**，気孔，葉肉組織における CO_2 拡散抵抗値を表す。

CO_2 の拡散抵抗の中で最も影響が大きいのは**気孔抵抗**である。気孔開度と光合成速度との関係はほぼ正の直線で表される。気孔の開孔面積は葉の全葉面積の 1% 以下で，葉の面積のわずかな部分を占めるにすぎないが，気孔を介して CO_2 の取り込みと蒸散の 95% 以上が行われる。水が取り込まれ，**孔辺細胞**の体積が増えると気孔は開き，逆に水が流出して孔辺細胞の体

表6.2　気孔の開閉を引き起こす要因

気孔開口	気孔閉鎖
青色光	カルシウムイオン（Ca^{2+}）
赤色光	アブシジン酸
低 CO_2	高 CO_2
フシコクシン	大気汚染物質（SO_2，O_3 など）
オーキシン	

積が減ると気孔は閉じる。水の取り込みは浸透ポテンシャルの低下による。気孔の開閉は様々な環境要因によって引き起こされる（表 6.2）。

4）気孔開閉のメカニズム

青色光は気孔を開かせるシグナルとして働く。青色光は**フォトトロピン**で受容される。青色光を受けた孔辺細胞では，細胞膜にある**細胞膜 H^+-ATPase** の活性が増加し，ATP を使って H^+ を孔辺細胞から放出する。H^+ の放出によって細胞膜が**過分極**する。過分極が起こると，これに応答して内向き整流性カリウムチャネルが開き，K^+ が取り込まれる。K^+ により極端な電気的偏りが発生するので，電気的バランスを保つために，孔辺細胞葉緑体に蓄えられているデンプンからリンゴ酸が生成され，外液から Cl^- が取り込まれる[2]。これにより，孔辺細胞内の浸透圧が上昇（浸透ポテンシャルが低下）して，水が流入し孔辺細胞の体積が増加し，気孔が開口する。孔辺細胞の体積は 1.4～2.0 倍程度増加する。青色光照射から細胞膜 H^+-ATPase までのシグナルの伝達は，数種タンパク質のリン酸化による。フォトトロピンの活性化は 1 分以内，細胞膜 H^+-ATPase の活性化が 2.5 分以内，過分極は数分のうちに起こり，K^+ の蓄積は 30～60 分，デンプンの分解は 1～2 時間で観察される[3]。植物が乾燥などのストレスにさらされると，蒸散などによる水分の損失を防ぐために気孔が閉じる。ストレスによる気孔閉口には植物ホルモンの**アブシジン酸（ABA）**が関与している。孔辺細胞の ABA 濃度が増加すると，細胞膜の陰イオンチャネルが活性化され，孔辺細胞から陰イオン（主に Cl^-）が排出される。Cl^- の排出で細胞膜が脱分極され，細胞膜の外向き整流性カリウムチャネルが開き，K^+ が排出される。K^+ の排出により，孔辺細胞の浸透圧が低下し，水が排出されて，孔辺細胞の体積が低下し，気孔が閉じる。また ABA は気孔の開口に関わる細胞膜 H^+-ATPase や内向き整流性カリウムチャネルも阻害し，気孔の閉鎖を促進する（図 6.3）。

5）CO_2 の増加の影響

上述した CO_2 拡散過程を示す式によると，大気と葉内の CO_2 濃度差が大きければ光合成速度は増加する（3.4.2 項参照）。植物群落の内部の CO_2 濃度は，時間的，空間的に数 10 ppm，またはそれ以上変化し，CO_2 濃度の分布がその群落の個体の生育に影響を及ぼす。たとえば，旺盛分げつ期にあるイネの群落においては，CO_2 は群落内外で 20 ppm の差がある。葉身と同様，群落内外の CO_2 濃度差を大きくすれば，植物個体の CO_2 取り込み量は増加する。CO_2 濃度の増加が作物の生育・収量に及ぼす影響を調べる **FACE**（free-air CO_2 enrichment；開放系

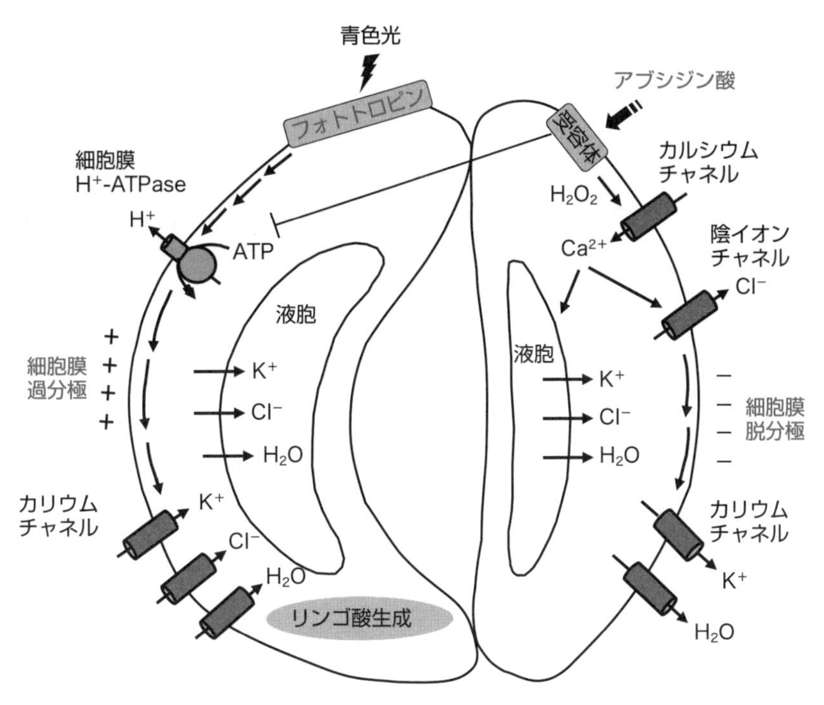

図 6.3 気孔開閉メカニズムの模式図

大気二酸化炭素増加）実験が世界各地で行われている。12 の FACE 実験サイトの成果をまとめた論文 93 報を**メタ解析**した結果によると，CO_2 濃度を 475〜600 ppm に増加させると，穀類および飼料作物を主とした 40 種の植物の個葉の光合成速度は約 30% 増加し，植物収量は平均で約 20% 増加することが明らかになった[4)]。

CO_2 濃度の増加による影響は種によって異なる。葉内に **CO_2 濃縮機構**を持たない C_3 植物で影響は大きく，一年生作物では高 CO_2 で生産量が増加することが多い。実際，施設園芸では古くから施設内の CO_2 濃度を人為的に高めて作物を栽培する **CO_2 施肥**が行われている。しかし，高 CO_2 環境下における生育が長期化すると，光合成に対する効果は薄れ，光合成速度は徐々に低下する場合もある。光合成器官あるいはその周辺に光合成産物が蓄積するためと考えられている。直接的な影響以外に，CO_2 濃度の増加による間接的な影響もある。イネでは，高 CO_2 環境下で気孔が閉鎖し蒸散が抑制されることによって群落温度が上昇する。外気温が同じであっても CO_2 濃度が高いと穂の温度が上昇し，不稔が発生する可能性が高くなる。また，イネいもち病，紋枯病等のイネの主要病害の発生も CO_2 濃度の増加で助長される。葉菜類などの園芸作物では，高 CO_2 条件下で非構造性の炭水化物は増加するが，タンパク質やミネラル養分は減少し，品質が低下する[5)]。

6.1.2 水環境（乾燥と湿潤）

1）干ばつ

国際連合食糧農業機関（FAO）の 2014 年の報告によると，世界の農業生産の 60〜70%，農耕地の80% 以上が，水資源が不安定な環境で行われている。世界で最も乾燥が厳しい地域は，北アフリカ南部，特に，西サハラから東の国々，モーリタニア，マリ，ニジェール，チャド，スーダン等である。蒸発能（potential evaporation）が高く，かつ降雨が不安定な地域で，農地の水利施設が未整備な地域では，干ばつと洪水が最大の生産不安定要因となる。東南アジアの大部分は湿潤モンスーンに相当するが，降水が不規則で，水施設も整備されていない地域が多いことから，上述のアフリカ諸国と同様に干ばつや洪水がしばしば問題となる。イネの場合，出穂期前後の干ばつは，穎花の不稔と登熟不良をもたらし，収量に重大な影響を及ぼす。熟期の異なる品種を組み合わせて危険分散するか，耐乾性，耐冠水性品種を用いる必要がある。

近年，水に関連した被害は増加傾向にある。地球温暖化が水資源に与える影響は今後ますます増加することが懸念される。たとえば，水温の上昇で海水の熱膨張が誘発され，陸氷が減少する。また，蒸発散量が増加することで，年降水量および降水パターンが大きく変動する。水温の上昇によって植物プランクトンの増殖が助長され，水質が悪化する。さらに，海水の熱膨張による海水面の上昇や地下水位の上昇による塩水の河川遡上が起こり，地下水の塩水化が引き起こされる。

2）洪水

洪水の被害は，80 年代後半を境に地球規模で急増している。最近，日本でも時間雨量 100 mm を超えるゲリラ豪雨が多数発生し，冠水被害が多数報告されている。アジアのモンスーン地帯は豊富な水資源を生かし，古くから水田作が行われてきた。このような地域では，降雨が過剰となる場合が多く，毎年のようにイネの冠水被害が発生している。洪水常襲地域では，水田の氾濫パターンや地形の変化に応じた稲作（氾濫稲作）が伝統的に行われてきた。たとえば，カンボジアのメコンデルタ地域では，増水が緩やかに進行し水深が 1 m 前後となる状態が長期間続く場合がある。このような地域では，水位の上昇に適応できる**深水イネ**および**浮イネ**（図 6.4）が栽培される。前者は水深 0.5～1 m で，後者は水深 1 m 以上で栽培されるイネをいう（詳細は後述）。

6.1.3　光環境

植物は太陽光を吸収し光合成を行う。太陽の光は特定の波長をもっており，エネルギーをもつ。太陽の表面温度は 5,800～6,000 K である。太陽表面からの放射の波長組成は**プランクの分布則**で表される。エネルギーが最大となるのは 480 nm の青色光であり，波長あたりの光量子数が最大になるのは，600 nm の橙色光である。地球の大気圏外における太陽からの放射の波長組成はプランクの分布則と一致するが，波長 3 μm 以下の放射（短波）は大気によって散乱，吸収されるので（紫外線は O_3 に，近赤外部は CO_2 と H_2O に吸収される），地表面に到達する短波放射の波長組成および波長あたりの**光量子束密度**（photon flux density : PFD）は，大気圏外と大きく異なる。光量子束密度は 600～700nm（橙色～赤色）で最大となる。

太陽光のエネルギー総量は，物体の表面からの放射エネルギーを算出するステファン・ボルツマンの式で算出できる。太陽の表面温度 6,000 K とすると，大気圏外で太陽に向かって垂直

図 6.4　浮イネの浸水に伴う茎の伸長
水位を点線で示した。浮イネはバングラデシュ産。別名 Dowai38/9。
[写真提供：名古屋大学生物機能開発利用研究センター 芦刈基行教授]
口絵 9 参照

な面が受ける太陽からの放射は約 1,370 W m^{-2} となる。これを**太陽定数**と呼ぶ。このうち，高層の大気における屈折と回折の結果，宇宙に戻されるか，または大気中に分散する粒子によって散乱されるか吸収され，地上に到達するのは夏の青天日の南中時で 1,000 W m^{-2} 程度である。光合成に用いられる**光合成有効放射**（photosynthetically active radiaraion: PAR）は 400〜700 nm で，太陽から地上に到達する短波放射の約 50% を占め，真夏の晴天日の太陽南中時にはエネルギーは約 500 W m^{-2}，光量子束密度は約 2,000 μmol $m^{-2}s^{-1}$ になる（3.4.1 項参照）。

作物は群落で生育している。群落の一次生産速度（**個体群成長速度**，crop growth rate）は，日射変換効率と日射量との積で表すことができる。作期を変えて栽培した水稲の個体群の成長速度を生育各時点までの積算吸収日射量を横軸にしてプロットすると，成長速度と積算吸収日射量には高い正の相関関係が認められる[6)]。この直線の勾配は**日射変換効率**と呼ばれ，C_3 植物のイネ，ムギでは 1.4-1.6 g MJ^{-1}，ダイズで約 1.2 g MJ^{-1}，C_4 植物のトウモロコシで 1.6-1.8 g MJ^{-1} である。

6.1.4 土壌環境

1）土壌劣化の現状

土壌の劣化には物理的な劣化と化学的な劣化とに分けられる。物理的な劣化は，侵食や土壌が固結する**クラスト**や**踏圧**，化学的土壌劣化は**塩性化**，**アルカリ化**，および**酸性化**等がある。世界の土地の約70%が土壌劣化の影響を受けている。劣化の程度は，約26%が深刻または非常に深刻な状態にあり，21%が中程度，残りの18%は軽度である[7]。農地では中央アメリカ，アフリカ，南アメリカ地域の劣化が激しく，放牧地を含む永年草地ではヨーロッパ，アフリカで劣化の割合が高い。降雨や強風が要因となる割合が最も多く，その被害は，中央アメリカ，アジア，ヨーロッパ，アフリカ地域で大きい。

2）物理的土壌劣化のメカニズム

土壌の団粒構造は粘土や砂の土粒子を腐植が架橋してできる（4.1.3項参照）。腐植が分解すると土粒子を架橋できなくなる。クラスト，踏圧，侵食などの物理的な劣化は土壌有機物量の減少に伴う土壌**団粒構造**の不安定化が引き金となっている。クラストは，強い雨で土壌の団粒構造が壊れ，土粒子が水とともに土壌表面に浮き上がり，乾燥して土壌表面に形成される硬い板層である。土壌への水の浸透や通気が妨げられ，作物の発芽が阻害される。踏圧は，大型耕作機によって下層土の硬度が増大したために起こる。踏圧で団粒構造が潰れ，団粒間の孔隙がなくなる圧縮状態となる。さらに悪化すると団粒が潰れ団粒内の水が浮き出す圧密状態となる。表層の作土層は耕起で改善されるが，圧密状態にある土壌では，透水性が低いため表層に水が溜まり，土壌粒子が流亡する。また，乾燥すると固結し，これが根の伸長を妨げる。侵食は，風や水が強くあたって土壌粒子がはぎ取られる現象である。土壌の団粒構造が壊れやすくなると，侵食のリスクが高まる。風による侵食を**風食**，水による浸食を**水食**という。山地で年間約0.5 mm，平坦地では約0.05 mm，裸地では，年間約1.5～30 mm表土が失われる。前者を正常侵食（自然侵食），後者を加速侵食と呼ぶ。肥沃な表土が失われると生産性は低下する。

3）化学的土壌劣化のメカニズム

化学的土壌劣化は造岩鉱物が粘土鉱物に変質する**化学的風化作用**と密接に関わっている。化学的風化作用によってケイ素，アルミニウム，カルシウム，マグネシウム，カリウム，およびナトリウム等が粘土鉱物から溶出するが，アルミニウムとケイ酸が化合して形成されたアルミニウム酸化物は，腐植と有機無機複合体を形成する（4.2.4項参照）。この形態の腐植は分解されにくく，腐食が架橋して形成される団粒構造の安定性が高まる。この過程が何らかの要因で阻害されたときに，化学的土壌劣化が引き起こされる（4.3.4項参照）。高温で降水量が少ない地帯や，海水の影響を受けた地帯には，NaCl, Na_2SO_4, $MgCl_2$, $CaCl_2$などの塩を多量に蓄積した土壌が広く分布している。これを**塩類集積土壌**（**塩類土壌**）という。塩類土壌は内陸では河川の周辺やくぼ地になっている地帯で，気候的には高温で降水量が少ない乾燥地帯に発生する。塩を含んだ地下水の水位が比較的高く，高温で乾燥しているために地表面から蒸散が活発に行なわれ，その結果，塩が土壌の表層に残される。地下水位が高く塩を含む水が浸入する沿岸地域，海水の影響を受けた湖沼の干拓地，および降雨を遮断する施設園芸栽培が発達した地域等で発生する。

近年，人為的な塩害が問題となっている。乾燥地あるいは半乾燥地では，日中の気温と夜間の気温との差（日較差）が30℃以上と大きいため，造岩鉱物が強い物理的風化を受ける。土壌中には遊離の塩類として塩基類（主としてアルカリ金属およびアルカリ土類金属等）が存在する。これが土壌の上層に移動し集積すると作物に害を及ぼす。灌漑された水が塩基類の移動を促進する。半乾燥地帯の生産量は灌漑によって劇的に増加する。灌漑農地は世界の全耕地面積の約15% 程度であるが，世界の農産物の約1/3が生産されている。灌漑水は土壌の下層土に停滞し，毛管上昇によって表層土に移動しやがて蒸発するが，水に含まれていた塩類は土壌表面に集積する。このような灌漑による塩害を受けている土地は，世界で約1億 ha と見積もられている。これは，灌漑農地の約1割に相当する。

6.2 環境ストレスへの作物の適応

6.2.1 光

光の強さは，昼夜の日周変動を含めて時々刻々と変化する。植物は，光が弱いとより多くの光を集めようとし，強すぎると吸収量を減らし，光合成反応を調節している。作物の光合成速度は20〜30 μmol m^{-2} s^{-1} 程度である。仮に20 μmol m^{-2} s^{-1} とすると，1モルの CO_2 を吸収するために光量子を8モル用いるとして，光エネルギーの消費は20×8=160 μmol m^{-2} s^{-1} となる．葉の吸収率が80% とすると，130 μmol m^{-2} s^{-1} より強い光があたると光エネルギーは過剰となる。光合成有効放射は，夏期には2,000 μmol m^{-2} s^{-1} にもなる。過剰になった光エネルギーを安全に消去しなければ有害な**活性酸素**が生成される。活性酸素はタンパク質の破壊や膜脂質の過酸化などにより葉緑体の機能を低下させる。可視光により引き起こされる光合成能力の低下を**光阻害**と呼ぶ[8]。光阻害は，太陽光の強い低緯度地域や晴天の多い乾燥地域だけではなく，温帯地域でも，高・低温，乾燥，塩等の不良環境にあるときや老化等で光合成速度が低下したときに起こる。不良環境におかれると気孔が閉じて CO_2 の取り込み量が減り，CO_2 固定反応で使われるATPおよびNADPHの H^+ が消費されない。その結果，$NADP^+$ が減り，余った電子が酸素に渡され活性酸素（$\cdot O_2^-$, H_2O_2, $\cdot OH$, $^1O_2$）が生成される（図6.5）。このような状態を避けるため，植物は光エネルギーの伝達を抑えるとともに吸収したエネルギーを熱として放逸させ，電子受容体を供給して電子伝達鎖を酸化させる。また，発生した活性酸素を消去する機構をもつ。

1）葉緑体における光エネルギー伝達の抑制およびエネルギーの熱としての放散

葉緑体の光の吸収量を抑える機構には，**ステート遷移**[9]と**キサントフィルサイクル**[10]がある。いずれも，集光性クロロフィルタンパク質複合体（LHC）によって集められた光エネルギーを**光化学系反応中心**に伝達せず熱として散逸し，電子伝達鎖への電子の供給を抑える機構である。ステート遷移は，光化学系Ⅱに結合している集光性クロロフィルタンパク質複合体（LHC

第6章 環境ストレスと作物生産

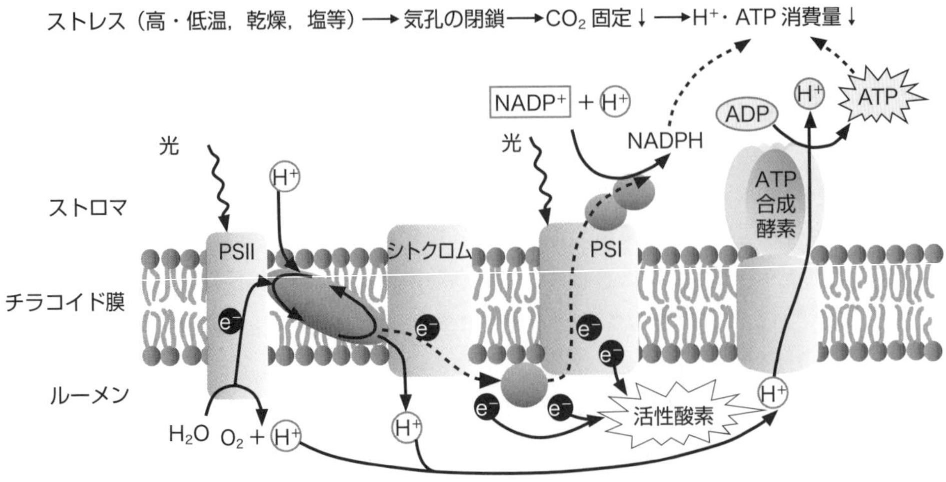

ストレス（高・低温，乾燥，塩等）→ 気孔の閉鎖 → CO_2 固定↓ → H^+・ATP 消費量↓

図 6. 5　光合成速度の低下に伴うチラコイド膜における活性酸素の生成

II）を光化学系IIからはずして光化学系Iに移動させることによって，光化学反応中心へのエネルギーの供給を調節する（3.1.1 項参照）。

キサントフィルサイクルは，カロチノイド，キサントフィルの一種で LHC II に結合しているビオラキサンチンが，光量に応じてゼアキサンチンに相互変換される過程である。光エネルギーが過剰になると，ビオラキサンチンが**脱エポキシ化**され，アンテラキサンチンを経てゼアキサンチンへと変換される。この過程で吸収された光エネルギーの一部が熱として放出される。ゼアキサンチンは，**エポキシ化**され，アンテラキサンチンを経てビオラキサンチンとなる。脱エポキシ化はビオラキサンチンデエポキシダーゼによって触媒され，強光下 10〜30 分で進行する（図 6.6）。エポキシ化はゼアキサンチンエポキシダーゼによって触媒され，暗闇あるいは弱光で進行するが，この反応は，脱エポキシ化反応より 5〜10 倍遅い。群落の最上位では照射光エネルギーの最大 50〜80% が熱として放出される。

2）電子受容体の供給による電子伝達鎖の酸化

活性酸素は酸素に電子が渡されて生成する。それを防ぐために，電子伝達鎖の構成要素以外の電子受容体で電子を受け取る機構がある。**water-water サイクル**は，O_2 を電子受容体として利用し，過剰の光エネルギーを熱として消失させる反応である[11]。光化学系Iで O_2 が O_2^-（スーパーオキシド）に還元されると，光化学系I複合体にあるスーパーオキシドジスムターゼ（SOD）が O_2^- を O_2 と H_2O_2 とに不均化する。H_2O_2 はアスコルビン酸ペルオキシダーゼ（APX）によって 2 電子還元され H_2O となる。このように，H_2O からの電子によって O_2 が H_2O に還元され，全体として物質の出入りのない循環的電子伝達経路が形成される。この反応で，吸収光エネルギーの最大 30〜40% を熱として消去する。

上述したように，H_2O_2 が H_2O となるとき，電子供与体としてアスコルビン酸（AsA）を利用する。AsA が酸化され生じたモノデヒドロアスコルビン酸（MDA）は，モノデヒドロアスコルビン酸還元酵素（MDAR）で還元され AsA に変換される。この反応が迅速に進行しない場

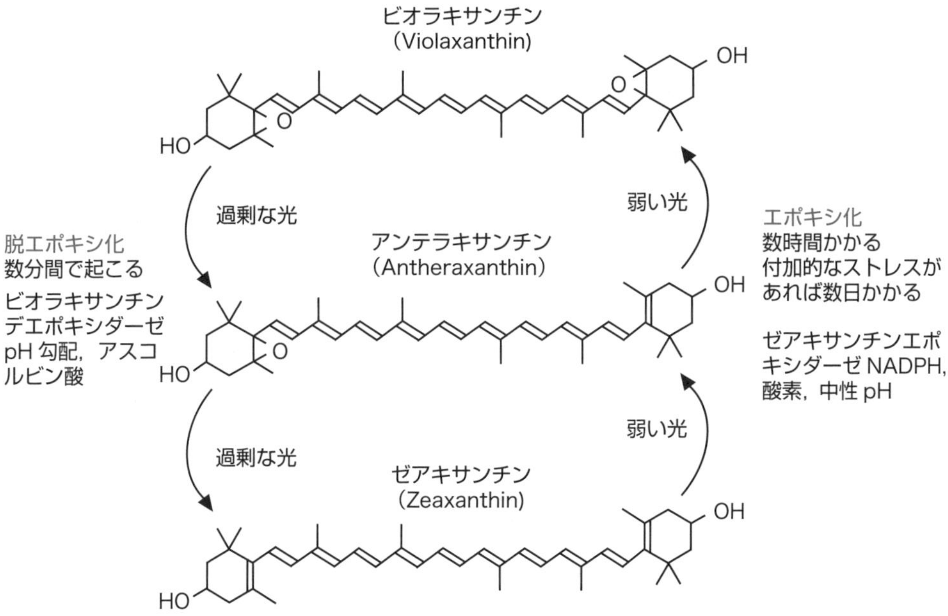

図 6.6　キサントフィルサイクルによる熱放散

合には MDA は不均化反応で，デヒドロアスコルビン酸（DHA）と AsA になり，DHA は，デヒドロアスコルビン酸還元酵素（DHAR）のはたらきでグルタチオン（GSH）を消費して AsA に還元される。この反応で生じた酸化型グルタチオン（GSSG）は，グルタチオン還元酵素（GR）によってグルタチオンに還元される。この経路は**アスコルビン酸-グルタチオン**（AsA-GSH）**サイクル**と呼ばれる（図 6.7）。

光呼吸も O_2 を利用し電子受容体を供給する反応である。光呼吸は，リブロース 1,5-二リン酸カルボキシラーゼ／オキシゲナーゼ（**Rubisco**）（3.2.1 項参照）のオキシゲナーゼ反応で発生したグリコール酸を基質として，葉緑体，ペルオキシソーム，ミトコンドリアの 3 つの細胞小器官で行われる（3.2.2 項参照）。光呼吸経路において，光量子エネルギー受容体である ADP と $NADP^+$ が葉緑体に供給され，過剰な光量子エネルギーを消去できる。

6.2.2　水（乾燥，冠水・浸水）

1）乾燥（水）ストレス

水は，**SPAC**［土壌（soil）—植物（plant）—大気（air）の連続体（continuum）］を水ポテンシャルの勾配に従って流れる。SPAC において，植物の水の吸収と蒸散がバランスよく行われていれば，体内の水分状態は良好に保たれ，植物は順調に生育できる。土壌が乾燥すると，植物体内の水分含量は減り，植物は**乾燥（水）ストレス**を受ける。土壌が乾燥していなくても，蒸散が盛んに行われているときに，吸水による水の供給が間に合わなければ，水分状態は悪化する。根の吸水による供給量よりも蒸散による損失量が上回ることは日常的に起こっている。葉の水分状態は，根の吸水，根から葉への水の輸送，葉の保水能力によって決まる。水分状態の悪化の影響を受けない生理的反応はない。しかし，乾燥（水）ストレスの影響の現れ方には

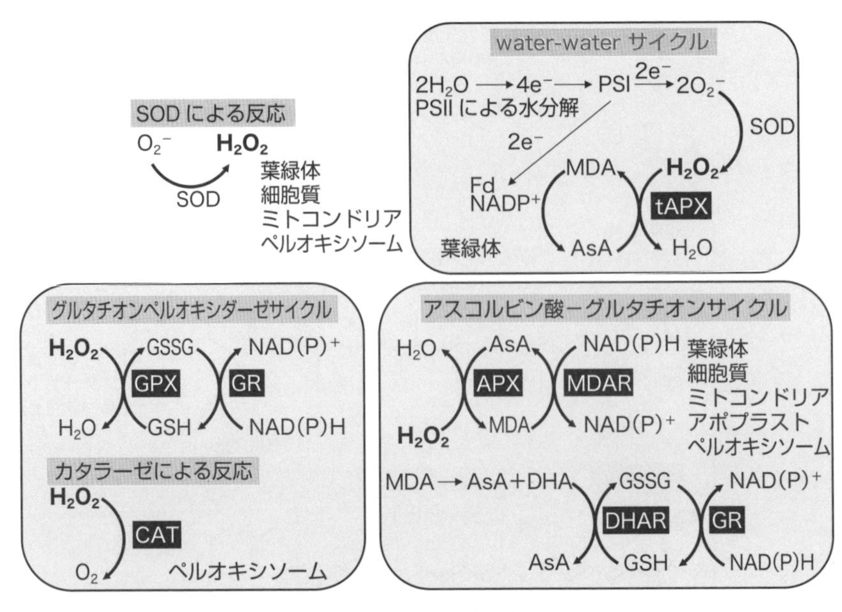

図 6.7　植物の活性酸素消去経路

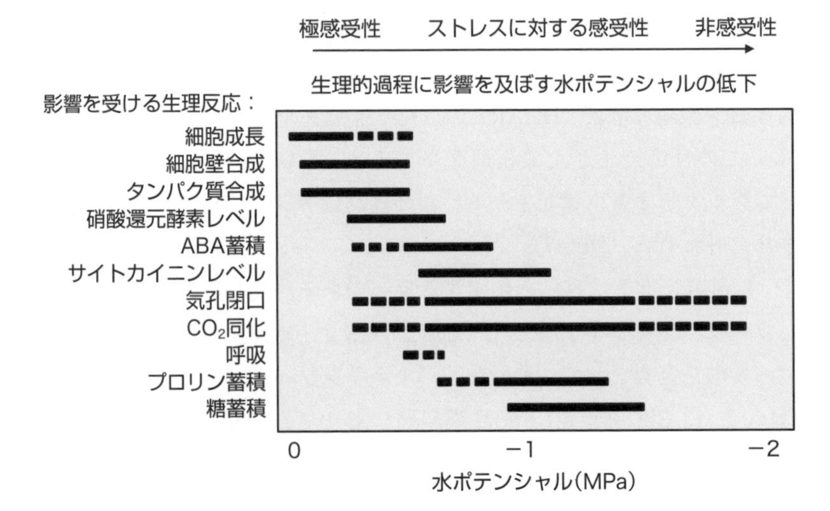

図 6.8　水ストレスに対する植物の生理的過程の感受性
線の長さは最初に影響を受ける過程のストレスレベルの範囲を表す。破線は研究例の少ない不確定な値。水が十分にあり，蒸散要求の少ない環境で生育した時の値を参照値とした。
[文献 12 を参考に作成]

時間差があり，乾燥に対する感受性が高い反応ほど早く影響が現れる（図 6.8）[12]。細胞の伸長は水分欠乏に対し最も敏感であり，影響が現れるのが種々の生理反応の中で最も早い。

水分状態の悪化（水ポテンシャルの低下）に最も敏感な物理的指標は膨圧である。細胞の水ポテンシャルが低下すると細胞の膨圧は急激に減少し，溶質の浸透圧が少しずつ増加する。細胞が完全に膨張した状態から限界原形質分離の状態まで細胞の水ポテンシャルが減少するとき，水分子の濃度は 1% 減少し，浸透圧と有効容積濃度は約 20% 増加するが，膨圧は 100% から 0% まで減少する。

図 6.9 メキシコに自生する柱サボテン（ブリンチュウ，スペイン語名：Cardon，英語名：Elephant cactus，学名：*Pachycereus pringlei*）。バハ・カルフォルニア半島にて撮影。
口絵 10 参照

2）耐乾性の種間差と耐乾性メカニズム

乾燥に対する反応は植物の種によって異なる。慢性的に水不足が発生するような場所に生育する耐乾性の高い植物のことを**乾生植物**（xerophyte）と呼ぶ．逆に湿地に生育する植物は，湿性植物（hygrophyte）あるいは水生植物（hydrophyte）と呼ばれ，イネはその中の１つの抽水植物（emerged plant）に分類される。作物は，乾生植物と湿生植物との中間的形質をもつ植物群，**中生植物**（mesophyte）に属するものがほとんどである。乾生植物の耐乾性機構は，脱水回避（avoidance）と脱水耐性（tolerance）に分けられる。脱水回避は水ポテンシャルの低下を遅らせる機構で，土壌からの吸水効率の増加，蒸散の減少，水の通導性の増加，貯水等がある。脱水耐性は，含水量が低下しても原形質の害を低く抑えることのできる特性である。これらの機能は植物の形態にも反映される。多肉植物や茎に貯水組織をもつ木本類の幹は貯水組織により肉厚になり，サボテン類は集水機能をもつ棘を体表面に発達させる（図 6.9）。

植物の乾燥（水）ストレス対する反応は，乾燥状態を受容し，シグナルが伝達され，遺伝子が発現してタンパク質が生成されることで成立する。乾燥で誘導されるタンパク質は機能タンパク質と制御タンパク質とに分けられる[13]。機能タンパク質は，浸透圧を調節する代謝に関わる酵素タンパク質，水分子，糖，アミノ酸などの輸送に関する膜タンパク質や膜を保護する働きをもつタンパク質，変性したタンパク質の分解や修復に関与する分解酵素やシャペロン，あるいはストレスにより発生する活性酸素の除去に関与する解毒酵素等がある。制御タンパク質には，ストレス時の転写調節や細胞内のシグナル伝達に関係する転写因子やプロテインキナーゼ，リン脂質代謝関連酵素などの調節遺伝子がある[13]。

膨圧が減少し始めると，浸透圧を調整するために，浸透圧を上昇させる浸透物質（osmoticum，糖やアミノ酸などの代謝産物）や，K^+，Cl^-，NO_3^- などのイオンを積極的に細胞質に蓄積する（**浸透圧調節**）。細胞の水ポテンシャルが低下した際に，浸透ポテンシャルを低下させて膨圧を保ち，細胞成長や気孔の開孔などの膨圧に依存した過程を維持する。さらに浸透調節により植物と土壌との水ポテンシャルの差が大きくなり，根からの吸水が促進される。水ポテンシャル，あるいは浸透ポテンシャルの低下によって，合成が誘導される物質を**適合溶質**と呼ぶ。適合溶質は，糖および糖の誘導体（マンニトール，ピニトール，トレハロース，ソルビトール），アミノ酸（プロリン），第四級アンモニウム化合物のベタイン（グリシンベタイン，アラニンベタイン，プロリンベタイン）などがある。適合溶質は，①水への溶解度が高く，②中性であり，③低分子化合物で，④高濃度蓄積しても他の代謝に対する影響が少なく，⑤多くは二次代謝産物である。あるいは⑥一次代謝産物であれば，最終産物で高濃度蓄積しても代謝への影響が少ない物質である。生成する適合溶質の種類や組み合わせは種によって異なる。

3）浸水ストレスと冠水ストレス

土壌水分含量が増加し，土壌腔隙が水に満たされると根が酸素不足に陥り，**浸水ストレス**が引き起こされる。湿地帯で生育する植物は**通気組織**（aerenchyma）を発達させている。気体で満たされる細胞間隙（intercellular space）を空気間隙（air space）と呼ぶが，通気組織はそのうち通気の役割をもつ組織を指す。呼吸に必要な酸素や光合成に必要な二酸化炭素を植物体にいきわたらせる役割を担う。形成の仕方によって，**離生通気組織**（schizogenous aerenchyma）と**破生通気組織**（lysigenous aerenchyma）とに分けられる。前者は細胞が離れることで細胞間隙が形成され，後者は細胞が死滅してできる。たとえば，イネの根の通気組織は破生通気組織であり，ハスの根茎（レンコン）の通気組織は離生通気組織である（図 6.10）。

水位が上昇し植物体が水で覆われると**冠水ストレス**を受ける。冠水による障害は，水深，冠水期間，温度，および水濁度等に左右される。障害は，窒素施肥量が多いほど，また日射量が少ないほど助長される。

4）冠水回避性と冠水耐性

冠水ストレスに対する抵抗性は，冠水回避性（submergence escape）と冠水耐性（submergence tolerance）とに分けられる。イネの場合，冠水回避性は，水面の上昇に伴い茎葉を水面から出し酸素を得る性質をいい，一方，冠水耐性は，地上部の茎葉部伸長を抑えることで炭水化物の消費を低らし，冠水中の生存を維持する性質をいう。インド型イネの中には，雨季に数メートルの洪水が起こるような，大河の下流に広がる平野部で栽培されるものがあり，浮イネ（深水イネ）と呼ばれる。根は地面に固着しているので，水面に浮遊するのではなく，水位の上昇にあわせて茎を伸長させ，茎葉を水面上に抽出させる。伸びているのは節間で，条件によっては 1 日に 20〜25 cm 伸長する。結果として，地上部は水深 4 m のときに 7 m 程度まで伸びる場合がある。水位が下がると，イネは地面に倒れ，節に不定根が形成され，茎の先端は上方に伸びる。浮イネは，主に雨季に河川が氾濫して，長期間，広範囲にわたって洪水が発生する大河の下流域，たとえば，ベトナムのメコン川下流域の平野部，インドおよびバングラデシュ

図 6.10　ハス田と水田およびハスと水稲の通気組織
口絵 11 参照

のガンジス川下流域，ミャンマーのイラワジ川下流域等で栽培されている。イネの節間は，①節間基部で細胞分裂により新しい節間細胞が形成される介在分裂組織（intercalary meristem），②細胞が伸長する伸長帯（elongation zone），および③成長が停止し細胞壁や木部が作られる分化帯（differentiation zone）に分けられ，②伸長部位の細胞が水位の増加に反応して伸長する。冠水すると，イネの節間組織内の酸素濃度が低下し，二酸化炭素およびエチレン濃度が上昇する。伸長を直接左右するのはジベレリンであるが，エチレンが成長を抑制するホルモンであるアブシジン酸の濃度を低下させ，ジベレリンの作用が促進される。浮きイネ（C9285）と通常のイネ（台中 65 号）を交雑して得た F2 集団の QTL 解析から，節間の伸長に関わる遺伝子（*SNORKEL*）が見出されている。この遺伝子はエチレンシグナル伝達に関与するエチレン応答因子をコードする。

洪水や集中的な豪雨等によって，数日から 2 週間程度の間隔で水位が大きく変化するような地域では，冠水時に地上部を伸長させない冠水耐性が有利である。冠水すると光条件が悪化し光合成もできなくなるので，浮イネのように地上部を伸長させると退水後の成長に必要な炭水化物が枯渇する。冠水耐性イネ品種 FR13A を用いた QTL 解析から，耐冠水性に関わる遺伝子座が明らかにされ，この遺伝子座にあるエチレン応答因子（ERF）をコードする遺伝子 *Sub1A* が，ジベレリンに対する感受性の低下に関与することが示唆されている。

水位の上昇と低下が繰り返される地域では，植物は好気から嫌気，嫌気から好気へと大気条件が変化する環境に置かれる。冠水時，嫌気条件下では発酵によりエタノールが生成される。その後，退水し酸素が供給されると，エタノールが酸化されて毒性の強いアセトアルデヒドが生成する。イネにおいては，アセトアルデヒドを毒性の低い酢酸に酸化するアルデヒド脱水素酵素をコードする遺伝子 *ALDH2a* が，耐性の向上に寄与することが示されている。

6.2.3 イオン（塩，重金属）

1）耐塩性の種間差

塩の害は，土壌溶液中の塩類の浸透圧による吸水阻害，および塩を構成している個々のイオンの生理作用による過剰害であり，**浸透圧ストレス**と**イオンストレス**とに大別される。作物は一般に塩感受性のものが多く，塩分濃度が 0.1%（17.1 mM NaCl）程度で生育が抑制され，0.3% 以上になると組織が損傷を受ける。イネ 40 品種の塩感受性を調べた例では，体内の Na^+ および Cl^- 含量と成長量との間には高い負の相関関係が認められ，直線で回帰された。植物の耐塩性は種によって大きく異なり，大きく 4 群に分けられる（図 6.11）。すなわち，作物が枯死する高塩環境下で，逆に生育が良好となり，海水と同程度の塩濃度でも枯死しない I_A群。耐塩性はかなり高いが高塩条件での生育の促進はみられない I_B群。ある程度の耐塩性は示すが，塩含量の増加に伴い生育は低下する II 群。塩感受性が高く，塩存在下で生育が著しく低下する III 群である。作物の多くは II 群および III 群に属する[14]。I_A群にみられる塩による成長の促進を**好塩性**とよぶ。

一般の作物が枯死するような NaCl 濃度（100〜200 mM 程度，海水は 480 mM）で開花結実できるもの，つまり生活環を完結させることができる植物は**塩生植物**と呼ばれる（図 6.12）。地球上に 5,000〜6,000 種，全被子植物の約 2% に相当し，アッケシソウ属，オカヒジキ属およびマツナ属に多く含まれる。塩生植物の耐塩性機構は塩ストレスに対する耐性とそれを回避する機構と分けられる。耐性には細胞への塩の流入の抑制，および塩の細胞内局在化および排出等があり，回避は，塩の体外への分泌，塩の蓄積した葉身の排除，および葉身の多肉化等がある。体外への塩の分泌は，体表面に発達した**塩腺**または**塩嚢**細胞によって行われる。**多肉化**は細胞壁の可塑性の高い植物にみられる機構で，塩の吸収に伴い水分を吸収して塩を希釈する。水分の吸収に伴い葉身が多肉化する。一方，耐性機構には，活性酸素の無毒化，浸透圧調節，イオン恒常性の保持等がある。活性酸素の無毒化は，活性酸素消去系酵素および抗酸化物質によって行われる。体内のイオンの存在比は，トランスポーターを介して液胞に塩を封じ込め，

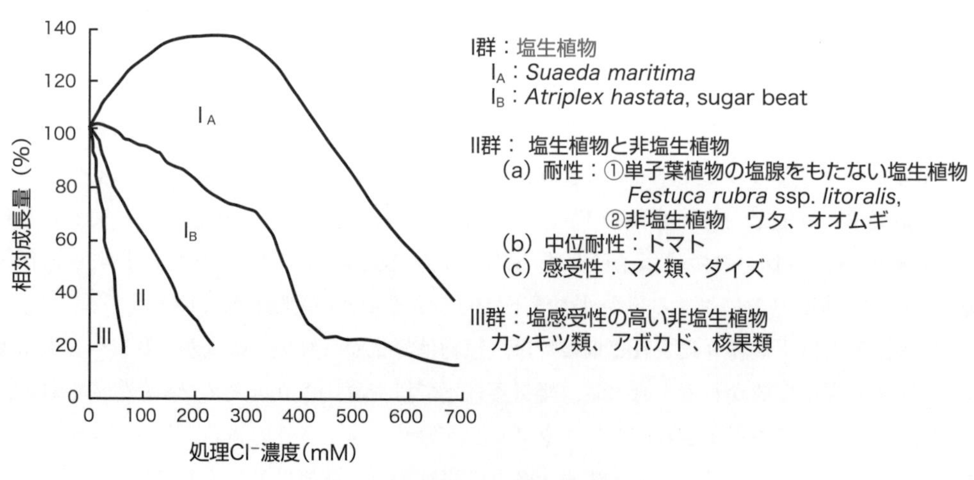

図 6.11　塩に対する植物の成長反応
［文献 14 を参考に作成］

図 6.12　佐賀県有明海干潟に自生する塩生植物
A：ヒロハマツナ *Suaeda malacosperma*, B：ウラギク *Aster tripolium*, C：フクド *Artemisia fukuco*, D：シチメンソウ *Suaeda japonica* 8月，E：同 11 月。
口絵 12 参照

細胞質の主要元素の含量（たとえば K^+ など）を高く保ち，細胞質の塩濃度を低く抑えることで保たれる。液胞に蓄積した塩によって液胞の浸透圧が上昇するため，液胞と細胞質の浸透圧バランスを保つために，細胞質に適合溶質（6.2.2.2 項参照）を生成する。さらに，気孔の閉鎖によって過剰になった光エネルギーによって生成する活性酸素を消去するために，活性酸素消去系に関わる酵素群が発現し，抗酸化物質を生成する（6.2.1 項参照）。

2）重金属

重金属は比重が 4 または 5 以上の金属とされているが，実用的にはそれほど厳密に定義されていない。たとえばヒ素（As）は非金属であるが，有害重金属イオンの仲間として扱われる。重金属の中にはフリーラジカルを発生し，直接生体分子に損傷をあたえるもの（Fe, Cu, Cr, Co, Mn, V など）と，フリーラジカルを消去する酵素反応を阻害して間接的にフリーラジカルを増加させるもの（Cd, Zn, Ni, Pb, As など）とがある。植物は根から有機酸を分泌し重金属を可溶化し，キレートを形成するか，根から H^+ を放出し還元する。吸収にはトランスポーターが関与している。取り込んだ重金属は細胞間隙や液胞などに隔離するか，無毒化して蓄積する。

重金属耐性の高い植物や**超集積植物**（hyperaccumulator）は，重金属を無毒化する金属結合物質（metal-binding compound）を合成する能力が高い。植物は重金属結合物質として，**ファイトケラチン**（phytochelatin）と呼ばれる非タンパク質性のチオールペプチドを合成する。ファイトケラチンはグルタミン酸，システイン，グリシンの 3 種のアミノ酸が結合した物質で

表 6.3　重金属超集積植物の元素の体内基準濃度およびこれまでに記録された最高値

元素	元素記号	基準濃度 ($\mu g\ g^{-1}$)	科	属	種	最高記録	種	和名
ヒ素	As	＞1,000	1	2	5	2.3%	*Pteris vittata*	モエジマシダ
カドミウム	Cd	＞100	6	7	7	0.4%	*Arabidopsis halleri*	ハクサンハタザオ
銅	Cu	＞300	20	43	53	1.4%	*Aeollanthus biformifolius*	シソ科エオランツス属
コバルト	Co	＞300	18	34	42	1%	*Haumaniastrum robertii*	シソ科ハウマニアスツルム属
マンガン	Mn	＞10,000	16	24	42	5.5%	*Virotia neurophylla* (*Macadamia neurophylla*)	ヤマモガシ科マカデミア属
ニッケル	Ni	＞1,000	52	130	532	7.6%	*Berkheya coddi*	キク科ベルクヘヤ属
鉛	Pb	＞1,000	6	8	8	0.8%	*Noccaea rotundifolia* subsp. *capaeifolia*	アブラナ科ノッカエア属
亜鉛	Zn	＞3,000	9	12	20	5.4%	*Noccaea caerulescens* (*Thlaspi caerulescens*)	アブラナ科グンバイナズナ属

［文献 16 を参考に作成］

$(\gamma\text{-Glu-Cys})_n\text{-Gly}$（n＝2〜11）という基本構造をもち，重金属をキレート化して無毒化する。

超集積植物は，重金属を通常の植物が蓄積できる量をはるかに超えて体内に集積できる植物である。植物体内の重金属の一般的な濃度は，ニッケル（1.5），亜鉛（50），カドミウム（0.05），鉛（1），銅（10），コバルト（0.2），クロム（1.5），マンガン（200），ヒ素（0.1）（単位は $\mu g\ g^{-1}$）であり，超集積植物は，各元素をこの濃度のおおよそ2〜3桁高く蓄積する[15)]。表 6.3 に，これまで報告されている超集積植物の科，属および種の数，それぞれの濃度の最大値とそれを蓄積した植物を示した[16)]。たとえば，ヒ素は超集積植物とみなされる基準値が乾物重量当たり 1000 μg 以上であり，これまで 1 科 2 属 5 種の植物がこの値を示した。そのうち，最高値は 2.3%（23 $mg\ g^{-1}$）であった。モエジマシダは土壌中のヒ素が少ない状態でも積極的に吸収する。超集積植物による重金属の蓄積は，少なくともヒ素と亜鉛については，病原微生物の侵入や昆虫による食害を防ぐ意義があると考えられている。

6.3 SDGsへの取り組み

6.3.1　背景

持続可能な開発目標（sustainable development goals, SDGs）は，2015年の国連持続可能な開発サミットで採択された。「人類共通の課題を解決するための目標」として17の目標を掲げ，それを達成するための169の目標（ターゲット）を設定している（表6.4）．期限は2016年から2030年までである。SDGsは，2000年9月に国連ミレニアム・サミットで採択されたミレニアム開発目標（millennium development goals, MDGs）が元になっている。しかし，MDGsは先進国主導で，途上国に対してのみ目標が設定されたことから，途上国の意向が反映されていな

表6.4　持続可能な開発目標

目標	スローガン	内容
1	貧困をなくそう	あらゆる場所のあらゆる形態の貧困を終わらせる
2	飢餓をゼロに	飢餓を終わらせ，食料安全保障及び栄養改善を実現し，持続可能な農業を推進する
3	すべての人に健康と福祉を	あらゆる年齢のすべての人々の健康的な生活を確保し，福祉を促進する
4	質の高い教育をみんなに	すべての人々の包摂的かつ公平な質の高い教育を提供し，生涯学習の機会を促進する
5	ジェンダー平等を実現しよう	ジェンダーの平等を達成し，すべての女性及び女児の能力強化を行う
6	安全な水とトイレを世界中に	すべての人々の水と衛生の利用可能性と持続可能な管理を確保する
7	エネルギーをみんなにそしてクリーンに	すべての人々の，安価かつ信頼できる持続可能な近代的エネルギーへのアクセスを確保する
8	働きがいも経済成長も	包摂的かつ持続可能な経済成長及びすべての人々の完全かつ生産的な雇用とはたらきがいのある人間らしい雇用（ディーセント・ワーク）を推進する
9	産業と技術革新の基盤をつくろう	強靭（レジリエント）なインフラ構築，包摂的かつ持続可能な産業化を促進及びイノベーションの推進を図る
10	人や国の不平等をなくそう	各国内及び各国間の不平等を是正する
11	住み続けられるまちづくりを	包摂的で安全かつ強靭（レジリエント）で持続可能な都市及び人間居住を実現する
12	つくる責任つかう責任	持続可能な生産消費形態を確保する
13	気候変動に具体的な対策を	気候変動及びその影響を軽減するための緊急対策を講じる
14	海の豊かさを守ろう	持続可能な開発のために海洋・海洋資源を保全し，持続可能な形で利用する
15	陸の豊かさも守ろう	陸上生態系の保護，回復および持続可能な利用の推進，持続可能な森林の経営，砂漠化への対処，ならびに土地の劣化の阻止・回復及び生物多様性の損失を阻止する
16	平和と公正をすべての人に	持続可能な開発のための平和で包摂的な社会を促進し，すべての人々に司法へのアクセスを提供し，あらゆるレベルにおいて効果的で説明責任のある包摂的な制度を構築する
17	パートナーシップで目標を達成しよう	持続可能な開発のための実施手段を強化し，グローバル・パートナーシップを活性化する

（「我々の世界を変革する：持続可能な開発のための2030アジェンダ」外務省訳より）

いという指摘もあった。SDGsはすべての国々を対象に，「豊かさを追求しながら地球環境および人権を守ること」に重きが置かれ，目標が8から17に増えている。基本となる概念は以前からあった。1972年ローマクラブ（全地球的な問題に対処するために設立された民間のシンクタンク）が公表した「**成長の限界**」では，人口増加や環境破壊がこのまま続けば，資源の枯渇および環境の悪化により今後100年以内に人類の成長は限界に達するとし，経済のあり方を見直して世界的な均衡を目指す必要性を論じた。この問題は，1984年国連環境計画（UNEP）第1回「環境と開発に関する世界会議」で議論され，1987年「環境と開発に関する世界委員会（WCED）」において，「持続可能な開発（sustainable development）」が提唱された。これは，「将来の世代が自らの欲求を満たす能力を損なうことなく，現在の世代の欲求も満足させる開発」と定義される。

第二次世界大戦後，先進国における農業の近代化にともない，化学肥料や農薬等の化学資材や，家畜糞尿の不適切な活用など，農業による環境への負荷が問題視されるようになった。1980年後半，欧米先進国を中心に**環境保全型農業**が行われるようになった。環境保全型農業とは，「農業の持つ物質循環機能を生かし，生産性との調和に留意しつつ，土づくり等を通じて，化学肥料，農薬の使用等による環境負荷の軽減に配慮した持続的な農業」と定義される（農林水産省環境保全型農業推進本部，1994年）。ここでは，農業のSDGsに関わる取り組みとして，①**有機農業**および**低投入型農業**，②多年生作物の開発と利用，③**エネルギー作物**の利用，および④**ファイトレメディエーション**を取り上げる。①と②は環境負荷低減農法として，③は環境悪化の抑止に貢献する農業生産として，また，④は環境を修復する技術として有効である。

6.3.2　環境保全型農業

1）有機農業の実情

近年，有機農産物の需要が増加した。世界の有機農業を行う農地面積は1999年から2013年にかけて約5倍増加している。2013年の栽培面積は4300万haで，売り上げは7.2兆円であった。特に欧米諸国で盛んで，当地の有機農業用の耕地面積は全世界の有機農業の耕地面積の約9割を占める。有機農業では収量の低さがしばしば問題となる。しかし，収量は栽培管理の仕方や品目等によって変動し，慣行法とほぼ変わらない場合もある。たとえば，これまで報告された66の研究例について行われたメタ解析では，34種類の作物の平均で，有機農業農産物の収量は慣行法より25%低かった[17)]。減収の度合いは，作物の種類，栽培条件，および管理法によって異なり，適切に管理され栽培された果樹や油糧作物で小さく（3%および11%），穀物や蔬菜類では大きかった（26%および33%）。

2）有機農業の利点

収量が低いにも関わらず有機農業を行う理由として，環境負荷の低減や収益の増加が挙げられる[18)]。有機農業では，輪作し，より自然状態に近い病原菌制御を行い，作物と家畜に多様性をもたせ，非化石燃料由来の肥料（緑肥，厩肥等）を用いて土壌改良を行うことが推奨される。日本の有機認証制度では，①土の質，②輪作，③動物・植物の多様性，④生物学的プロセス，

⑤動物福祉等に条件があり，①人工的な照射，②下水ヘドロの使用，③遺伝子組み替え体の使用，④抗生物質の使用（予防目的も含む），⑤合成農薬・肥料等は使用が禁止される。環境負荷をなくし，物質の循環を考慮しつつ，可能な限り人為的な改良を受けていないもの，かつ化石燃料に由来しないリサイクル可能な資源を圃場に投入することが条件とされる。

有機農業の環境負荷の程度を慣行法と比較したメタ解析では，有機栽培を行った圃場は共通して土壌の炭素レベルが高く，土壌が良質で，流亡が少ないこと，また，植物相および動物相の多様性が高く，生物の生息環境や風景を改善する効果があることが明らかになった[18]。有機農業では種の多様性だけではなく**均等度**も増加する。16カ国で行われた慣行法と有機農法を比較した解析では，作物23種，捕食者40種，昆虫病原菌8種が調べられ，天敵の種数は慣行法と同等であったが，天敵の均等度は，慣行法よりも有機農法で高かった[19]。害虫の天敵の均等度は作物収量にとって良い影響を与える。ジャガイモ（*Solanum tuberosum*）とその害虫であるコロラドハムシ（*Leptinotarsa decemlineata*），それを捕食する4種の昆虫，およびコロラドハムシに寄生する昆虫寄生菌3種を，均等度を変えて共存させた試験では，害虫を捕食する昆虫と害虫に寄生する菌群集の均等度が1に近いほど，害虫が減り作物の成長量が増加した。

有機農法では労役負担が増えることが課題として挙げられる。有機農法の栽培管理の中で，雑草防除は就労時間の大きな割合を占める。有機栽培した圃場の雑草の多様性が収量に及ぼす影響を調べた研究では，雑草群落が必ずしも収量の損失を引き起こすわけではなく，むしろ，多様性の高い雑草群集は収量の損失を軽減できることが示された[20]。この研究では，54区を調査し，36区を未除草区として，冬作物（穀類）を4つの成長段階で雑草密度，雑草の生体重，および作物の生体重を3年間測定した。その結果，未除草区36区のうち4区だけが，最大約6割減収したが，それ以外は作物の生産性が約2割増加し，雑草の生体重は約8割減少した。

6.3.3 多年生作物の利用

1）背景

作物の多くは一年生である。**多年生作物**（植え付け後2年以上継続的に生産する作物）の利用は，労働力の低減や環境保護につながる。**一年生作物**は，毎年新しく植え替えられ，集約的な栽培管理と資材の投入によって栽培される。このような栽培法は，土壌浸食，水質低下，温室効果ガスの排出，生物多様性の喪失などを引き起こす。多年生作物は土壌を長期間被覆するため，土壌侵食，土壌からの栄養分の流出やそれに伴う水質汚染が抑えられる。また，過剰な耕作で劣化した土壌を再生し，野生生物に生息地を提供する機能をもつ。

2）多年生作物の利点

多年生作物は，根系が良く発達するため土壌保持力が高く，土壌からの栄養分の流亡が低く抑えられる。また，水分および栄養分の獲得量や地下の炭素蓄積量も高い。一方，一年生作物は，生育期間が短いため環境条件の変動に対する適応力が低く，病害虫および非生物学的ストレスを受けた後の回復力が低い。有機質資材は効果が得られるまでに時間を要するため，即効性のある化成肥料や農薬を集約的に投入することになり，これが圃場の持続性を低下させる。一年生作物の土壌流出量は多年生作物の約 50 倍である[21]。多年生作物は窒素の吸収能が高く，一年生作物の 30～50 倍である。トウモロコシ，イネ，コムギ等の一年生作物は，肥料に含まれる窒素の約 18-49% を吸収する。残った窒素は，浸出，揮発，あるいは流亡する[22]。

今後，温暖化が進んだ場合，多年生作物の優位性はさらに増すと考えられる。今後 50 年で気温が平均 3～8℃上昇すると予測されるが，エネルギー作物として利用される多年生作物スウィッチグラス（*Panicum virgatum*）は，温度上昇により収量が 5,000 kg ha^{-1} まで増加し，逆に一年生作物のトウモロコシは，1,500 kg ha^{-1}，ダイズは 800 kg ha^{-1}，ソルガムは 1,000 kg ha^{-1}，コムギは 500 kg ha^{-1} それぞれ減収すると予測されている。

一年生作物の栽培は，気候変動を助長するという指摘もある。一年生作物の作付け時には圃場を裸地にするため，土壌から炭素が放出される。一年生作物の圃場では炭素貯留量が年間 0～300 kg ha^{-1} と大きく変動する。一方，多年生の場合，年間 320～440 kg ha^{-1} と安定している。温暖化指数は，多年生では －200～－1,050 kg CO_2 ha^{-1} $year^{-1}$ とマイナスの値を示すのに対し，一年生作物は，410～1,140 kg CO_2 ha^{-1} $year^{-1}$ とプラスの値を示す。

3）一年生穀類の多年生化

一年生穀類は，野生種である祖先種から**栽培化**（domestication）される過程で，成熟と開花の同調性，子実のサイズと数の向上，**脱粒性**の低下等の性質をもつように改良された。多年生穀類を育成する際には，このような一年生穀類の形質を残しながら，多年生の有利な形質，すなわち，根茎の発達，栄養分の吸収効率，生育期間の長期化，高いバイオマス生産性，および適応力等を付与する必要がある。一方で，多年生穀類は，収量が一年生穀類より低く，輪作による害虫防除ができないことや，水分要求量が増加する等の短所がある。多年生穀類の長所や短所を考慮しながら，最適な活用法を構築する必要がある。

多年生穀類の育成は，野生植物の栽培化，および一年生穀類と野生の近縁種との交配で行われている。野生植物の栽培化は，野生種の中で子実生産性が高く穀類として使えそうな個体を，成熟および開花等の同調性，脱粒性，子実サイズ，単位当たりの子実生産性などを指標に選抜を繰り返して，有用形質の遺伝的形質の頻度を高める。栽培品種への改良は，トウモロコシの例によると，比較的小さなゲノム領域の変異によって引き起こされている。しかし，開発には時間を要する。コムギの場合，近縁野生種の現在の収量（600 kg ha^{-1}）から，商業的な利用が可能なレベル（約 2,000 kg ha^{-1}）まで増加させるには，1 世代あたり 10%，あるいは 1ha あたり 110 kg 増収できたとして，3 年間で 1 世代を更新しても 16 世代，48 年かかる計算になる。野生の近縁種との交配は，種間または**属間交雑**である。代表的な穀類あるいは油糧作物 13 種のうち，10 種は多年生の近縁種との交雑が可能である[23]（表 6.5）。商業目的で用いられた最初の多年生穀類は，多年生ライ麦で，これはライ麦（*Secale cereale L.*）の現行品種と多年生野生ライ麦（*S. montanum Guss.*）との交配で開発された。ビールやシリアル等に用いられている。多年生作物の開発は始まったばかりで，穀物収量の低いことなど，改善の余地は多い。今後さらに開発が進むことが期待される。

表6.5 世界で最も栽培されている13種の子実作物とそのうち交配が行われている10種の多年生植物

一年生作物		多年生近縁種	和名
通称	種		
オオムギ	*Hordeum vulgare*	*Hordeum jubatum*	ホソノゲムギ
ヒヨコマメ	*Cicer arietinum*	*Cicer anatolicum* *Cicer songaricum*	
インゲンマメ	*Phaseolus vulgaris*		
トウモロコシ	*Zea mays*	*Zea diploperennis* *Tripsacum dactyloides*	ブタモロコシ イースタンガマグラス
エンバク	*Avena sativa*	*Avena macrostachya*	
ラッカセイ	*Arachis hypogaea*		
トウジンビエ	*Pennisetum glaucum*	*Pennisetum purpureum*	
イネ	*Oryza sativa*	*Ozyza rufipogon* *Oryza longistaminata*	
ソルガム	*Sorghum bicolor*	*Sorghum propinquum* *Sorghum halepense*	セイバンモロコシ ヒメモロコシ
ダイズ	*Glycine max*	*Glycine tomentella*	
ヒマワリ	*Helianthus annuus*	*Helianthus maximiliani* *Helianthus rigidus* *Helianthus tuberosus*	 キクイモ
コムギ	*Triticum* spp.	*Thinopyrum* spp. *Elymus* spp. *Leymus* spp. *Agropyron* spp.	チノパイラム属 カモジグサ類 エゾムギ属 カモジグサ属

6.3.4 エネルギー作物

バイオ燃料（バイオエタノール，バイオディーゼル，バイオメタノール等）は**再生可能エネルギー**であり，持続型・環境保全型のエネルギーである。SDGsゴール7の「エネルギーをみんなにそしてクリーンに」とゴール13の「気候変動に具体的な対策を」の達成に貢献する。

化石燃料は今世紀中にほぼ枯渇すると見積もられており，代替のエネルギーの開発は喫緊の課題である。植物を原料にしたバイオ燃料は再生可能で，CO_2の吸収量と排出量を相殺する**カーボンニュートラル**な資源として注目される。バイオ燃料の生産量は，2000年から2011年の間に160億から1,000億リットルに増加し，世界の道路輸送燃料全体の3%を占めるようになった。

バイオ燃料は，現状その多くは食用作物（トウモロコシ，サトウキビ，ダイズ等）から製造されているため，資源をめぐって食料生産との競合が起こる。競合を避けるために，木質や草本類等の原料が期待されているが，糖化の前にセルロースに結合するヘミセルロースやリグニンを除去する工程が必要である。また，非食用作物であっても，土地や水等，栽培上不可欠な資源の競合は避けられない。食料作物と競合せず，しかも環境保全型農業の生産性の高い作物（あるいは植物）が理想である。塩生植物は，通常の植物が生育できない塩類集積土壌で生育するため，食用作物との資源の競合がない。中国では，沿岸地域で栽培された *Tamarix chinen-*

sis, *Phragmites australis*, *Miscanthus* spp., および *Spartina alterniflora* 等が，また，パキスタンでは，沿岸地域で生育した多年生草本の *Halopyrum mucronatum*, *Desmostachya bipinnata*, *P. karka*, *Typha domingensis* および *P. turgidum* 等がバイオ燃料（エタノール）の原料として有望であることが示されている。メキシコでは，民間企業がバイオディーゼル生産のために塩生植物の *Salicornia bigelovii* を栽培している。沿岸地域で，1 ha あたり 850〜950 L のバイオディーゼルが得られている。

6.3.5 ファイトレメディエーション

1）背景

ファイトレメディエーションは，植物を使った環境浄化技術であり，SDGs ゴール 15 の,「陸の豊かさを守ろう」の達成に貢献する。ファイトはギリシャ語で植物を，レメディエーションは，ラテン語の治療，修復を意味する。植物の根における養水分吸収能力を利用して土壌や地下水に含まれる有害物質を取り除く技術であり，根系を形成する根粒菌や微生物（分解微生物；フェノール資化性菌などの土壌菌）などとの相乗効果による浄化も含まれる。重金属（ヒ素，カドミウム，銅，コバルトなど），石油系炭化水素，有機系塩素化合物，農薬，放射性物質への応用が試みられており，一部は実用化されている。植物を利用した環境浄化は新しいものではなく，日本ではツタによる大気の浄化やヨシによる水質浄化など，古くから行われていた。近年のファイトレメディエーションは 1970 年代に概念が形成され，90 年代中盤から研究されるようになった。

2）長所と短所

従来の物理・化学的方法は，処理が短期間で完結するというメリットがあった。しかし，コストおよびエネルギー消費量が大きく，土壌機能の破壊や二次汚染が引き起こされる可能性がある。また，汚染物質の濃度が低い場合や，汚染範囲が広い場合は適用しにくい。一方，ファイトレメディエーションは，処理に時間を要するが，従来法のデメリットがなく，土，水および空気の保全・維持が可能である。汚染物質の濃度が低く汚染範囲が広い場合にも適用でき，浄化の対象となる物質が有機，無機，放射性汚染物質等のように種類が多いことも利点として挙げられる[24)]。一方，たとえば重金属のように，完全に取り除くことができない物質もあり，除去量が植物の生育および代謝能力に依存するため，環境要因の影響を大きく受けること，即効性が低いこと，浄化期間の正確な把握が困難であること，複数の物質による汚染，および土壌の深い場所の浄化は困難であること等が短所として挙げられる。

3）ファイトレメディエーションの種類と修復可能な汚染物質

ファイトレメディエーションは以下の 4 つに大別できる。

①ファイトエクストラクション（phytoextraction）（抽出，蓄積法）：汚染物質に対し耐性が高く，多量に吸収することのできる植物を利用して，重金属や有機化合物を根から吸収させ，地上部に集積させた後，地上部あるいは根を含めて収穫・除去する方法で，重金属，無機塩類，

図6.13　塩生植物を用いたファイトレメディエーション
2011年に発生した東日本大震災で津波の被害を受けた土壌で塩生植物のアイスプラント（*Mesembryanthemum crystallinum*）を栽培した。NaClや重金属（Cu, Co, およびNi等）を含む土壌でも生育した。
口絵13参照

有機化合物等に適用できる。

②ファイトトランスフォーメーション（phytotransformation）（分解法）：植物体内に吸収した有機物を分解し無毒化する。エステラーゼ，アミダーゼ，チトクロームP450，グルタチオントランスフェラーゼ，カルボキシペプチダーゼなどの酵素で，汚染物質を還元・修飾する。植物体を除去する必要がない点がファイトエクストラクションと異なる。

③ファイトスタビリゼーション（phytostabilization）（固定法）：植物の根や分泌物によって汚染物質を吸着，沈殿させることによって，土壌中の汚染物質を安定・無害化して，地下水や大気中への拡散を抑制する。幼植物の地上部への吸収を含めたファイトフィルトレーション（phytofiltration）もある。

④ファイトボラティリゼーション（phytovolatilization）（気化法）：土壌から吸収した汚染物質を気体に変換して大気中に排出する。TCE，水銀，セレン，VOCs等に適用できる。

⑤ファイトスティミュレーション（phytostimulation）（根圏活性化法）：根圏微生物の増殖や活性促進を介して環境負荷物質を除去する。根から微生物の生育に必要な栄養分を供給し，有機酸や界面活性物質を分泌して汚染物質の溶解度を高める。ファイトディグラデーション（phytodegradation）と呼ぶ場合もある。PCP, PAHs, TNTなどに適用可能である。

塩生植物（6.2.3項参照）の耐塩性機構には，適合溶質の生成，活性酸素の消去やイオンの葉表面への排出のように重金属耐性機構に寄与するものがあり，吸収量も高いため塩生植物を用いた塩害地における汚染物質の浄化が検討されている（図6.13）．これまで，亜鉛，カドミウム，コバルト，水銀，銅，鉛，およびニッケル等のファイトレメディエーションに有効であることが示されている。

参考図書・文献

1）矢吹萬壽（1985），『植物の動的環境』，pp. 200，朝倉書店.
2）Shimazaki, K., Doi, M. *et al.* (2007), *Annual Review of Plant Biology*, **58**, 219-247.
3）Inoue, S., Kinoshita, T. (2017), *Plant Physiology*, **174**, 531-538.
4）Long, S. P., Ainsworth, E. A. *et al.* (2004), *Annual Review of Plant Biology*, **55**, 591-628.
5）Dong, J., Gruda, N. *et al.* (2018), *Frontiers in Plant Science*, **9**, 924. doi: 10.3389/fpls.2018.00924
6）堀江武・桜谷哲夫（1985），農業気象，**40**，331-342.
7）Bot, A. J., Nachtergaele, F. O. *et al.* (2000), World Soil Resourccs Report. FAO. pp. 114.
8）Powles, S. B. (1984), *Annual Review of Plant Physiology*, **35**, 15-44.
9）Allen, J. F. (1992), *Biochimica et Biophysica Acta*, **1098**, 275-335.
10）Demmig-Adams, B., Adams III, W. W. (1992), *Annual Review of Plant Phvsiology and Plant Molecular Biology*, **43**, 599-626.
11）Asada, K., (1999), *Annual Review of Plant Phvsiology and Plant Molecular Biology*, **50**, 601-639.
12）Hsiao, T. C. (1973), *Annual Review of Plant Physiology*, **24**, 519-570.
13）Shinozaki, K., Yamaguchi-Shinozaki, K. (1997), *Plant Physiology*, **115**, 327-334.
14）Greenway, H., Munns, R. (1980), *Annual Review of Plant Physiology*, **31**, 149-190.
15）van der Ent, A., Baker, A. J. M. *et al.* (2012), *Plant and Soil*, DOI 10.1007/s11104-012-1287-3.
16）Reeves, R. D., Baker, A. J. M. *et al.* (2017), *New Phytologist*, **218**, 407-411.
17）Seufert, V., Ramankutty, N. *et al.* (2012), *Nature*, **485**, 229-234.
18）Reganold, J. P., Wachter, J. M. (2016), *Nature Plants*, **2**, 1-8.
19）Crowder, D. W., Northfield, T. D. *et al.* (2010), *Nature*, **466**, 109-112.
20）Adeux, G., Vieren, E. *et al.* (2019), *Nature Sustainability*, **2**, 1018-1026.
21）Gantzer, C. J., Anderson, S. H. *et al.* (1990), *Journal of Soil and Water Conservation*, **45**, 641-644.
22）Cassman, K. G., Dobermann, A. *et al.* (2002), *Ambio*, **31**, 132-140.
23）Cox, T. S., Glover, J. D. *et al.* (2006), *BioScience*, **56**, 649-659.
24）王効挙・李法雲 他（2004），全国環境研会誌，**29**，13-22.

第7章 植物の形質転換とゲノム編集

細胞外から核酸を導入して細胞の遺伝的性質を変化させること，あるいは，その操作を**形質転換**と言う。形質転換によって遺伝子を破壊したり発現量を変化させることは，遺伝子の機能を調べるための有効な方法であり，現在の基礎生物学研究においてなくてはならない手法の1つとなっている。産業的にみると，2018年の日本の農作物の栽培面積が約402万haであるのに対して，世界における**遺伝子組換え**作物の栽培面積は，1億9000万ha以上となっている。また，作物別の総栽培面積に対する遺伝子組換え作物の栽培面積は，ダイズで78%，ワタで76%，トウモロコシで30%に達しており，遺伝子組換え作物の重要性が増している。さらに，標的とする遺伝子自体に容易に変異を加えることができる**CRISPR-Cas9**システムが2012年に報告され，形質転換法と組み合わせることにより植物の**ゲノム編集**が急速に進んでいる。本章では，植物でよく用いられている形質転換法とCRISPR-Cas9によるゲノム編集について解説する。

7.1 植物の形質転換法

7.1.1 アグロバクテリウム法

1）植物のゲノムDNAへの遺伝子導入

アグロバクテリウム（*Agrobacterium tumefaciens*，現在ではその多くは*Rhizobium radiobactor*に分類されている）は土壌に生息する植物病原細菌で，植物に感染すると根や茎の地際部などにクラウンゴールと呼ばれる腫瘍を形成する。クラウンゴールは，アグロバクテリウムが持つ**Ti**（tumor inducing）**プラスミド**の一部である**T-DNA**（transferred DNA）領域が植物細胞の核の中の**ゲノムDNA**（ある生物が持つすべてのDNAで，高等植物では染色体DNAを意味する）に組み込まれることによって形成される（図7.1）。T-DNA上には，植物ホルモンであるオーキシンとサイトカイニンの合成に関わる酵素の遺伝子が存在するため，T-DNAがゲノムDNAの中に組み込まれることによって植物細胞内でオーキシンとサイトカイニンの濃度が高まって細胞増殖が異常となり，クラウンゴールが形成される。

Tiプラスミドは約200,000塩基の巨大なプラスミドで，T-DNA領域に加えて，約35,000塩基のvir（virulence）領域を持つ。T-DNAには両端にRB（right border，右境界配列）とLB（left border，左境界配列）と呼ばれる25塩基の境界配列が存在し，RBとLBに挟まれた部分にオーキシンやサイトカイニンの合成に関わる酵素の遺伝子がある。境界配列は，T-DNAがTiプラスミドから切り出される過程において必須である。vir領域にはT-DNA領域を切り出して植物細胞の核内へ移行させ，ゲノムDNA内へ組み込む一連の働きをするタンパク質の遺伝子が存在する。つまり，T-DNAを植物のゲノムDNAに組み込むために必要なのは境界配

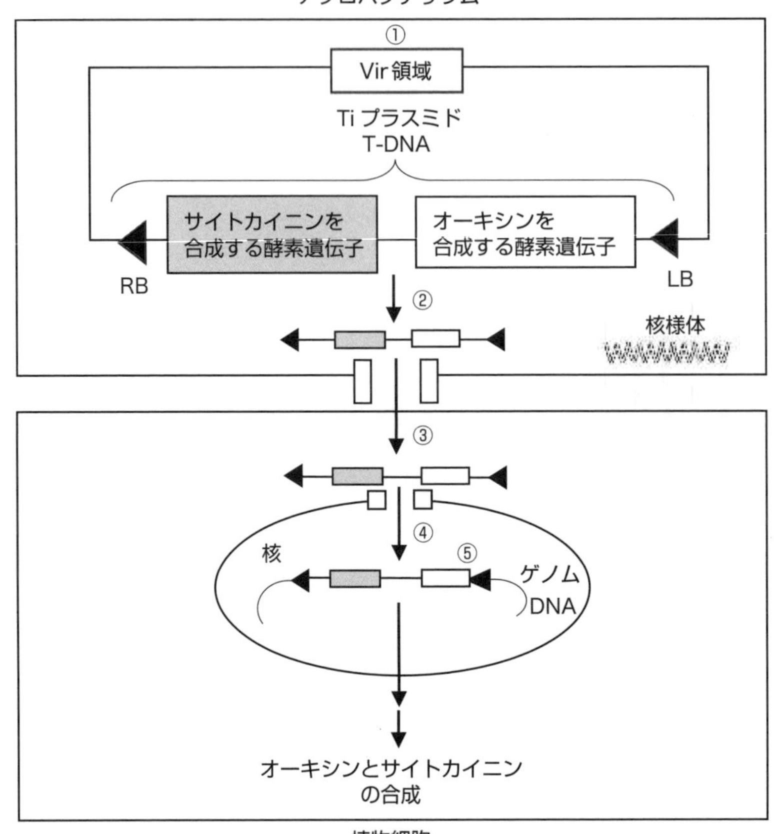

図 7.1　アグロバクテリウムによる T-DNA の植物ゲノム DNA への組み込み
① Vir 領域の活性化、② T-DNA の切り出し、③ T-DNA の植物細胞内への輸送、④ T-DNA の核内への輸送、⑤ T-DNA のゲノム DNA への組み込み。
RB：右境界配列，LB：左境界配列。

列と vir 領域であり，境界配列に挟まれた部分に存在する遺伝子は T-DNA の転移そのものには関わっていない。そこで，アグロバクテリウムを用いた形質転換では，まず，T-DNA の RB と LB との間にあるクラウンゴールの形成に関わる遺伝子を取り除き，代わりに植物に導入したい目的の遺伝子を挿入した Ti プラスミドを作成し，アグロバクテリウムに導入する。次に，そのアグロバクテリウムを植物細胞へ感染させることによって植物のゲノム DNA に目的の遺伝子を組み込むことができる。

しかし，Ti プラスミドは巨大であるため，Ti プラスミドに目的の遺伝子を挿入したアグロバクテリウムを作成することは困難である。そこで，実際の植物の形質転換では，Ti プラスミドの機能を T-DNA の 2 つの境界配列を持つ**バイナリーベクター**（ベクターは外来遺伝子の運び屋のことで，ここではプラスミドである）と vir 領域を持つ**ヘルパー Ti プラスミド**に分け，その両方をアグロバクテリウムに導入している（図 7.2）。vir 領域は T-DNA が存在するプラスミド上になくても同じアグロバクテリウム内にあれば，T-DNA を植物のゲノム DNA へ転移させることができるためである。バイナリーベクターは大腸菌とアグロバクテリウムのいず

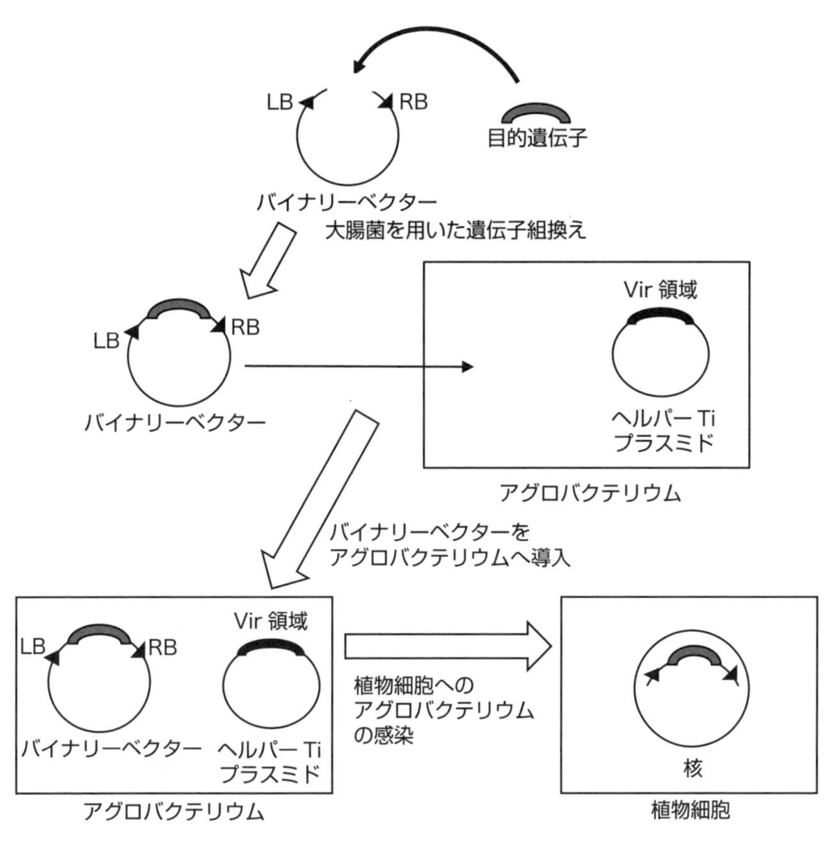

図 7.2　バイナリーベクターを用いた植物細胞への遺伝子導入
LB：左境界配列，RB：右境界配列。

れにおいても複製されるプラスミドで，Ti プラスミドよりも 1 桁小さなサイズのものである。このため，大腸菌を用いた通常の遺伝子組換え操作により T-DNA の 2 つの境界配列の間に目的の遺伝子を挿入することができる。ヘルパー Ti プラスミドは，Ti プラスミドの T-DNA を欠損させたもので，植物の形質転換実験に共通して使用できる。このため，多くの植物の形質転換実験ではヘルパー Ti プラスミドを持っているアグロバクテリウムが使用されており，実験者がヘルパー Ti プラスミドを操作することはまずない。したがって，植物細胞のゲノム DNA へ目的の遺伝子を導入する過程において実験者が行うのは目的の遺伝子を組み込んだバイナリーベクターを作成したのち，アグロバクテリウムに導入し，そのアグロバクテリウムを植物細胞に感染させることである。作成したバイナリーベクターのアグロバクテリウムへの導入は，アグロバクテリウムの菌液にバイナリーベクターを加えて凍結させたのち，解凍することにより簡単に行うことができる。

2）形質転換個体の作成

多くの植物では組織や細胞から個体を再生する**再分化**培養系が確立されており，形質転換個体の作成はこれを利用している。再分化培養系は植物種によって異なるため，ここではタバ

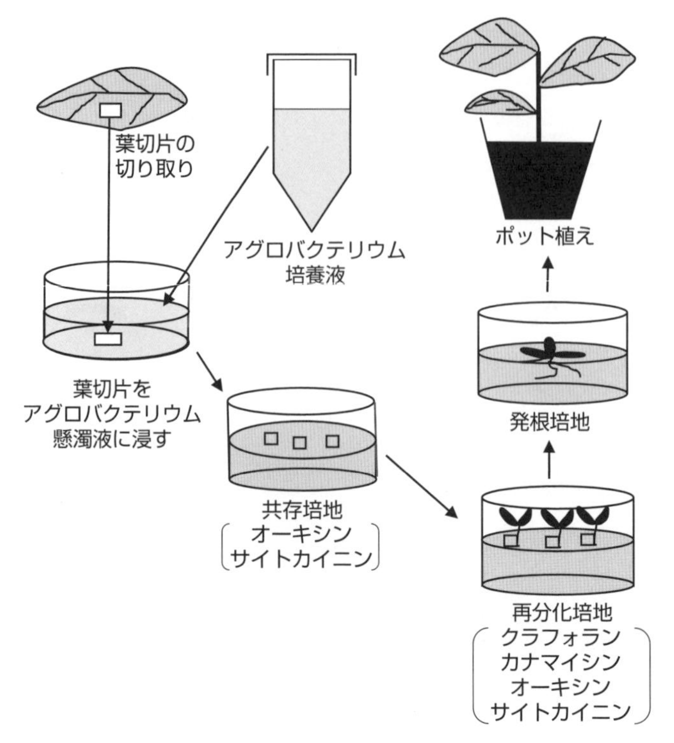

図 7.3　リーフディスク法による形質転換タバコの作出

コ，イネ，シロイヌナズナについて説明する。

a）タバコの形質転換法

タバコでは葉切片から個体を再生させる培養系が利用され，**リーフディスク法**と呼ばれている（図 7.3）。まず，葉から葉切片（ディスク）を切り取り，アグロバクテリウムの懸濁液に浸してアグロバクテリウムを感染させる。次に，葉切片をオーキシンとサイトカイニンを含む共存培地上に置き，1〜2 日間培養する。この過程でアグロバクテリウムの T-DNA がタバコのゲノム DNA へ組み込まれる。オーキシンとサイトカイニンは葉切片からシュート（茎葉）を形成させるために使用している。続いて，葉切片をクラフォラン，カナマイシン，オーキシンおよびサイトカイニンを含む再分化培地に移して培養する。クラフォランは原核生物に効く抗生物質で，培地への添加によりアグロバクテリウムは殺菌されるが，タバコの細胞は生き残ることができる。もし，アグロバクテリウムが生き残っているとタバコの細胞を食べ尽くしてしまうため，T-DNA がタバコのゲノム DNA に組み込まれた後にはアグロバクテリウムを完全に除去する必要がある。カナマイシンは原核生物に加えて真核生物にも効く抗生物質で，タバコ細胞が枯死する濃度のものを再分化培地に加えておく。T-DNA に目的の遺伝子に加えてカナマイシンに対して耐性となる遺伝子を挿入しておくとタバコのゲノム DNA には目的遺伝子と同時にカナマイシン耐性遺伝子が組み込まれる。このため，目的遺伝子が導入されたタバコ細胞はカナマイシンを含む選択培地上で生き残り，目的遺伝子が導入されなかったタバコ細胞は枯死する。10〜14 日後に葉切片を新しい再分化培地に移植し，必要な数のシュートが得られる

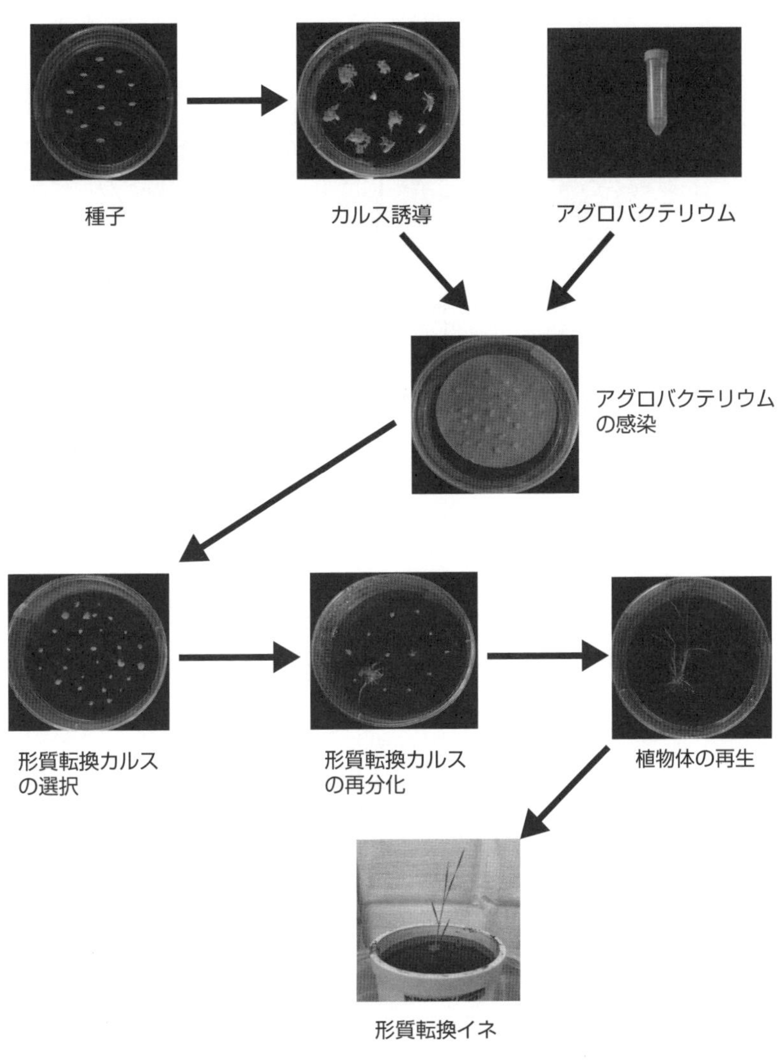

図 7.4　アグロバクテリウムを用いた形質転換イネの作出過程
口絵 14 参照

まで移植を繰り返す。シュートが伸びてきたらシュートを切り取り，植物ホルモンを含まない発根培地に移植して発根させ，形質転換植物体とする。

b）イネの形質転換法

自然界ではアグロバクテリウムはイネなどの単子葉植物に感染しない。双子葉植物では傷つくとフェノール化合物が放出され，アグロバクテリウムはそれを感知して vir 領域の遺伝子を活性化させ感染する。しかし，単子葉植物では傷がついてもフェノール化合物が放出されないため，アグロバクテリウムは T-DNA を植物細胞の中へ送り込むことができないためである。そこで，イネの形質転換法では，培地にフェノール化合物であるアセトシリンゴンを加えることによってアグロバクテリウムの感染を可能にしている。

イネの種子より外穎と内穎と取り除き，オーキシンを含む培地上に置いておくと，数週間後

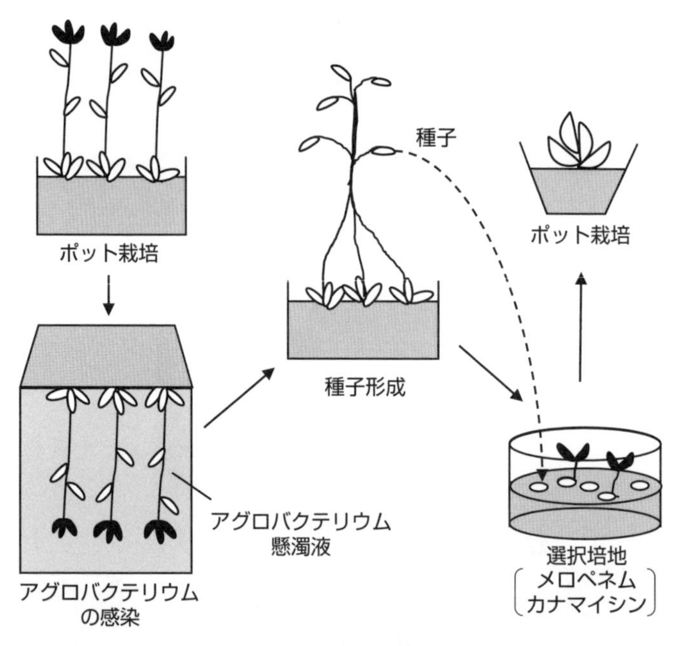

図 7.5　フローラルディップ法による形質転換シロイヌナズナの作出

に再分化能力の高い**カルス**が形成される（図 7.4）。このカルスをアセトシリンゴンを加えたアグロバクテリウムの懸濁液に入れて，アグロバクテリウムを感染させる。次にカルスをオーキシンとアセトシリンゴンを含む培地上に置き，2〜3 日間培養することにより，アグロバクテリウムの T-DNA をイネのゲノム DNA に組み込ませる。続いて，カルスをメロペネム，ハイグロマイシンおよびオーキシンを含む選択培地に移して 2 週間培養する。メロペネムはアグロバクテリウムを殺菌するための抗生物質であり，ハイグロマイシンは T-DNA が導入されたカルスを選択するための抗生物質である。イネのカルスはカナマイシンに対する耐性が強いため，カルスを選択するための抗生物質としては使用できない。また，ハイグロマイシンをカルスの選択に使用するため，T-DNA には目的の遺伝子に加えてハイグロマイシン耐性遺伝子を組み込んでおく必要がある。次に，カルスをオーキシンとサイトカイニンを含む再分化培地に移植したのち，タバコの時と同様にして形質転換植物体を得る。

c）シロイヌナズナの形質転換法

シロイヌナズナの形質転換ではカルスの形成を経由しない**フローラルディップ法**がよく用いられている（図 7.5）。シロイヌナズナを鉢植えで栽培し，花序の一部が開花し始めるまで生育させる。次に，シロイヌナズナの地上部をアグロバクテリウムの懸濁液に浸けて，アグロバクテリウムを感染させる。その後，通常栽培を行い，種子を採取する。胚のうや花粉がアグロバクテリウムに感染するため，結実した種子の中に形質転換体が含まれる。アグロバクテリウムの T-DNA には目的遺伝子とともにカナマイシン耐性遺伝子あるいはハイグロマイシン耐性遺伝子を組み込んでおき，得られた種子をカナマイシンあるいはハイグロマイシンを含む選択培地で発芽させることにより，形質転換体のみを選択する。

7.1.2　遺伝子直接導入法

遺伝子直接導入法として，ポリエチレングリコール（PEG）を用いて化学的に植物細胞に導入する**PEG法**，物理的に細胞に穴をあけて遺伝子を送り込む**エレクトロポレーション法**，**パーティクルガン法**などがある。アグロバクテリウム法が利用できない植物種では遺伝子直接導入法を用いて植物の形質転換体が作成されている。

1）PEG法

PEGのような高分子化合物は細胞内への遺伝子の導入を誘発する。PEG法では，まず，植物組織からペクチナーゼとセルラーゼを用いて細胞壁を除去したプロトプラスを得る。次に，プロトプラストに目的遺伝子とPEGを加え，インキュベートすることによりプロトプラスト内へ目的遺伝子が取り込まれる。その後，細胞壁を再生させ，さらに植物体へと再分化させる。

2）エレクトロポレーション法

プロトプラストに目的遺伝子を加えた後，短時間の電気パルスを付加する。電気パルスにより細胞膜に瞬間的に小穴があくため，その穴より目的遺伝子が入る。その後，細胞壁を再生させ，植物体へと再分化させる。

3）パーティクルガン法

目的遺伝子を直径1 mm程度の金粒子に付着させ，高圧ヘリウムガスを用いて植物組織やカルスに撃ち込む。細胞内で目的遺伝子は金粒子から遊離するが，金粒子が核の中，あるいは核のきわめて近くに撃ち込まれた場合，目的遺伝子はゲノムDNAに組み込まれる。その後，植物組織やカルスから形質転換植物を再分化させる。

PEG法やエレクトロポレーション法では，形質転換体を得るためにはプロトプラストから個体への再分化が必要であるが，この過程が確立している植物種は多くない。このため，遺伝子直接導入法の中ではパーティクルガン法が多く用いられている。

7.1.3　導入遺伝子の基本構造

図7.6に植物形質転換用ベクターの基本構造を示した。目的遺伝子を植物細胞内で発現させるためには，目的遺伝子の上流に転写制御を行うプロモーターを付け，目的遺伝子の下流にmRNAを安定化させるのに必要なターミネーターを連結しておく必要がある。また，目的遺伝子が導入された植物細胞を選別するため，**選択マーカー遺伝子**が付け加えられている。アグロバクテリウム法では，さらに，導入する遺伝子の両側にT-DNAの境界配列が配置される。

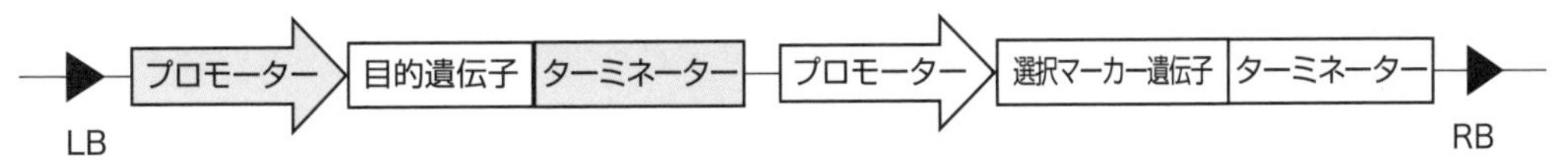

図7.6　植物形質転換用ベクターの基本構造
LB：左境界配列，RB：右境界配列。

第7章　植物の形質転換とゲノム編集

1）プロモーター

植物で最もよく用いられる**プロモーター**は，カリフラワーモザイクウイルスの35S RNA転写遺伝子のプロモーター（CaMV35Sプロモーター）で，双子葉植物のすべての部位で導入遺伝子を強く発現させることができる。しかし，単子葉植物においては，35Sプロモーターは双子葉植物の場合ほど強く働かない。単子葉植物において目的遺伝子をさらに強く発現させたい場合には，トウモロコシのユビキチン遺伝子のプロモーターやイネのアクチン遺伝子のプロモーターが用いられる。さらに，導入遺伝子を器官や組織特異的に発現させたい場合や成長過程のある時期に発現させたい場合など研究目的に合わせてプロモーターを選択する必要がある。また，ステロイドホルモンを投与することによって導入遺伝子の発現を誘導するプロモーターなど導入遺伝子を発現させたい時に発現させることが可能な誘導性プロモーターもある。

2）ターミネーター

ノパリン合成酵素遺伝子（NOS）の**ターミネーター**がよく用いられている。カリフラワーモザイクウイルスの35S RNA転写遺伝子のターミネーターが用いられることもある。

3）選択マーカー遺伝子

抗生物質であるカナマイシンを不活性化するネオマイシンホスホトランスフェラーゼ遺伝子（*NPT* II）や抗生物質であるハイグロマイシンを不活性化するハイグロマイシンホスホトランスフェラーゼ遺伝子（*HTP*）が用いられることが多い。除草剤であるビアラホスに対して耐性となるホスフィノスリシンアセチル基転移酵素遺伝子（*bar*）が用いられることもある。培地にこれらの抗生物質や除草剤を添加しておくことにより目的の遺伝子とともに選択マーカー遺伝子が導入された細胞や植物体のみが生き残る。

イネなどもともと細胞がカナマイシンに対して耐性である植物では，選択マーカー遺伝子として*NPT* IIを用いることができない。また，連続していくつかの遺伝子を導入する場合，それぞれの遺伝子ごとに異なる選択マーカー遺伝子を用いる必要がある。

7.1.4 目的遺伝子の発現制御

1）目的遺伝子の過剰発現

目的遺伝子の発現量を増加させたい場合，強力なプロモーターの下流に目的遺伝子を連結する。目的遺伝子としてmRNAに相補的なDNAであるcDNAを用いることが多いが，イントロンが遺伝子発現に関わっている場合にはイントロンを含む遺伝子を用いることもある。

2）目的遺伝子の発現抑制

目的遺伝子の発現を抑制したい場合には，**アンチセンス法**や**RNA干渉法（RNAi法）**が用いられる（図7.7）。これらの手法は**転写後ジーンサイレンシング**（post transcriptional gene silencing：PTGS）を利用したものである。PTGSでは，2本鎖のRNAが21～25塩基からなる短い2本鎖RNA（siRNA）に分解されたのち，siRNAと相補的な塩基配列を持つmRNAが切

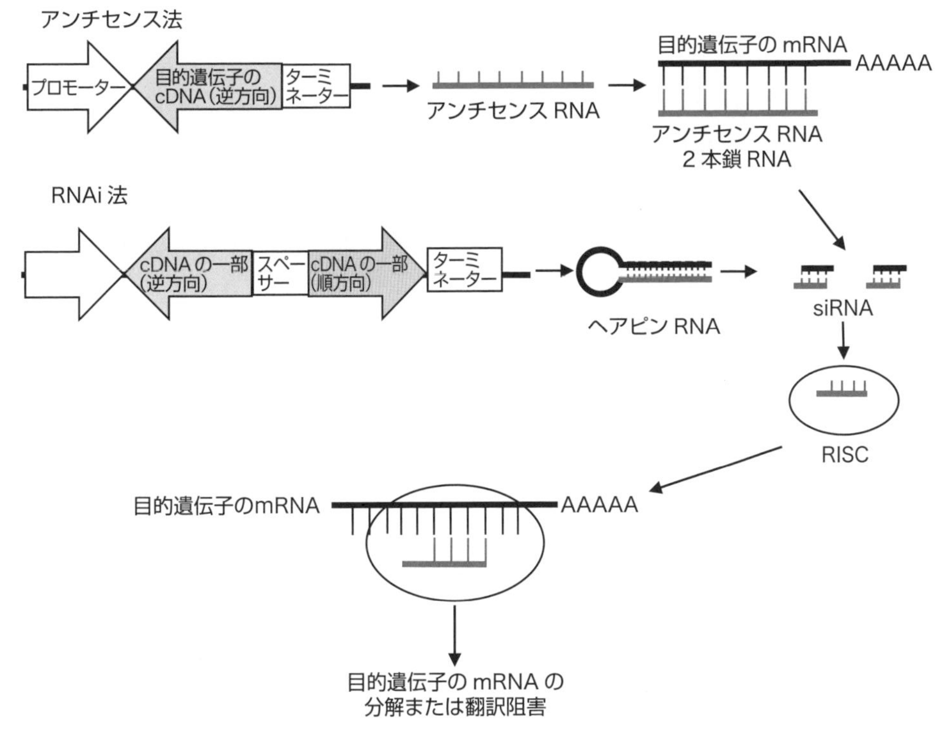

図 7.7 アンチセンス法と RNAi 法による遺伝子発現抑制
細胞内で形成された RNA の 2 本鎖は siRNA に分解されたのち、RISC（RNA-induced silencing complex、RNA 誘導型サイレンシング複合体）に取り込まれ目的遺伝子の mRNA を分解または翻訳阻害する。

断あるいは翻訳阻害されることにより遺伝子発現が抑制される。

アンチセンス法では，プロモーターに対して目的遺伝子の cDNA を逆向きに連結した遺伝子を作成し，植物のゲノム DNA に導入する。mRNA は 1 本鎖の RNA であるが，導入した遺伝子から目的遺伝子の mRNA に対して相補的な RNA（**アンチセンス RNA**）が作られ，mRNA とアンチセンス RNA が 2 本鎖 RNA を形成するため，PTGS により目的遺伝子の発現が抑制される。

RNAi 法では，強力なプロモーターの下流に目的遺伝子の cDNA の一部（500 塩基程度のサイズ）を逆方向，目的遺伝子の cDNA に無関係な DNA であるスペーサー，目的遺伝子の cDNA の一部を順方向の順に連結した遺伝子を作成し，植物のゲノム DNA に導入する。この時，逆方向と順方向に用いる cDNA は同じものを使用する。逆方向と順方向の cDNA は導入遺伝子が植物細胞内で転写されると相補的な配列を持つ mRNA の一部となり，2 本鎖を形成する。このため，転写された mRNA はスペーサー部分をループとするヘアピン構造をとる。PTGS はループに関係なく 2 本鎖の RNA と同じ配列を持つ mRNA に対して起こるので，目的遺伝子の発現が抑制される。

7.1.5 実用化された形質転換作物

1) 除草剤耐性

芳香族アミノ酸は，シキミ酸経路により合成される。グリホサートは，シキミ酸経路を構成する酵素である5-エノールピルビルシキミ酸-3-リン酸合成酵素（EPSPS）の活性を阻害することにより植物を枯死させる除草剤で，ラウンドアップの商品名で販売されている。しかし，アグロバクテリウムCP4株が持つEPSPSはグリホサートにより活性が阻害されない。そこで，このグリホサート耐性のEPSPS遺伝子がダイズとナタネ（カノーラ）に導入され，グリホサート耐性のダイズ（商品名 ラウンドアップレディー）とカノーラ（商品名 ラウンドアップレディーカノーラ）が販売されている。グリホサート（ラウンドアップ）を散布することによって雑草は枯死するが，ラウンドアップレディーやラウンドアップレディーカノーラの生育には影響がないため，除草のコストや労力を減じることができる。

グルタミン合成酵素（GS）は，グルタミン酸とアンモニアからグルタミンを合成する反応を触媒する酵素である。グルホシネートは，GSの活性を阻害する。このため，グルホシネートは，生体内で有害なアンモニア濃度の上昇を引き起こし，植物を枯死させる。放線菌のホスフィノトリシンアセチルトランスフェラーゼ（PAT）はグルホシネートを無毒化する酵素である。そこで，ダイズ，ナタネ，トウモロコシ，ワタなどにPAT遺伝子が導入され，グルホシネート耐性作物として販売されている。グルホシネートを散布することによって雑草は枯死するが，これらのグルホシネート耐性作物の生育には影響がないため，グリホサートの時と同様に除草のコストや労力を減じることができる。

2) 害虫抵抗性

Bacillus thuringensis（Bt）と呼ばれる細菌は，殺虫性タンパク質である**Btタンパク質**を細胞内に蓄積し，昆虫がBtタンパク質を食べると死に至る。BtよりBtタンパク質の遺伝子が単離され，トウモロコシ，ワタ，ジャガイモなどの導入されている。これらの作物を食べた害虫は死ぬため，害虫の被害を抑えることができる。

3) 油脂成分の改変

オレイン酸は不飽和脂肪酸の1つであり，血中コレステロールの濃度を下げる効果がある。通常のダイズ油に含まれるオレイン酸含量は約25%である。オレイン酸デサチュラーゼは，オレイン酸からリノール酸を合成する反応を触媒する酵素である。そこで，オレイン酸デサチュラーゼ遺伝子の発現を抑制することにより，オレイン酸含量を約3倍に高めた形質転換ダイズが作られている。

7.2 植物のゲノム編集

7.2.1 細菌における獲得免疫システム

7.1項で述べた植物の形質転換法では植物に導入したい遺伝子をゲノムDNAのどの位置に

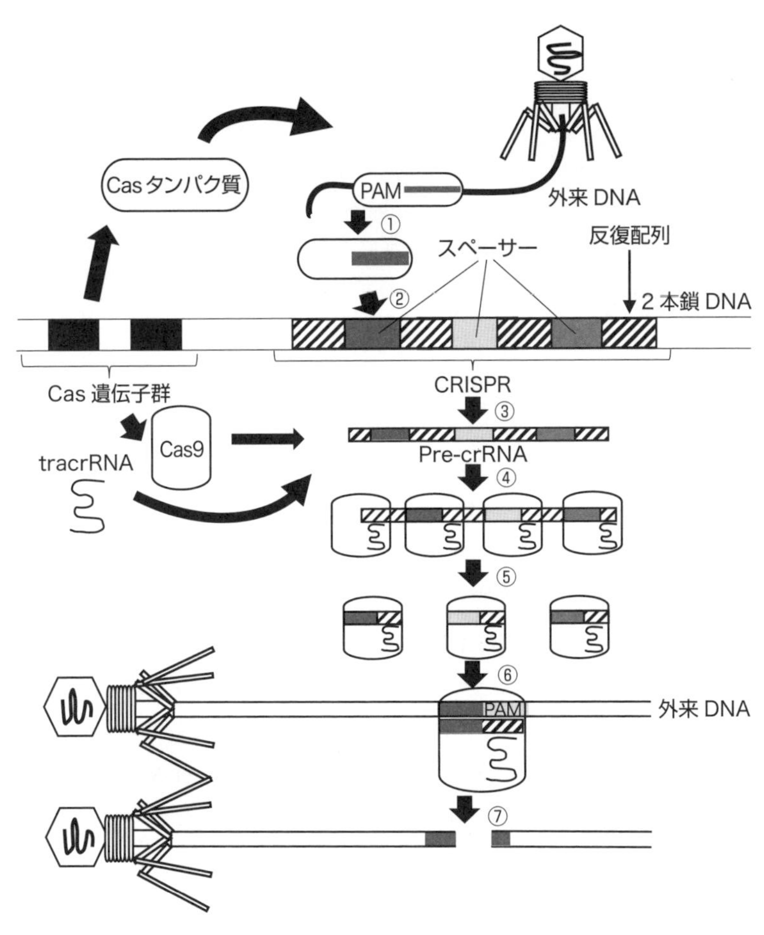

図 7.8　細菌の CRISPR-Cas9 による獲得免疫のしくみ
① Cas タンパク質による外来 DNA の断片化，②断片化した外来 DNA の CRISPR への挿入，③ Pre-crRNA の転写，④ Pre-crRNA への tracrRNA と Cas9 タンパク質の結合，⑤ Cas9-crRNA-tracrRNA 複合体の形成，⑥外来 DNA の標的配列への Cas9-crRNA-tracrRNA 複合体の結合，⑦標的配列の切断。

何コピー導入するかを制御することはできない。ゲノム編集では，細胞内で標的遺伝子のみを改変することができる。ここでは，ゲノム編集技術において主流となっている CRISPR（clustered regularly interspaced short palindromic repeats）-Cas9（CRISPR-associated protein 9）システムの基礎となった真正細菌の獲得免疫システムについて説明する。

細菌の中には，ゲノム DNA の中に短い回文配列を持った反復配列が 30 塩基対程度ごとに現れる CRISPR と名付けられた構造を持っているものがいる（図 7.8）。反復配列と反復配列の間はスペーサーと呼ばれ，さらに，CRISPR の近隣には Cas 遺伝子群が存在する領域があり，CRISPR と合わせて CRISPR 座位と呼ばれている。このような細菌では，細菌に感染するウイルスであるファージなどの外来 DNA が細胞内へ侵入すると Cas タンパク質によって 30 塩基対程度に断片化され，反復配列に挟まれたスペーサーとして CRISPR 座位に取り込まれる。スペーサーとなる DNA 配列のすぐ隣には数塩基の短い共通の配列があり，プロトスペーサー隣接モチーフ（proto-spacer adjacent motif: PAM）と呼ばれている。PAM により DNA

断片の挿入方向が決定される。

再び同じ配列を持つ外来DNAが細菌内へ侵入するとCRISPRの外側のリーダー配列と名付けられた領域がプロモーターとして働き，CRISPR領域が転写されて外来DNA断片の塩基配列情報を含むpre-crRNA（前駆CRISPR RNA）を生成する。そして，CRISPR座位とは別のゲノム領域から転写されてきたtracrRNA（trans-activating CRISPR RNA）がpre-crRNAの繰り返し配列の中の相同な配列と2本鎖RNAを形成して結合する。そこにCas9タンパク質が結合したのち，2本鎖RNA領域がそれぞれRNA分解酵素Ⅲ（RNase III）により切断される。このため，pre-crRNAは1つのスペーサー配列を持った複数のcrRNA（CRISPR RNA）に分割され，Cas9-crRNA複合体が形成される。複合体は外来DNAをスキャンしてスペーサー配列と相同な塩基配列を探索する。Cas9がPAMを認識すると外来DNAの2本鎖を切断することによって外来DNAは機能を失う。

7.2.2　CRISPR-Cas9システムを利用したゲノム編集

1）CRISPR-Cas9システムによる標的DNAの切断

ゲノム編集は，細胞内で標的とするDNA配列を特異的に切断したのち，切断されたDNAが修復される過程を利用して遺伝子やDNA配列に変異を加える技術である。CRISPR-Cas9システムは標的とするDNA配列を特異的に切断するために利用しており，標的DNAの切断にはcrRNA, tracrRNAおよびCas9タンパク質が必要である。crRNAとtracrRNAはリンカーで連結して1本鎖のRNAとしても機能に変わりがないことから，**1本鎖ガイドRNA**（sgRNA, single-guide RNA）として使用されている（図7.9）。そして，ゲノム編集ツールとしてよく利用されている化膿レンサ球菌（*Streptococcus pyogenes*）のCas9（SpCas9）では，PAM配列は5′-NGG-3′（NはA, T, C, Gのいずれの塩基でも良い）であるため，5′-NGG-3′の5′側のすぐ上流の20塩基が標的DNAを見つけ出すためのガイド配列となる。SpCas9がPAMを認識

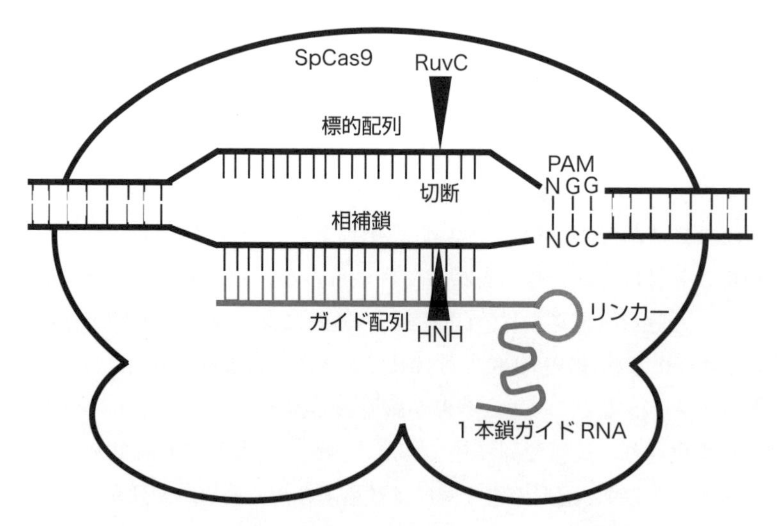

図7.9　CRISPR-Cas9による標的DNAの2本鎖切断

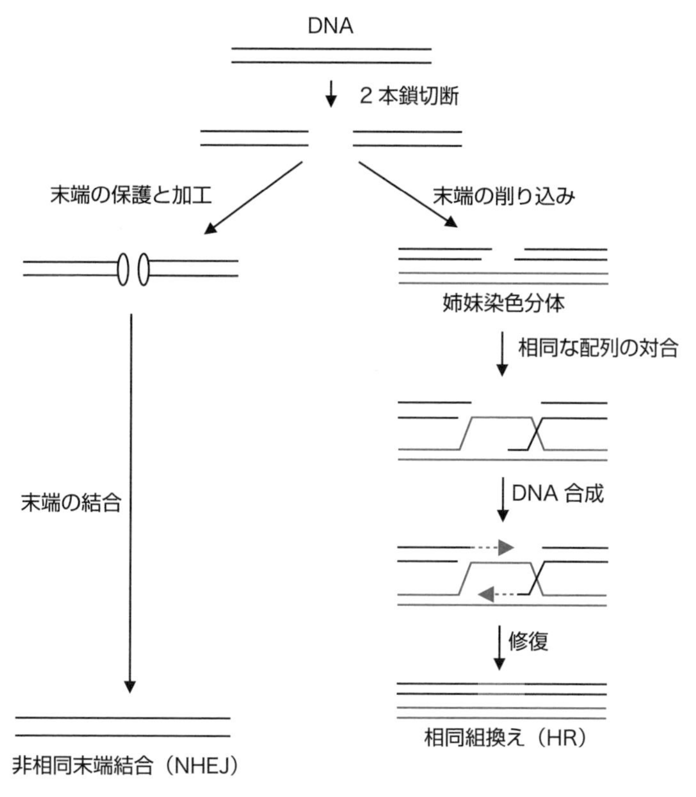

図7.10　非相同末端結合と相同組換えによるDNAの2本鎖切断の修復

すると標的DNAの2本鎖を開裂させ，ガイド配列が標的配列の相補鎖と2本鎖を形成する。SpCas9はPAM配列の3塩基上流の位置で標的配列の鎖をRuvCドメインによって切断し，標的配列の相補鎖をHNHドメインによって切断することにより標的DNAの2本鎖を切断する。

2）切断された標的DNAの修復

細胞内においてCRISPR-Cas9によって生じた標的DNAの2**本鎖切断**（double-strand break: DSB）は，**非相同末端結合**（non-homologous end-joining: NHEJ）や**相同組換え**（homologous recombination: HR）などにより修復される（図7.10）。

非相同末端結合は，DNAの2本鎖切断における主要な**修復経路**で，近傍にある切断末端どうしをそのまま結合するものである。この修復では結合部位に短いDNAの挿入や欠損（インデル；indel）などの修復誤りを起こしやすい。

相同組換えは，姉妹染色分体を鋳型として切断された箇所を修復する正確性の高い修復経路である。DNAの2本鎖切断が生じると切断末端が削り込まれ，3′突出末端が作り出される。次に，3′突出末端に相同な配列を姉妹染色分体中から見つけ出し，対合する。そして，相同な配列を鋳型としてDNA合成を行ったのち，もとのDNA鎖と結合することによってDNA鎖の切断を修復する。

3）遺伝子のノックアウト

CRISPR-Cas9によって標的遺伝子に2本鎖切断が生じるとその切断は主に非相同末端結合により修復される。2本鎖切断がもとの配列のとおりに修復されると細胞内に導入されているCRISPR-Cas9により再び切断される。修復過程で標的遺伝子に変異が入り，CRISPR-Cas9の認識配列がなくなると切断は起こらなくなる。遺伝子のエキソンに標的配列を設定するとインデル変異によりコドンの読み取り枠が変化し（**フレームシフト**），正常なタンパク質をつくることができなくなる場合がある。遺伝子が機能を失うことを遺伝子の**ノックアウト**と呼んでいる。標的遺伝子の機能をより確実に失わせるためには，標的遺伝子の第1または第2エキソンにガイド配列を設計する方が良い。また，数種類の1本鎖ガイドRNAを同時に発現させることが可能なベクターが作成されている。このようなベクターを利用してDNA上の2カ所を切断することにより，エキソンごと，あるいは，標的遺伝子ごと欠損させることができ，さらに確実に標的遺伝子の機能を失わせることができる。

遺伝子の中には同一の祖先遺伝子の複製によって生じた配列が類似している遺伝子群を構成しているものがあり，そのような遺伝子群を**遺伝子ファミリー**と呼んでいる。標的遺伝子が遺伝子ファミリーのメンバーである場合，標的遺伝子をノックアウトしても他のメンバー遺伝子によってその機能が相補されることがある。標的遺伝子および標的遺伝子と類似の機能を持つ遺伝子に共通な塩基配列に対してガイド配列を設計することにより，それらすべての遺伝子を同時にノックアウトすることが可能である。あるいは，標的遺伝子および類似遺伝子のそれぞれに特異的な塩基配列に対するガイド配列を持った1本鎖ガイドRNAを1つの細胞で同時に発現させることが可能なベクターを利用することによってもすべての遺伝子をノックアウトすることができる。

4）遺伝子のノックイン

細胞内で2本鎖DNAの切断が生じた時，修復に利用可能な外来DNAが存在すると切断箇所に外来DNAが挿入されることがある。挿入されるDNAをドナーDNA，ドナーDNAが切断箇所に挿入されることを**ノックイン**と呼んでいる。

ノックインには非相同末端結合や相同組換えなどのDNAの2本鎖切断の修復経路が利用される（図7.11）。非相同末端結合を利用したノックインではゲノムDNA中の標的2本鎖切断部位に両端が平滑末端の外来遺伝子が挿入される。相同組換えを利用したノックインでは挿入したい外来遺伝子の両端にゲノムDNA中の標的2本鎖切断部位と相同な配列（ホモロジーアーム）を付加したドナーDNAを導入しておく。ゲノムDNAの標的配列に2本鎖切断が生じると，ホモロジーアームを介した相同組換えにより外来遺伝子が挿入される。しかし，高等植物では，遺伝子をノックインする際のドナーDNAの供給が制限されることや相同組換えの効率が低いことなどにより汎用性の高い手法は確立されていない。

5）Cas9の選択

CRISPR-Cas9システムでは，PAMに隣接する塩基配列しか切断できないため，ゲノム編集

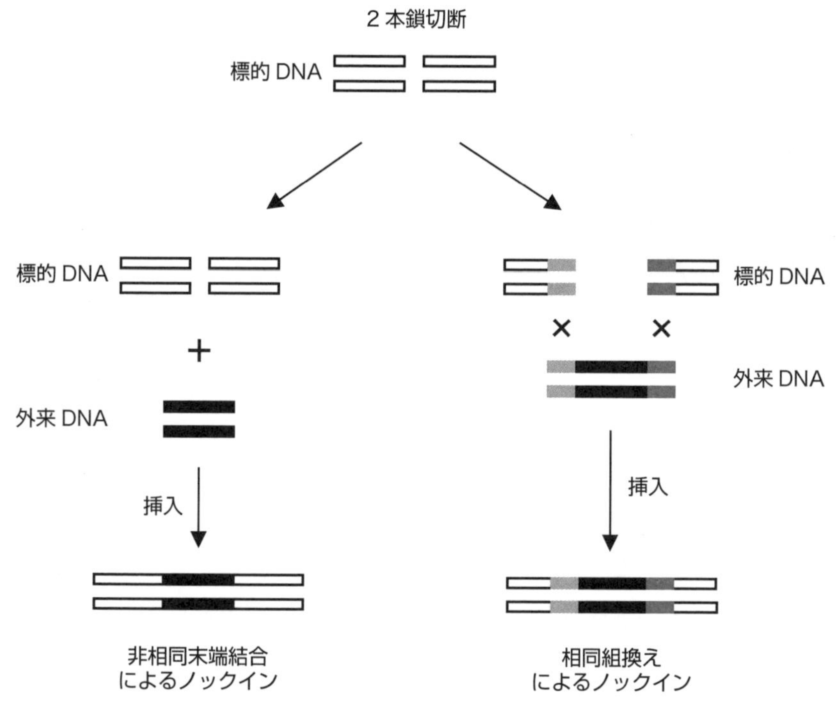

図 7.11　非相同末端結合と相同組換えを利用した外来 DNA のノックイン

は PAM の配列に制限されてしまう。SpCas9 の PAM は 5′-NGG-3′（N は任意の塩基）であるが，黄色ブドウ球菌（*Staphylococus aureus*）の Cas9（SaCas9）の PAM は 5′-NNGRRT-3′（N は任意の塩基，R は A または G）であるため，使用する Cas9 の種類を変えることによってゲノム編集の自由度を高めることができる。さらに，Cas9 のアミノ酸配列を置換することによって PAM を改変した Cas9 が開発されている。SpCas9 の VQR 変異体では，PAM が 5′-NGA-3′（N は任意の塩基）に変更されている。

6）オフターゲット作用

ゲノム編集では，本来の標的ではないゲノム上の別の配列を切断して変異を導入してしまうことがある。この現象を**オフターゲット作用**と呼んでいる。CRISPR-Cas9 システムでは 1 本鎖ガイド RNA の標的配列はわずか 20 塩基であり，ゲノム DNA のサイズの大きい植物では十分な特異性が得られず，意図していなかった部位に変異を生じることがある。さらに，標的配列と比較して塩基が数箇所異なるのみの類似配列に対して 1 本鎖ガイド RNA が結合し，オフターゲット作用を生じることもある。

オフターゲット作用を最小限に抑える重要なポイントの 1 つはゲノム全体を検索して特異性の高いガイド配列を設計することである。ガイド配列の設計ソフトウェア CRISPRdirect（https://crispr.dbcis.jp/）ではオフターゲット候補が表示されるので，基本的にはそれらのないものを選択する。また，1 本鎖ガイド RNA の 5′ 側の塩基を削り，ガイド配列を 17〜18 塩基とすることにより，オフターゲット作用が抑制された例が報告されている[1)]。さらに，1 本鎖ガ

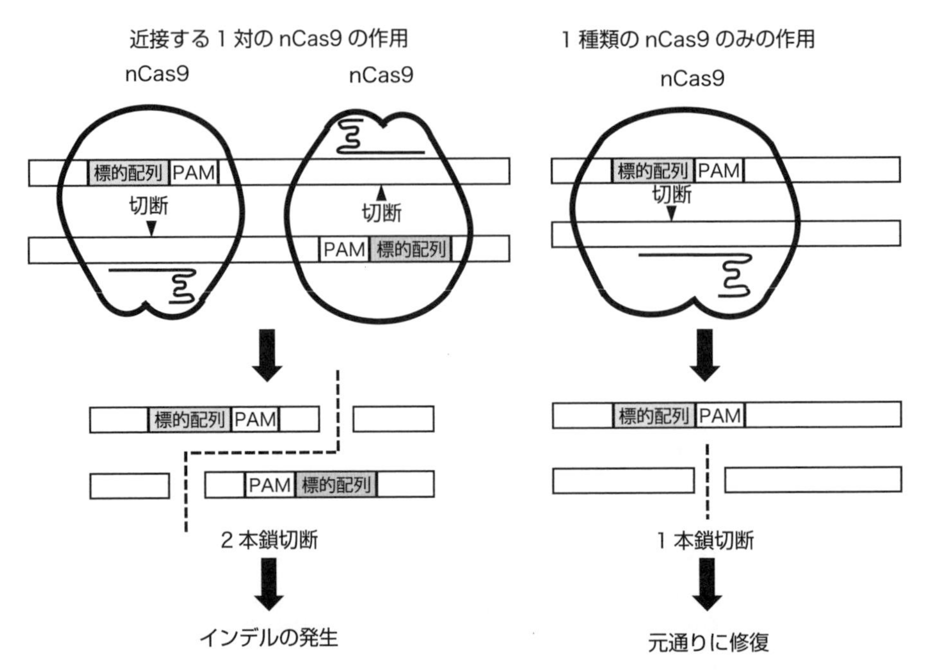

図 7. 12　Cas9 ニッカーゼ（nCas9）を用いたダブルニッキング

イド RNA の 5′ 末端に G を 2 塩基付加することによってオフターゲット作用が抑制されることが報告されている[2)]。

SpCas9-HFI は，SpCas9 のアミノ酸配列を改変することによって非特異的な DNA との結合を弱めた変異タンパク質で，標的 DNA に対しては高い 2 本鎖切断活性を持っている[3)]。SpCas9-HFI のような標的配列に対する結合特異性を高めた改変 Cas9 を用いることによってオフターゲット作用を抑えることができる。

SpCas9 による DNA の 2 本鎖切断では，ガイド配列の相補鎖が HNH ドメインによって切断され，ガイド配列側の鎖が RuvC ドメインによって切断される（図 7.9）。SpCas9 の N 末端から 10 番目のアスパラギンをアラニンに置換すると RuvC ドメインの切断活性が失われ，HNH ドメインによるガイド配列の相補鎖のみの切断を行う **Cas9 ニッカーゼ（nCas9）** となる。2 本鎖 DNA の片方の鎖のみの切断をニックと呼んでいる。そして，近接する位置に互いに反対側の DNA 鎖を切断するように 2 種類の 1 本鎖ガイド RNA を作成して nCas9 と複合体を形成させる（図 7.12）。その 2 種類の複合体が同時にガイド配列の相補鎖を切断した時に DNA の 2 本鎖が切断される（ダブルニッキング）。1 種類の複合体に対するオフターゲット作用が生じても DNA の 2 本鎖の 1 本が切断されるのみで正確に修復され，変異が生じる可能性は小さい。

オフターゲットの作用を評価するには，まず，標的遺伝子に対して異なる位置に少なくとも 2 種類のガイド配列を設計し，それぞれのガイド配列を持った 1 本鎖ガイド RNA を用いてノックアウト変異体を作出する。次に，ノックアウト変異体についてオフターゲット候補の箇所に変異がないことを Cel-I アッセイや DNA のシークエンスによって確認するとともに少なく

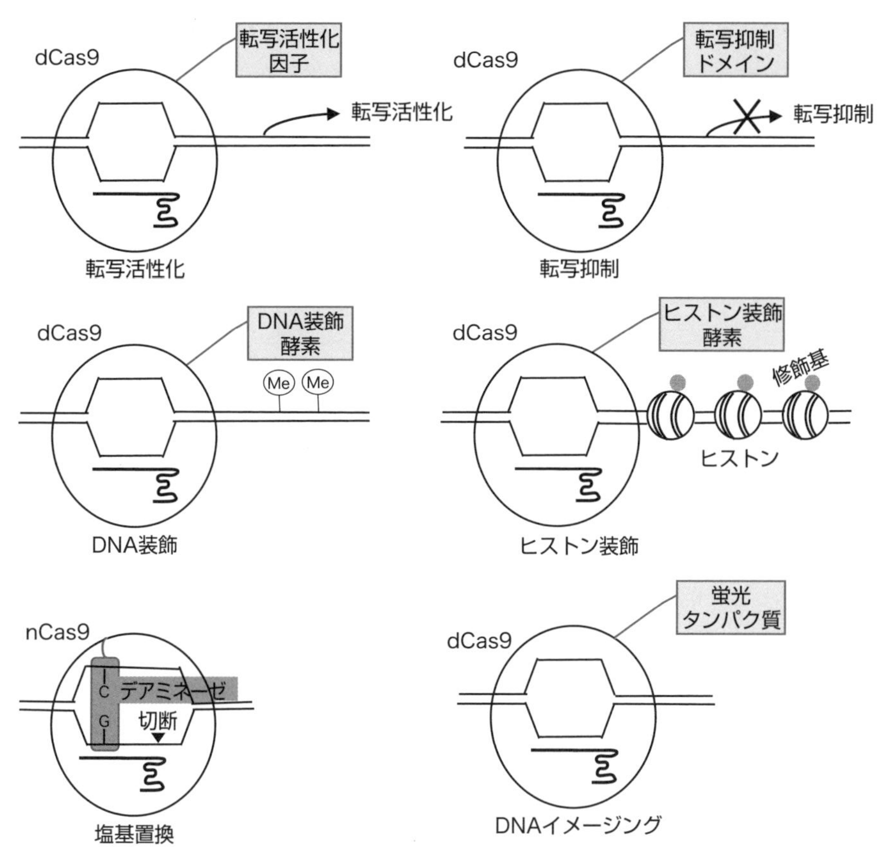

図 7.13　CRISPR-Cas9 システムの発展技術
dCas9：dead Cas9，nCas9：Cas9 ニッカーゼ，Me：メチル基。

とも 2 種類のノックアウト変異体の表現型が一致することを確認することにより，実験結果が標的遺伝子のノックアウトにより生じたものであることを示すことができる。

7.2.3　CRISPR-Cas9 システムの発展技術

SpCas9 の N 末端から 10 番目のアスパラギン酸と 840 番目のヒスチジンをアラニンに置換すると DNA への結合能力は持っているが，DNA を切断することができない **dCas9（dead Cas9）** となる。

遺伝子の転写は，プロモーター領域に転写因子が結合することによって活性化されたり，抑制されたりしている。そこで，dCas9 に転写活性化因子を結合し，遺伝子のプロモーター領域を標的とした 1 本鎖ガイド RNA を導入すると遺伝子の転写活性を高めることができる（図 7.13）。逆に，dCas9 に転写因子の転写抑制ドメインを結合したものを使用すると遺伝子の転写を抑制することができる。

遺伝子の発現は DNA のメチル化やヒストンの修飾によっても制御されている。プロモーター領域が高度にメチル化されるとその遺伝子の発現は抑制される。そこで，dCas9 に DNA メチル化酵素を結合したものを CRISPR-Cas9 システムに使用することによって遺伝子の発現を抑制することができる。逆に，dCas9 に DNA 脱メチル化酵素を結合したものを使用するとメチル化によって発現が抑制されていた遺伝子の発現を活性化することができる。

核内の遺伝子はヒストンと呼ばれるタンパク質に巻き付いた形で収納されている。ヒストンがアセチル化されるとそのヒストンに巻き付いた遺伝子の転写が活性化され，ヒストンが脱アセチル化されたり，メチル化されると遺伝子の転写が抑制される。そこで，ヒストンをアセチル化させる酵素であるヒストンアセチル基転移酵素やヒストン脱アセチル化酵素あるいはヒストンをメチル化させる酵素であるヒストンメチル基転移酵素を dCas9 に結合したものを CRISPR-Cas9 システムに使用することによって標的遺伝子の転写活性を改変することができる。

シチジンデアミナーゼはシトシン（C）からアミノ基をはずしてウラシル（U）にする反応を触媒する酵素である。シチジンデアミナーゼを Cas9 ニッカーゼに結合したものを CRISPR-Cas9 システムに使用すると Cas9 ニッカーゼがニックを挿入した DNA 鎖と反対側の鎖で生じた C から U への変換により DNA の修復過程で U がチミン（T）に置き換えられる。すなわち，デアミナーゼを利用することにより DNA の塩基を C から T へ変換することができる。さらに，アデノシンデアミナーゼを利用することにより DNA の塩基を A から G へ変換することもできる。

蛍光タンパク質を dCas9 に結合したものを CRISPR-Cas9 システムに使用すると標的遺伝子座や特定の染色体の動きを生きた細胞で観察することができる。

7.2.4 CRISPR-Cas9 システムに用いられる植物用ベクターの構造

植物ではアグロバクテリウムを用いた形質転換体の作出法を利用したゲノム編集が多く行われている。ここでは，単子葉植物用のバイナリーベクターとして開発された pRGEB32[4] について説明する（図 7.14）。Cas9 遺伝子と 1 本鎖ガイド RNA の遺伝子を植物のゲノム DNA の中に導入するため，両遺伝子は RB と LB にはさまれた T-DNA 上にある。Cas9 遺伝子の両側には核局在シグナルとなる DNA 配列が付加され，これら全体がユビキチンプロモーターにより転写される。核局在シグナルのため，植物細胞内で翻訳された Cas9 タンパク質は核内へ入ることができる。1 本鎖ガイド RNA 遺伝子は U3 プロモーターにより転写される。U3 プロモーターでは RNA ポリメラーゼⅢによる転写が行われるため，転写された 1 本鎖ガイド RNA にはキャップ構造が付かず，転写のターミネーターは 5′-TTTTT-3′ となっている。T-DNA が導入された細胞を選択するため植物細胞内でハイグロマイシン耐性遺伝子が CaMV35S プロモーターにより転写される。標的配列の 5′ 側に 5′-GGCA-3′ を付加した 1 本鎖オリゴ DNA と標的配列の相補鎖の 5′ 側に 5′-AAAC-3′ を付加した 1 本鎖オリゴ DNA をアニーリングさせたものをクローニング部位に挿入することにより，標的に対するガイド配列を持った 1 本鎖ガイド RNA の遺伝子となる。

7.2.5 CRISPR-Cas9 システムを用いて作出された作物

種子数を減少させる *OsGnla* 遺伝子[5]，種子を小さくする *OsGS3* 遺伝子[5]，種子重を軽くす

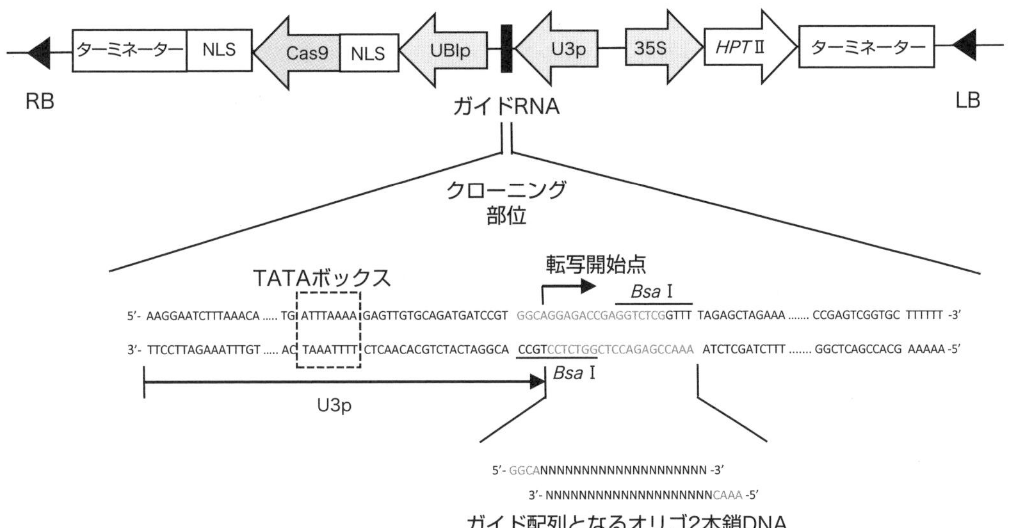

図 7.14　植物用バイナリーベクター pRGEB32 の構造
RB：右境界配列，LB：左境界配列，UBIp：ユビキチンプロモーター，U3p：U3 プロモーター，35S：カリフラワーモザイクウイルス 35S プロモーター，NLS：核移行シグナル，*HPT*Ⅱ：ハイグロマイシンホスホトランスフェラーゼⅡ遺伝子。

る *TaGW2* 遺伝子[6] や *OsGW5* 遺伝子[7]，分げつ数を減少させる *OsAAP3* 遺伝子[8] など収量に関わる負の制御因子遺伝子が知られている。これらの遺伝子を CRISPR-Cas9 システムでノックアウトとすると収量に関わる形質が改善された。さらに，イネにおいて種子重に関わる 3 種類の遺伝子（*GW2*，*GW5* および *TGW6*）を同時にノックアウトすることにより種子重が大きく増したことが報告されている[9]。

トウモロコシの *ARGOS8* 遺伝子はエチレン反応を負に調節するレギュレーターをコードしており，近交系のトウモロコシでは，発現量が少ない。そこで，CRISPR-Cas9 システムを用いて，*ARGOS8* 遺伝子のプロモーター領域に *GOS2* 遺伝子のプロモーターをノックインしたトウモロコシを作出した[10]。作出したトウモロコシでは *ARGOS8* 遺伝子の発現量が増加し，乾燥ストレス下での収量が増加したことが報告されている。

CRISPR-Cas9 システムは，容易に，かつ正確に，しかも効率的に作物のゲノムを改変することが可能であり，今後ますます利用されていくものと思われる。

参考図書・文献

1）Fu, Y., Sander, J. *et al.* (2014), *Nature Biotechnology*, **32**, 279-284.
2）Cho, S. W., Kim, S. *et al.* (2014), *Genome Research*, **24**, 132-141.
3）Kleinstiver, B. P., Pattanayak, V. *et al.* (2016), *Nature*, **529**, 490-495.
4）Xie, K., Minkenberg, B. *et al.* (2015), *Proceedings of the National Academy of Sciences of the United States of America*, **112**, 3570-3575.
5）Li, M., Zhou, Z. *et al.* (2016), *Frontiers in Plant Science*, **7**, 377.
6）Zhang, Y., Li, D. *et al.* (2018), *Plant Journal*, **94**, 857-866.

7) Liu, J., Chen, J. *et al.* (2017), *Nature Plants*, **3**, 17043.
8) Lu, K., Wu, B. *et al.* (2018), *Plant Biotechnology Journal*, **16**, 1710-1722.
9) Xu R., Yang, Y. *et al.* (2016), *Journal of Genetics and Genomics*, **43**, 529-532.
10) Shi, J., Gao, H. *et al.* (2017), *Plant Biotechnology Journal*, **15**, 207-216.

第8章 スマート農業とカーボンニュートラル

農業の果たす役割には，従来の単に食糧の供給に留まらず，近年ではエネルギーを生産し供給することも求められている。もともと，植物（作物）の葉は大気中の炭酸ガス（CO_2）と根から吸収した水（H_2O）を基質とし，無尽蔵にある太陽エネルギーを複雑な光合成機構により有機物（バイオマス）として固定し，農業はそれを利用してきた。しかし，作物を生産する農業現場では後継者不足や高齢化も加わって厳しい状況にある。本章では，食糧生産過程で生じる様々な課題を「スマート農業」で解決し，さらに，地球温暖化ガスである CO_2 を削減する方法として「バイオマスの炭化」を提案し，脱炭素社会の実現に向けた取り組み事例を紹介する。

8.1 スマート農業

8.1.1 スマート農業とは

農林水産省は，「**スマート農業**」を「**ロボット・AI・IoT** 等の先端技術を活用して，省力化・精密化や高品質生産等を実現する新たな農業」と定義している[1)]。

農業（第1次産業）における機械化や IT 技術は，他の分野に比べやや遅れてはいるものの，携帯通信端末やドローンの普及により急速に発展しつつある。しかし，わが国の農業形態は栽培作物種ごとに多様であり，収穫対象部位も様々で，結果として多種多様のスマート農業形態が存在すると考えられる。2019 年 4 月，農林水産省は全国 69 か所で畑作，水田作，施設園芸，果樹，花き，茶，畜産分野におけるスマート農業関連実証事業（「スマート農業加速化実証プロジェクト」および「スマート農業技術の開発・実証プロジェクト」）をスタートさせ，その可能性と発展性の追求を開始した。

わが国の主食であるお米生産に関し，水田は土地が水平であることもあり，農業機械の自動運転化技術の展開は比較的スムーズに進んだ。しかし，丘陵地帯の傾斜畑や棚田に代表されるような集約化が困難な小規模な水田等においてスマート農業を展開しようとした場合は様々な課題が浮かび上がってきた。

農業生産現場では，まず農地を整備後に作物を播種または移植し，その後，肥培管理を施し，収量や品質を高め，最終的には子実などの収穫対象物を様々な方法で収穫し，消費者や加工業者へ販売し収益を得なければならない。生産者はこの一連のプロセスを理解し，どのようなスマート農機・技術を選択・導入し利益を上げるか，ここが腕の見せ所であり，成功の秘訣ともいえる。中国語でスマート農業は「**知恵農業**」と表現するが，まさに農業従事者や関連企業，大学などの研究機関の知恵を結集し，持続可能な農業を展開することが，新しい農業形態「スマート農業」の目指す姿であると考える。

現在のわが国の農業現場で生じている課題を整理すると，以下の 4 つに絞られる。

a. 後継者不足や高齢化の進行等による労働力不足。

b. 地球環境の変化（温暖化）に伴う労働環境の劣悪化。

c. 作物種や栽培形態に応じた１人当たり作業面積の限界を打破する技術革新。

d. 生産現場では，人手に頼る作業や篤農家（熟練者）でなければできない作業が多く，省力化や負担の軽減。

以上の課題を解決するために，2020～2021年度は69地区，2021～2022年度は52地区において「スマート農業実証プロジェクト」が進められている[1]。

8.1.2 サトウキビの光合成機能を利用したCO_2の固定

1）世界のサトウキビ生産状況

作物を葉の光合成回路によって，C_3，C_4，CAM型に分類することができる（第3章参照）。**サトウキビ**はわが国では南西諸島・琉球弧（鹿児島県の離島と沖縄県）で主に経済栽培されている。サトウキビの葉には従来のカルビン-ベンソン回路（C_3回路）の前段にCO_2を濃縮し光呼吸を抑え，半乾燥地でも効率よくCO_2を固定できるまったく新しい**C_4回路**が備わっている。この回路はハワイのサトウキビ栽培協会試験所に勤務するKortschakら[2]によって最初に発見され，その後，オーストラリアのHatch and Slack[3]によって詳細に追認され，その後，あらゆる作物でC_4光合成研究がスタートした。すなわち，サトウキビは歴史的にも有名なC_4光合成回路の発見された植物（作物）である。

サトウキビの生産は，南北回帰線内に留まらず，南アフリカのダーバン（ナタール）やブラジルの南西部パラナ州でも栽培され，その年間生産量は16～19億トンにも及ぶ[4]（表8.1）。年間の原料茎の生産量はブラジルが6.4億トンと最も高く，次いでインド3.8億トン，タイ0.92億トン，中国0.76億トン，パキスタン0.68億トンの順である。ヘクタール当たりの収量（単収）はペルーが123.9トン，コロンビアは120.2トンと高く，一方，生産量の大きいブラジルは73.8トン，インドは80.9トンと低く，日本は54.3トンで，世界の平均（75.1トン）に比べても低い。もし，これら単収の低い国や地域の収量が100トン程度までに増大すれば，世界の年間生産量は30億トンに達すると予想される。

2） サトウキビにおけるCO_2固定とカーボンリダクション

サトウキビの葉が光合成によって年間どの程度の大気CO_2を固定するかを試算してみた[5]（表8.2，表8.3）。その際，世界のサトウキビ生産国の製糖工場に搬入される1年間の原料茎重の詳細なデータを活用した[4]。この原料茎重を基本に，サトウキビの単位土地面積当たりの全乾物重（$kg\,m^{-2}$）を導き出し，無機炭素を除いた有機物をCO_2ガスに換算したところ，沖縄県の原料茎重100万トンを例にすると年間CO_2固定量は63.8万トンになった。これを表8.1の世界の原料茎生産量16～19億トンに当てはめると，世界のサトウキビは年間10.2～12.1億トンもの大気CO_2を光合成作用によって吸収・固定している試算結果が得られた。もし，世界の低単収国のサトウキビ収量が「スマート農業」の普及でさらに増大し，その結果，年間30億トンの原料茎が生産された場合，CO_2を19.14億トンも吸収・固定する試算結果が得られる。

表 8.1　世界のサトウキビの主要生産国の収穫面積，収量，原料茎生産量（2018/19～2020/21 年度の平均）[4]

国名	収穫面積 (x1000ha)	単収 (t-ha)	生産量 (x1000t)
インド	4,711	80.9	381,446
中国	1,184	63.8	75,560
タイ	1,644	54.9	91,954
パキスタン	1,103	62.4	68,802
インドネシア	415	70.0	29,068
フィリピン	403	56.8	22,903
ベトナム	158	54.9	8,783
イラン	81	67.6	5,459
日本	22	54.3	1,177
米国	353	89.4	31,525
メキシコ	793	66.8	52,962
グアテマラ	257	101.3	26,089
キューバ	352	43.2	15,224
ニカラグア	76	102.4	7,780
エルサルバドル	80	85.2	6,798
ドミニカ共和国	122	45.0	5,477
ブラジル	8,676	73.8	640,350
コロンビア	199	120.2	23,870
アルゼンチン	378	56.0	21,167
ペルー	86	123.9	10,712
エクアドル	89	74.7	6,651
豪州	368	84.8	31,212
南アフリカ	249	76.9	19,127
エジプト	103	85.3	8,816
スーダン	56	87.5	4,921
エスワティニ	58	99.8	5,817
ケニア	100	57.4	5,753
モロッコ	9	65.0	617
世界合計，平均	22,125	75.1	1,610,020

表 8.2　サトウキビ収穫時の乾物重（kg m^{-2}）と分配率（%）[12]

項　目	根	茎	葉	枯葉	葉鞘	全乾物重
乾物重	0.29	2.73	0.30	1.51	0.17	5.0
分配率	5.8	54.6	6.0	30.2	3.4	100.0

表 8.3　沖縄県のサトウキビの光合成作用による年間の CO_2 吸収量（トン）の試算結果

茎生産量	茎乾物重＊1)	全乾物重＊2)	うち有機物＊3)	CO_2 換算＊4)
1,000,000	250,000	457,876	434,982	638,119

＊1）茎乾物重＝茎生産量×0.25（表 8.2 より茎の乾物率 25%）
＊2）全乾物重＝茎乾物重／0.546（表 8.2 より茎の乾物分配率 54.6%）
＊3）うち有機物＝全乾物重×0.95（無機物含有率 5%）
＊4）CO_2 換算＝有機物量×1.467（CO_2 の分子量 44／有機物の分子量 30）

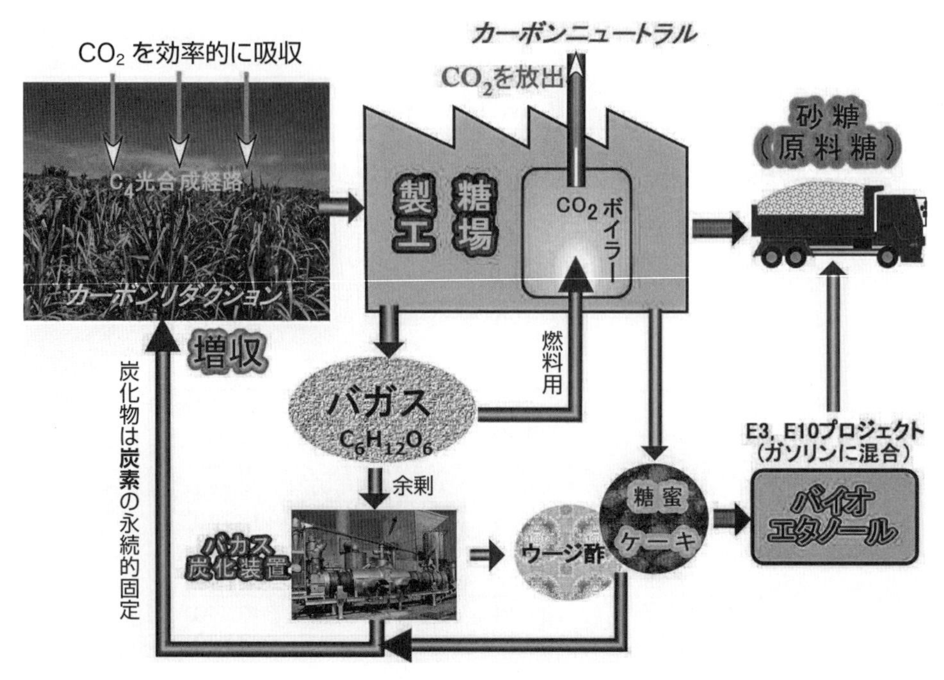

図 8.1　サトウキビの葉の光合成機能を利用した大気 CO_2 の永続的固定方法
口絵 16 参照

サトウキビの葉が光合成によって固定した CO_2 を永続的に固定する方法として，バガスを炭化物に変換するアイディアを提案してきた（図 8.1）。現在，世界で稼働しているサトウキビ製糖工場のしくみは，まず，原料を圧搾し，糖分を除いた絞りかす（**バガス**）を燃料にして発電力と高圧蒸気を産み出し結晶化した原料糖（粗糖）を精製している。この製糖工場のボイラーの燃焼によって排出される CO_2 は，サトウキビが成長の過程で葉の光合成作用によって固定した炭素に由来し，もし燃焼後大気へ放出したとしても CO_2 濃度の上昇には繋がらないので，いわゆる**カーボンニュートラル**状態である。現在，世界のサトウキビ製糖工場はすべて同じ方法でサトウキビ茎から砂糖を精製している。バガスは製糖工場に搬入された原料茎重の約 25%（含水率 40～50%）に達するが，その半分の量で工場を駆動させる最新鋭の工場もオーストラリアで稼働している。わが国の製糖工場では 1～2 割の余剰バガスが生産され，主に堆肥利用されている。

この余剰バガスを工場の廃熱や水蒸気を再利用して 350～600℃の無酸素下で炭化すると，高品質のバガス炭化物が生産される（図 8.1）。この**バガス炭**は「黒いダイヤモンド」と呼ばれ，堆肥に混合したり，または直接圃場に施用（重量比で 2～3% 混合）する方法がある。炭化物は微生物などによる分解もなく「**炭素の永続的固定**」が達成できることから，実質的な大気 CO_2 の削減，「**カーボンリダクション**」である。さらに，炭化物を施用した土壌では微生物相が活性化し，サトウキビの成長が促進され収量の増大に繋がり，循環型農業が達成できる。「カーボンニュートラル」は現在の大気 CO_2 濃度を維持するだけであり，「カーボンリダクション」はそれを減少させる一歩進んだ方法で，古代の化石燃料を現代も製造しているイメージと捉えるこ

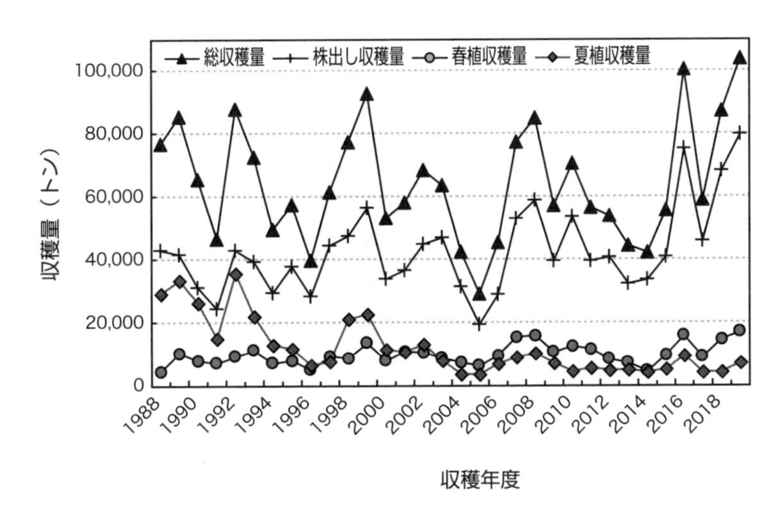

図 8.2　南大東島産サトウキビの栽培型別収穫量の推移（1988～2019 年）
総収穫量はほぼ株出しが 80% を占め，残りを春植えと夏植えである。[大東糖業（株）提供]

とができる．

8.1.3　スマート農業の要素分析

1）蒸発散量と降雨量

南大東島のサトウキビ産業を例に，わが国のスマート農業を推進するための要素分析を試みた。わが国のサトウキビの**栽培型**には「**春植え**」，「**夏植え**」，「**株出し**」の 3 種類あり，諸外国では「新植え」「株出し」の 2 種類である。収量は栽培期間の長い夏植えで高く，次いで株出し，春植えの順である．最近の南大東島の傾向として，春植えを収穫後，株出しを 3～4 年繰り返すため，収穫面積でみるとほぼ 7～8 割を占める（図 8.2）。また，総収穫量は 3 万トンから 10 万トンの範囲で大きく変動し，自然災害等の様々な要因が複雑に影響している。特に，干ばつと台風の影響が著しく，2016 年と 2019 年は台風の襲来もなく，10 万トン以上の収穫量が得られた。沖縄県のサトウキビの各栽培型の成長と降水量および**蒸発散量**（evapotranspiration: ETo）の平年変化をみると，どの栽培型も 6 月から 9 月に急速に成長している（図 8.3）。このサトウキビの成長の盛んな 4 カ月間は降雨は少なく，一方，ETo は 150 mm 以上にも達する。8 月に降水量が上昇するが，これは主に台風の影響によるもので，不安定でありまた植物体の倒伏などの物理的な破損も著しい。南大東島に限って，この降水量と ETo の差を月ごとに求め，最終生産量が 10 万トン以上記録した年（2016，2019，2021 年）を詳細に検討したところ，その年の両者の差は年間を通してゼロ近辺で推移し，特に成長の著しい 6 月以降では降雨が ETo を上回る（プラス側へシフト）ことが明らかになった（図 8.4）。すなわち，成長が旺盛で作物が多量の水を欲しがる時期に十分な降雨により持続的な供給がなされた場合に高収量は達成されると考えられ，「スマート農業」の重要な要素が浮かび上がってくる。

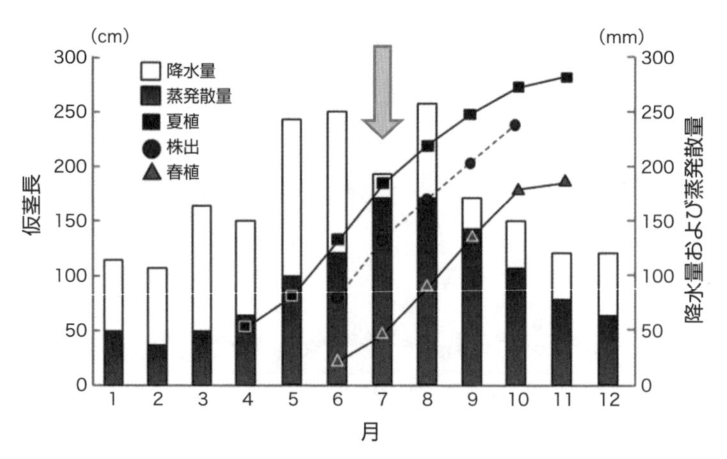

図 8.3　サトウキビの各栽培型の生長と降水量および蒸発散量の推移
[文献 13 を参考に作成]

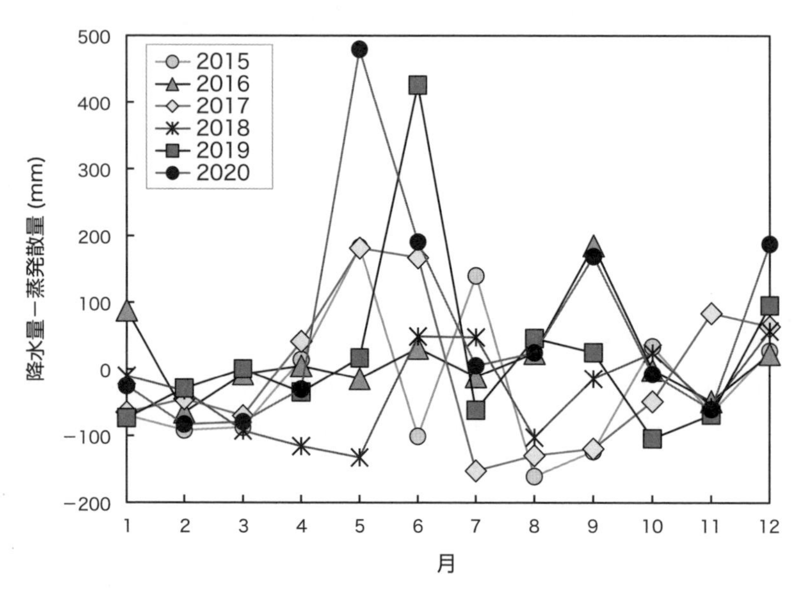

図 8.4　南大東における降水量―蒸発散量 [沖縄地方気象台の統計データより]

2）圃場の光合成速度の季節変化

南大東島のサトウキビ圃場で 2019 年 12 月から 2020 年 12 月までの 1 年間，月ごとの個葉の光合成速度を調べた。品種は農林 28 号を供試し，植え付け日は 2019 年 11 月 1 日で，植え付け後 1～4 カ月目の光合成速度は高く，一方，4 月，8 月，9 月は低かった（図 8.5）。光合成速度の"**光－光合成曲線**"，いわゆるライトカーブから，光強度（photon flux density: PFD）が 2,000 μmol m^{-2} s^{-1} の最大光合成速度は 25～47 μmol m^{-2} s^{-1} で，"**温度－光合成曲線**"から光合成速度の**最適温度**は 30～35℃となった。これらの値はポット栽培後，実験室で測定した既報の結果とほぼ一致する[6]。4 月の光合成速度が低下した原因としては，2020 年の 3～4 月は降水量が極端に少なく（図 8.4），pF 4.0 であったことから，土壌は干ばつ状態にあったと考えられる。例年，農家は灌漑設備（ドリップチューブ方式）を梅雨明けの 6 月以降に敷設するが，そのタ

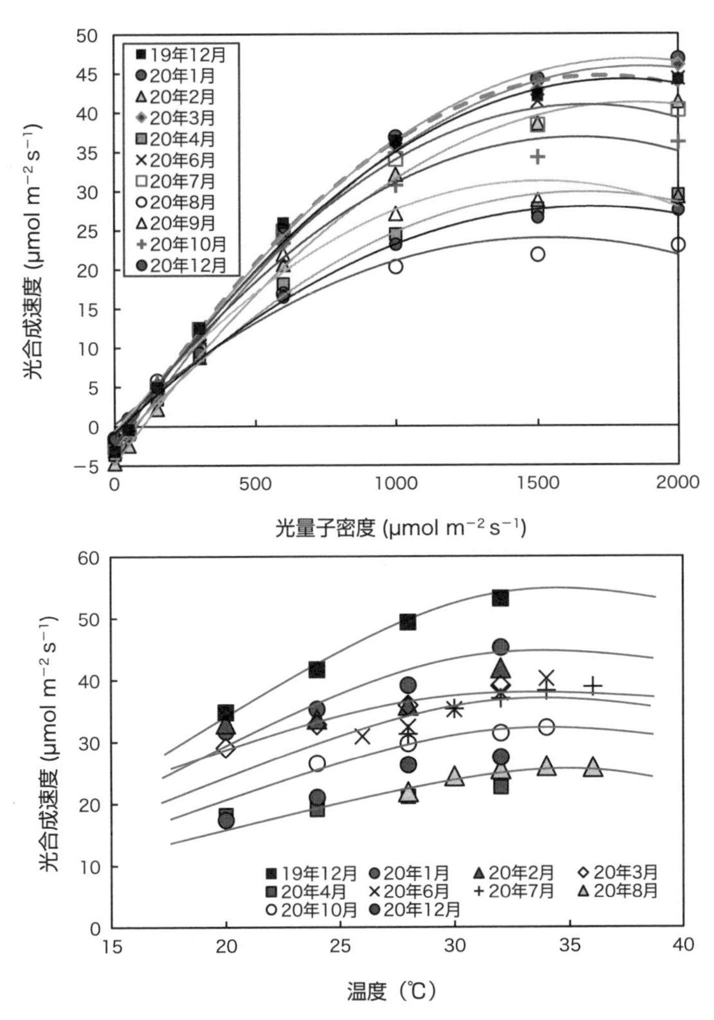

図 8.5　南大東島の圃場で計測したサトウキビ個葉の“光-光合成曲線”（上）と“温度-光合成曲線”（下）。測定は携帯型光合成・蒸散同時測定装置（LI-6800，ライカー社製）で行った。供試品種は農林 28 号で，灌水はなし。ライトカーブは 32℃で，温度カーブは光量子束密度 1500 μmol m^{-2} s^{-1} で行った。測定は 2019 年 12 月～2020 年 12 月間に 10 回実施した。

イミングに関しても土壌水分と光合成速度をモニターしながら実施する必要がある。サトウキビの“温度－光合成曲線”の最大値もこの時期に低下しており，干ばつ状態にあったと言える（図 8.5）。また，光合成速度の最適温度は 30～35℃にあり，最大光合成速度は冬期の 12 月～2 月が高く，夏期に低下する傾向にあった。しかし，この光合成速度の評価方法は，高価な装置を現地へ持ち込み天候を見ながら測定したものだが，もし，ドローンにハイパースペクトルカメラや様々な波長のカメラを搭載し，取得画像とガス交換速度との関係の検量線が作成されれば，瞬時に多くの圃場をしかも経時的に計測でき，様々な新しい知見が得られると期待される。

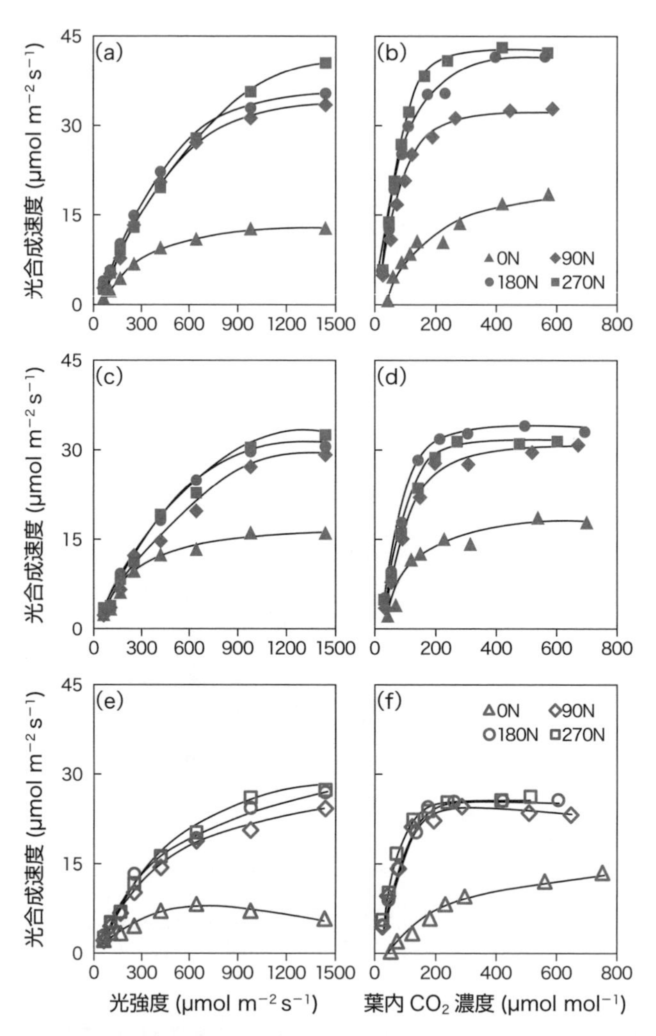

図 8.6　サトウキビ個葉の光-光合成曲線（a, c, e）と A/C_i カーブ（b, d, f）を異なる施肥窒素量（4 段階）および水ストレス下で測定した。通常灌水区の測定は移植後 60 日目（a, b）と 120 日目（c, d）に行い，一方，水ストレス処理は移植後 60 日目から開始し 120 日目に光合成速度を測定した（e, f）。図中の数字は窒素濃度（mM）である。測定は LI-6400XT を用いて，ガラスハウス内にて実施した。

3）窒素と光合成速度

窒素肥料は植物の成長や葉の光合成速度に重要な役割を果たしている。窒素肥料と**水ストレス**を組み合わせて処理を行い，“ライトカーブ”と光合成速度（A）／葉内 CO_2 濃度（Ci）カーブ，すなわち“**A/Ci カーブ**”を測定して比較したところ，葉の窒素濃度はサトウキビの水ストレス耐性と関連している可能性が示唆された[7,8]（図 8.6）。また，ライトカーブの光飽和点と A/Ci カーブの変曲点も窒素濃度の影響を受けるが，水ストレスに曝されるとその傾向が顕著になった。すなわち，一定濃度以上の窒素含量があれば光合成速度は高く維持できるが，濃度が低下すると光合成速度は抑制され，さらに水ストレスが加わると著しく減少した。その結果を反映して，光合成的**窒素利用効率**と耐干性，乾物から求めた窒素利用効率と耐干性との間には極めて高い正の相関関係が認められた（図 8.7）。この図の意味として，サトウキビは窒素を

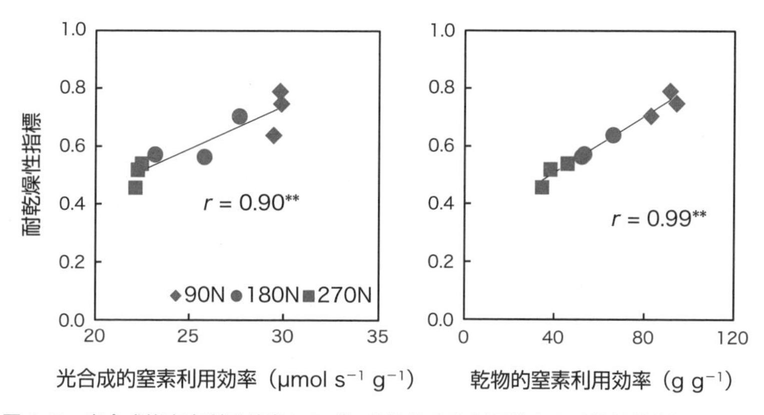

図 8.7　光合成的窒素利用効率ならびに乾物的窒素利用効率と耐乾燥性指標との関係

効率よく吸収し利用することで**乾燥耐性**を高めることができると考えられ，干ばつの影響を軽減する「スマート農業」要素技術の1つに窒素施肥と灌水をセットで実施する方法の検討が指摘された。

4）スマート灌漑の土壌水分センサー深度

スマート農業において極めて重要な要素に灌漑技術があるが，情報通信技術（information communication technology, **ICT**），モノのインターネット（internet of things, IoT）技術を活用し第3章，第6章で述べた作物生理に基づいた灌水方法をここでは「**スマート灌漑**」と定義する。そのスマート灌漑において重要な課題は，土壌水分センサー（time domain reflectometer, TDR）を土壌のどの深さに設置すれば，葉のガス交換速度の応答を正しく捉え，植物体の状態をより正確に評価できるか，である。その疑問に答えるため大型の**根箱**（root box）を製作し，5, 25, 50 cm 深に TDR センサーを，また，25 cm 深に **pF** センサーを設置してサトウキビを植え付けた[8.9)]（図 8.8）。移植後8カ月後に根箱への灌水を停止し，その後のガス交換速度の変化を計測し，また，再灌水して回復の様子も調べた（図 8.9）。灌水を停止すると 5, 25 cm 深は 50 cm 深に比べ**体積含水率**（volume water content, VWC）は先に減少し，再灌水後の回復も早かった。pF 値は 25 cm 深の VWC と同様の変化を示し，再灌水すると pF 2.0 に低下した。灌水停止後，ほぼ毎日同じ葉のガス交換速度を携帯型光合成・蒸散同時測定装置（Li-Cor, LI-6400XT）で測定した結果を図 8.10 に記載した．土壌 pF が 4.0 以上になると光合成速度，気孔コンダクタンス，蒸散速度はほぼゼロになり，再灌水すると翌日には灌水前の 60～80% まで回復した。このように，サトウキビの葉の気孔は土壌水分に敏感に反応し，蒸散による水の損失を最小限に抑え，**水利用効率**を高く維持していることが明らかになった．土壌水分センサーの設置深の影響を詳細に検討したところ，光合成速度のバラツキや土壌浸透速度などを総合的に判断し，25 cm 深が良好と判断された（図 8.11）。

5）1株当たりの1日の蒸散量

スマート灌漑において島嶼地域の限られた水資源を有効利用するためには，灌水量をあらか

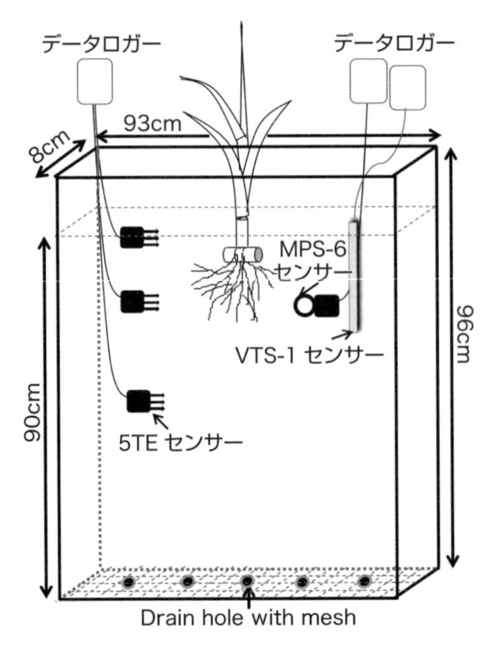

図 8.8　サトウキビ（C_4 植物）を長期間栽培した根箱（root box）のサイズと土壌水分センサーの設置箇所。体積含水率はデカゴン製の 5TE, pF は MPS-6 で専用のデータロガーを用いて計測した。地温の変化は VTS-1 センサー（ADS 社製）を用いて 1 cm 間隔で 30 cm 深のプロファイル（30 点）を計測した。

じめ決定しなければならない。そこで，サトウキビ 1 株が 1 日にどの程度の水分を葉からの蒸散で失うか実測した[10]（図 8.12）。**蒸散速度**の計測方法として，精密な電子天秤を用いて全重量（ポット ＋ 植物体）を 10 分間隔で計測し求める重量法がある。土壌表面からの蒸発を防ぐため，ポットをプラスチック製の袋で包装し，葉からの蒸散だけを捉える簡易な方法である（図 8.12）。ポット重量，土壌 pF，体積含水率の日変化も同時に計測され，水分ストレスの様子も捉えることが可能で，総合的に診断できる。また，全葉面積は検量線を作成して非破壊法で推定し，蒸散速度を葉面積ベースで表現したところ，ライカー社の携帯型光合成装置（LI-6400XT）で計測される個葉の蒸散値とほぼ同程度で，その日変化を葉の損傷なく長期間連続して捉えることができた。灌水を停止して水ストレスを与えると蒸散速度は著しく抑制され，途中に変動は認められるが，土壌 pF 4.0 付近ではほぼゼロになった（図 8.13）。十分な灌水条件下で計測された蒸散速度の変化は，日射量，**葉面飽差**（vapour pressure difference, VPD），相対湿度，および気温によって非線形式で近似できる[10]（図 8.14）。そこで，これら 4 パラメーターを説明変数にして重回帰モデルを作成し，蒸散速度を推定したところ，灌水条件下では高い精度で推定できた（図 8.15）。しかし，水ストレスが加わると推定値は実測値から外れるが，pF 値と蒸散速度との関係（図 8.13）を参考に補正したところ，ほぼ実測値と一致した（図 8.15 b, c）。以上より，微気象データと土壌 pF 値があればサトウキビ圃場の株当たりの蒸散量は推定され（図 8.15, 8.16），さらに，単位面積当たりの株数や葉面積指数（leaf area index, LAI）のデータを加えればサトウキビ圃場の蒸散量を簡易的に予測することは可能である。たとえば，南大東島の場合，10 アール当たり約 8,000 本の茎数があり，1 株当たり 600〜1,000 g の水を

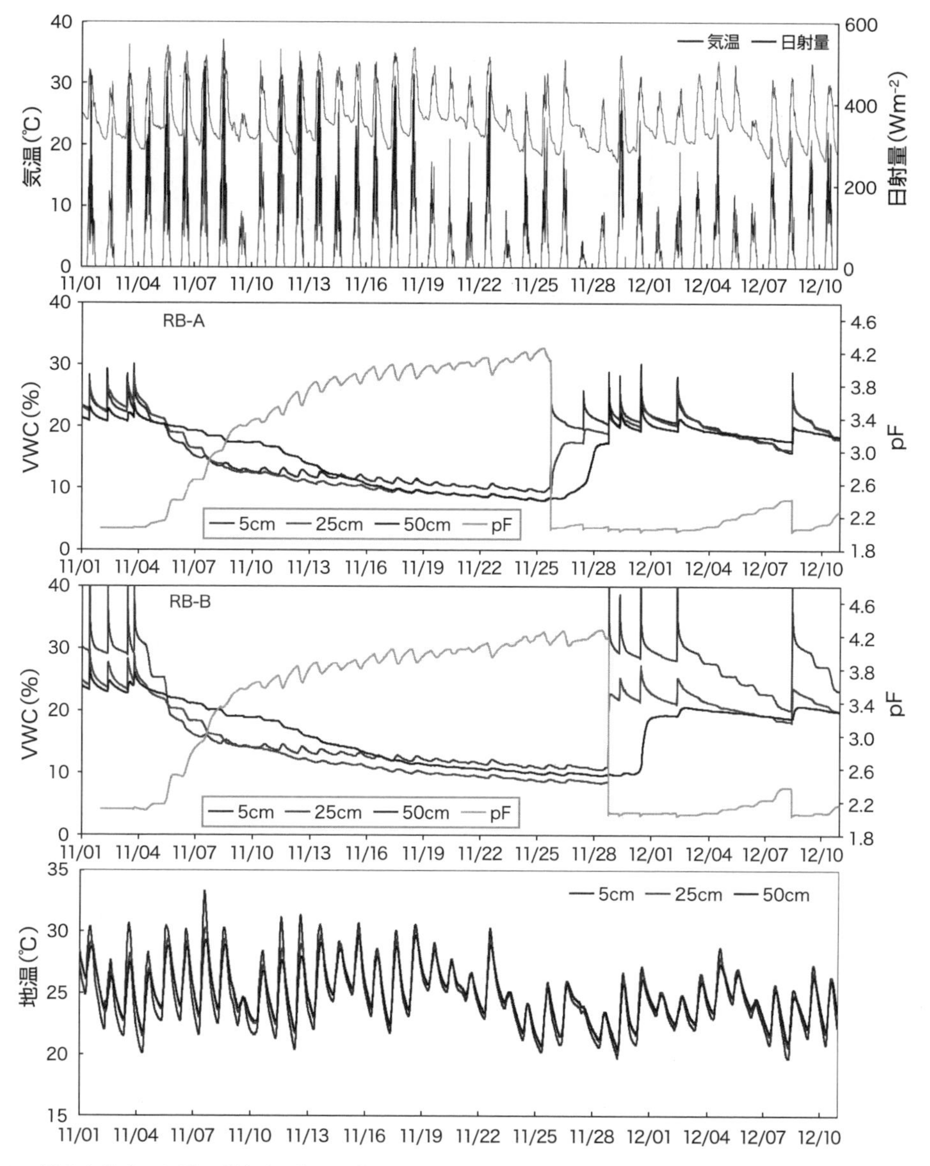

図 8.9　灌水を停止した際の微気象データ（気温，日射量）および根箱（root box：RB）の深さごとの体積含水率（VWC），20 cm 深の pF，および地温の経時変化。また，RB-A は 11 月 26 日に，RB-B は 11 月 29 日の夕方に再灌水を行った。
口絵 15 参照

葉から蒸散した場合，1 日に 4.8〜8.0 トンの水が失われる試算結果が得られた。これは，沖縄県の夏場の蒸発散量の 4.8〜8.0 mm に匹敵する（図 8.3, 8.4）。

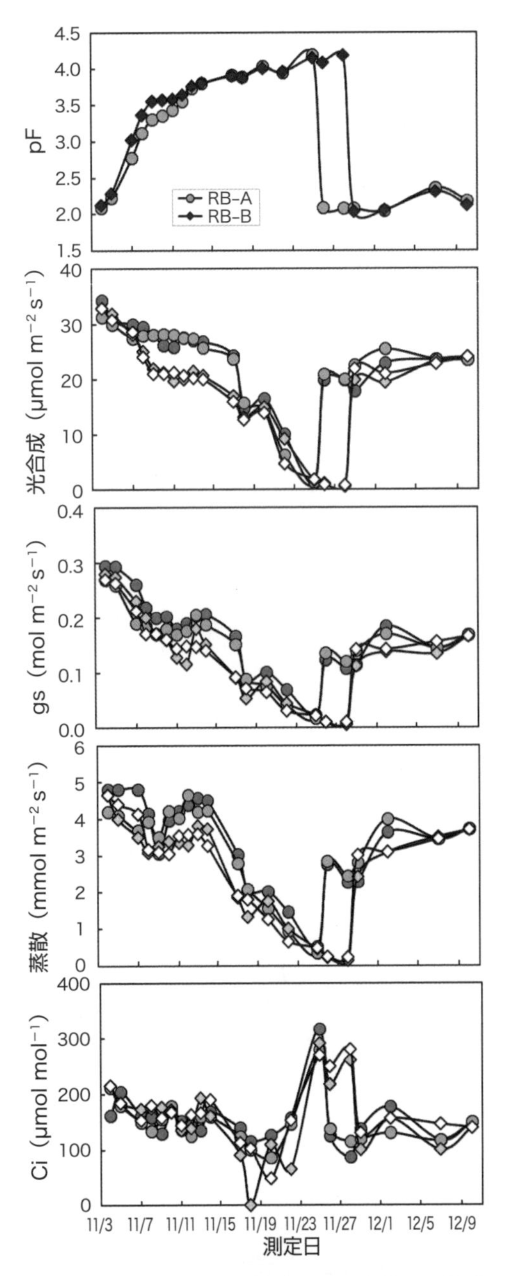

図 8.10　サトウキビを栽培している根箱への灌水停止後の土壌 pF，光合成速度，気孔コンダクタンス（gs），蒸散速度，葉内 CO_2 濃度（Ci）の経時変化。RB-A は 11 月 26 日に，RB-B は 11 月 29 日の夕方に再灌水を行い，それぞれの植物のガス交換速度の回復過程を観察した。

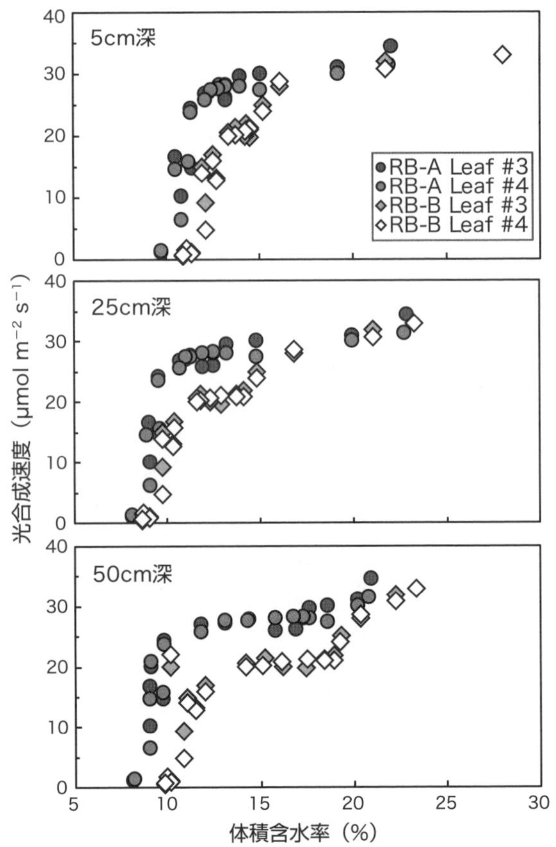

図 8.11　灌水停止後のサトウキビの光合成速度と深さごとの体積含水率との関係

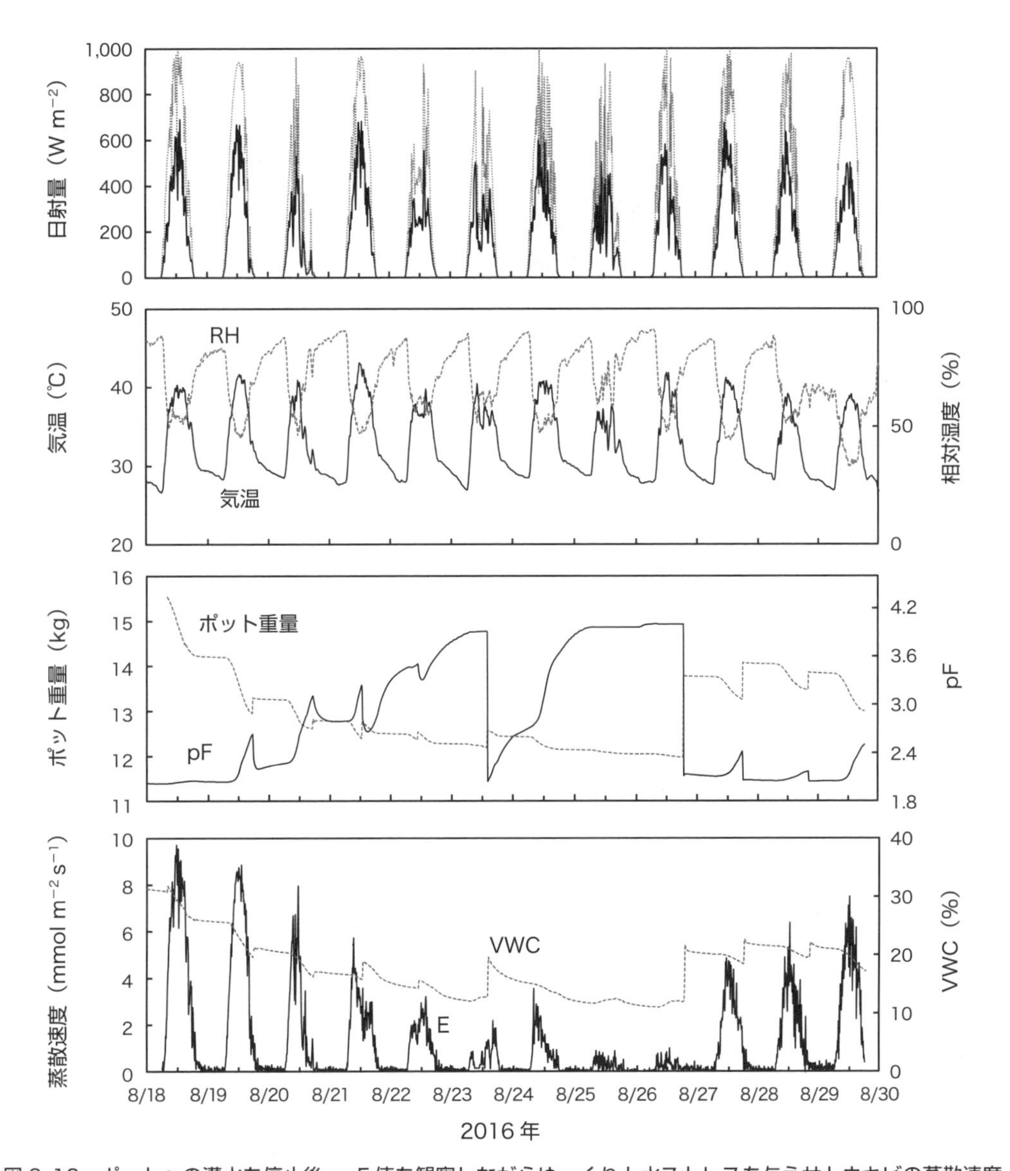

図 8.12　ポットへの灌水を停止後，pF 値を観察しながらゆっくりと水ストレスを与えサトウキビの蒸散速度の変化を調べた（2017 年 8 月 18 日〜30 日）。微気象データ（日射量，気温，相対湿度），ポット重量，pF, VWC も同時に計測した。pF, TDR センサーは表層から 15 cm の深度に設置した。また，屋外の日射量（破線）もプロットした。pF 値の上昇変化が著しい場合は，灌水を行い緩やかな変化に修正した。8 月 27 日には再灌水し，回復をみた。

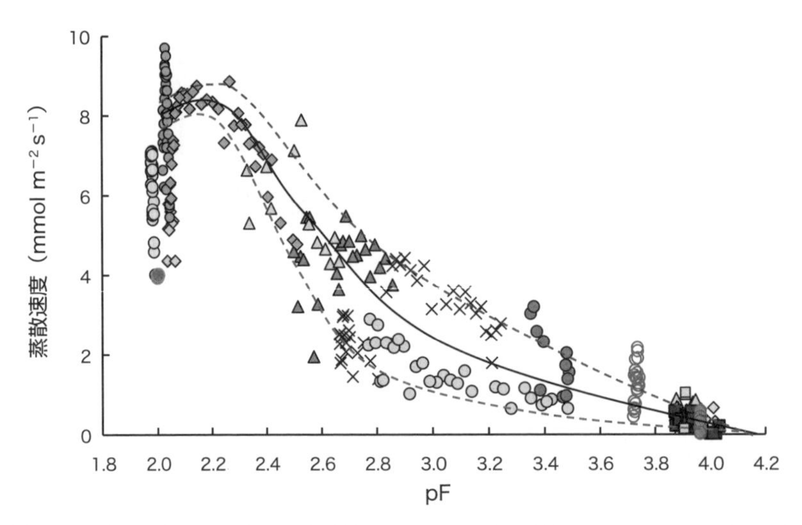

図 8.13　灌水停止に伴う土壌 pF の上昇と蒸散速度の低下の関係。蒸散速度は 10: 00～15: 00 の日射量が 300 W m^{-2} 以上のデータを対象にプロットした。図中の破線は上限と下限値を，実線は平均値である。

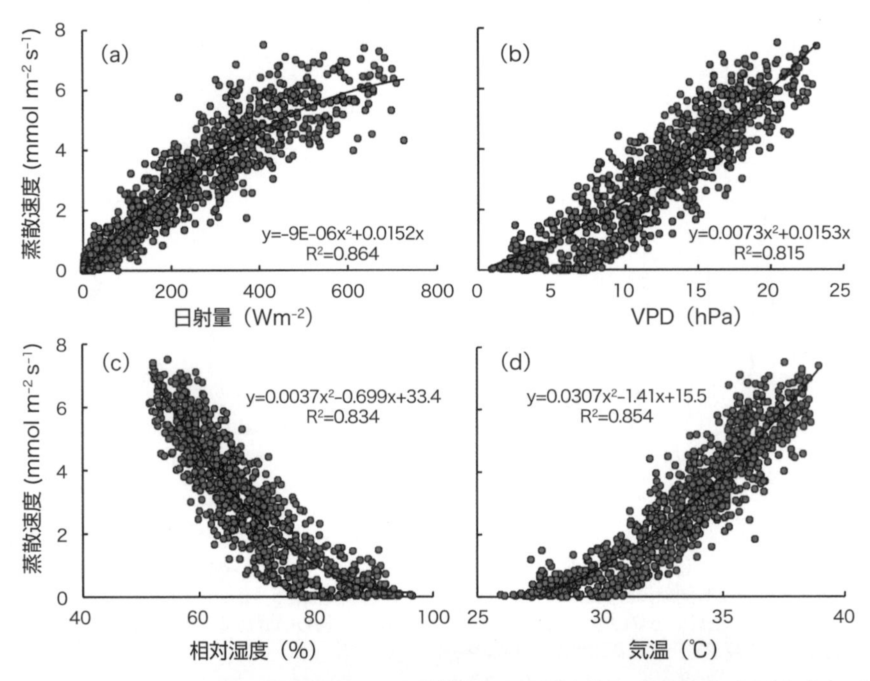

図 8.14　十分な灌水下のサトウキビの重量法による蒸散速度と日射量（a），葉面飽差（VPD）（b），相対湿度（c），および気温（d）との関係。蒸散速度は明期（6:00～18:00）の計測データを用い，近似線には決定係数の高い多項式を採用した。なお，蒸散速度と日射量および VPD と関係の近似線では，切片はゼロとした。

6）蒸散速度と光合成速度，蒸発散量と乾物重との関係

南大東島のサトウキビ圃場にて，2019 年 12 月～2020 年 12 月に携帯型光合成蒸散同時測定装置（Li-Cor, LI-6800）を用いて毎月計測した蒸散速度と光合成速度の関係は，各光強度で異なる飽和曲線となり，弱光下では非線形に，強光下ではほぼ直線で回帰される（図 8.17）。それぞ

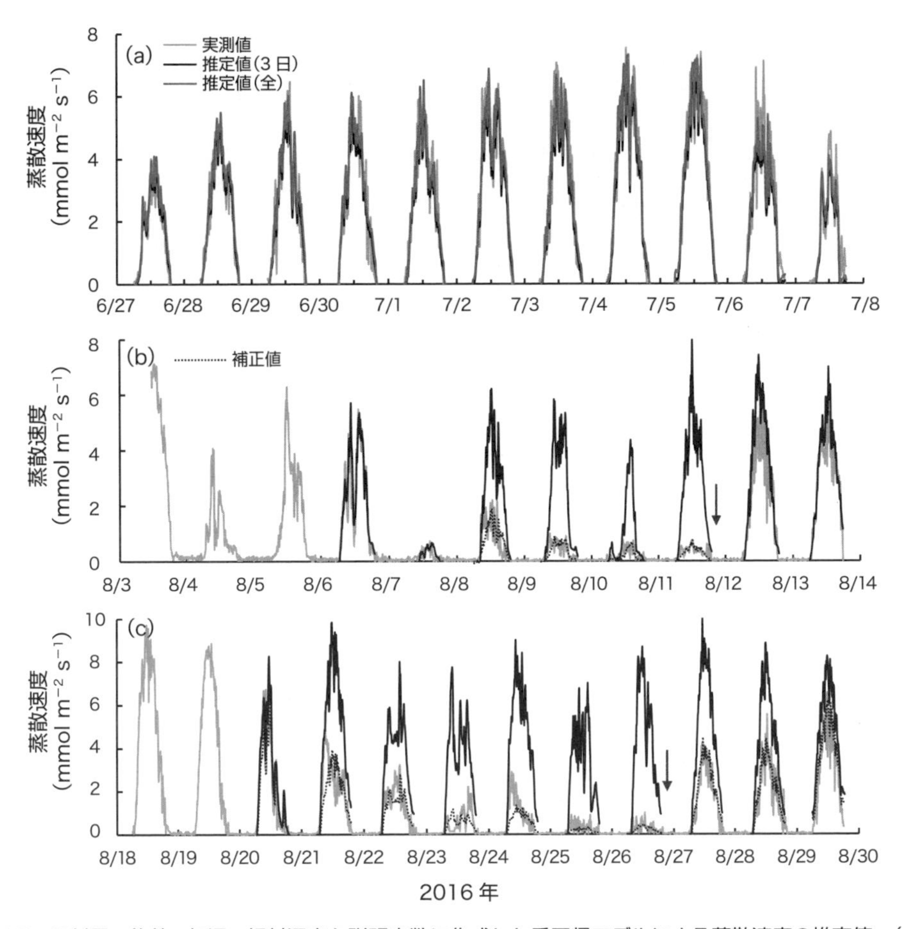

図 8.15　日射量，飽差，気温，相対湿度を説明変数に作成した重回帰モデルによる蒸散速度の推定値。(a) 開始 3 日間および全期間の実測データを基礎に作成したモデルによる推定。(b) 開始 3 日間の実測データを基礎にモデル作成し，6 日以降を推定した。(c) 開始 2 日間の実測データを基礎にモデル作成し，20 日以降を推定した。なお，グレーの線は蒸散速度の実測値である。図中の矢印は再灌水時間を示している。8 月 8 日～11 日，8 月 21 日～26 日の破線は，各 pF における蒸散速度の低下割合（図 8.13）を推定値に乗じて求めた。

れの光強度下で蒸散速度が変化した要因として，特に，気孔の開度に影響を与える水ストレスと葉面飽差が考えられる。

ところで，蒸散速度は微気象データと pF 値を用いて推定可能であり（図 8.15），その蒸散速度と光合成速度の関係式（図 8.17）から簡易的に圃場光合成速度も推定できる。光合成速度は作物の物質生産に著しい影響を与え，その結果として乾物重が決まる。サトウキビの植え付け時期を変更し，積算蒸発散量と地上部乾物重との関係を詳細に調べたところ，両者の間には有意な正の相関関係が認められた[11]（図 8.18）。この図の意味として，サトウキビの場合，葉の蒸散速度を含む蒸発散量の上昇は乾物生産を増大させ，蒸散速度は物質生産に対し極めて重要な要因であることを示唆している。まさに，スマート灌漑によって蒸発散量の増大を図れば，結果として光合成速度が増大し，サトウキビ収量は著しく増大すると考えられる。

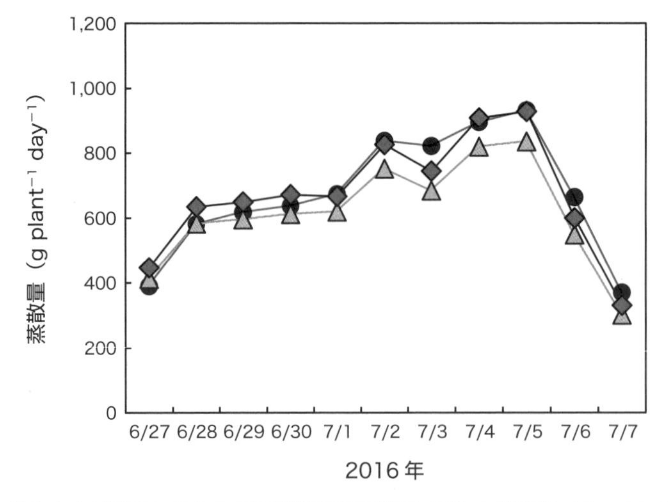

図 8.16　サトウキビ株当たりの 1 日の蒸散量の実測値（●）と推定値（△，◆）の経時変化
△：計測開始 3 日間の実測値で重回帰モデルを作成し，全期間を推定した。
◆：全測定期間の実測データを用いて重回帰モデルを作成し，全期間を推定した。

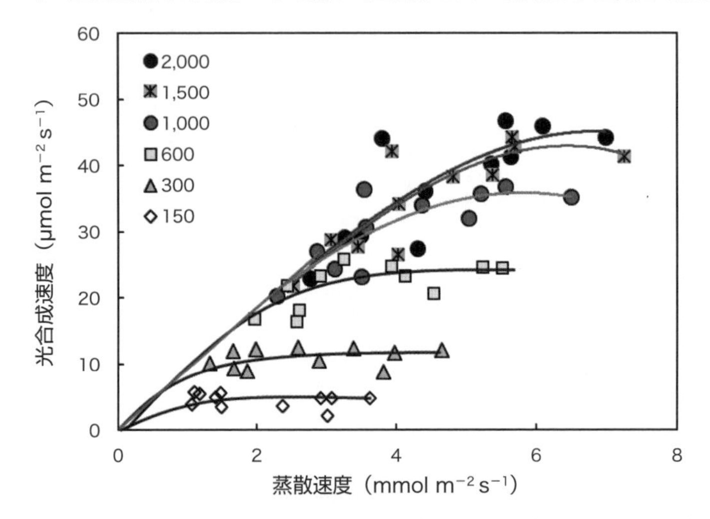

図 8.17　サトウキビの蒸散速度と光合成速度との関係（図 8.5 より作成）
図中の数字は光強度（PFD μmol $m^{-2}s^{-1}$）である。

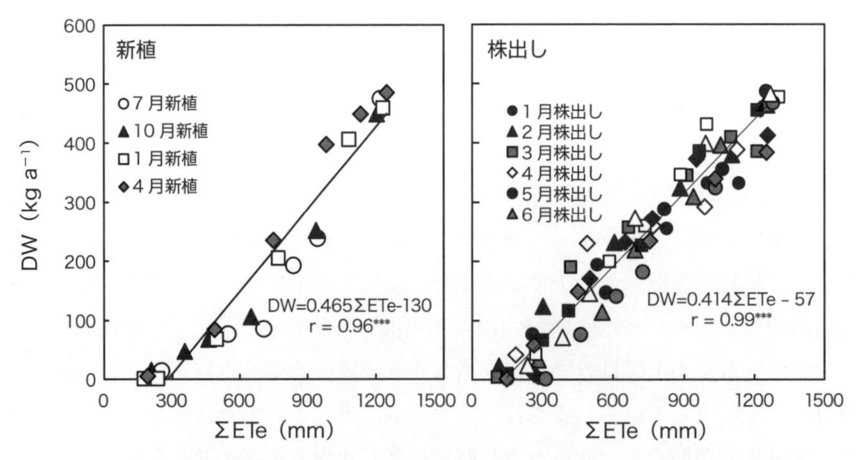

図 8.18　サトウキビにおける新植と株出し栽培した地上部乾物重（DW）に及ぼす積算蒸発散量（ΣETe）の影響[11]

8.2 サトウキビの生育情報に基づくスマート農業

8.2.1　背景

南大東村は，もともとサトウキビの機械化先進地域ではあるが，最近，高齢化による熟練オペレーター不足が深刻になり安定生産に影響が出始めており，早急な対応が模索されている。また，水資源に乏しく農家は節水型の点滴灌漑を実施してはいるものの，より適正な灌漑が必要とされている。さらに，経営規模が大きく，高齢化に伴って目が行き届かなくなり，適期作業や作業の質に問題が発生するなどの課題も生じている。そこで，南大東島のサトウキビ栽培に「スマート農業」を導入し以下の4課題の解決を試みた。

1）全球測位衛星システム（global navigation satellite system, GNSS）インフラの安定性・低コスト化の実証（南大東島全域でのGNSS自動操舵システム化）。
2）3栽培型（春植・夏植・株出し）の**GNSS自動操縦**による高精度・超省力栽培体系の確立。
3）生育データ・生育環境データおよび経営情報の高度活用。
4）生育データ・生育環境データに基づく精密自動灌水による収量確保・品質向上。

本プロジェクトの最終目標は，栽培管理や経営管理に活かす，情報システムとGPS（global positioning system）自動操縦技術によって，次世代のサトウキビ農業モデルとなるスマート農業技術を開発することにある。

具体的には，1）南大東村を21世紀中・後半につなぐサトウキビの安定生産システムを確立，2）南大東村以外の地域（沖縄県や鹿児島県）におけるスマート農業のけん引役として普及をサポート，3）サトウキビのスマート農業技術の開発・実証に関するプラットフォームとしての機能を果たす，4）急速に変化する世界のサトウキビ農業のトップランナーとして情報発信，などである。

8.2.2　全球測位衛星システム

サトウキビ栽培の機械化体系を新植えから株出しに至るまでの一連の流れを図8.19に記載した。サトウキビは水稲，ジャガイモ，小麦と異なり，植え付けて収穫まで12〜18カ月必要とし，植物体も3〜4 mと大型で，茎重は1〜2 kgに達する。栽培期間が長いとそれだけ肥培管理作業も増え（畝間120〜160 cm），また，植物体が巨大であり，ある時期を過ぎると農機による圃場内での作業が困難になる。したがって，11，12番目の作業が終了する9月以降は圃場へ入ることはできない。その後，12月〜3月頃まで製糖工場の操業に合わせて収穫作業も開始される。南大東島では収穫作業はすべてハーベスターで行い，手刈り作業は皆無に等しい。収穫が終了すると，即座に株出し管理作業が開始され，14〜19番の作業が終了すると7番の作業に戻る（図8.19）。

これら機械化作業体系で使用される機械のうち，GNSS自動操舵システムが備わった機械の種類を図8.20に載せた。GNSSシステムとしては，GNSS捕捉用アンテナ，固定基地局からの補正データ受信アンテナ，およびオートステアリングユニットから構成され，オペレーターは

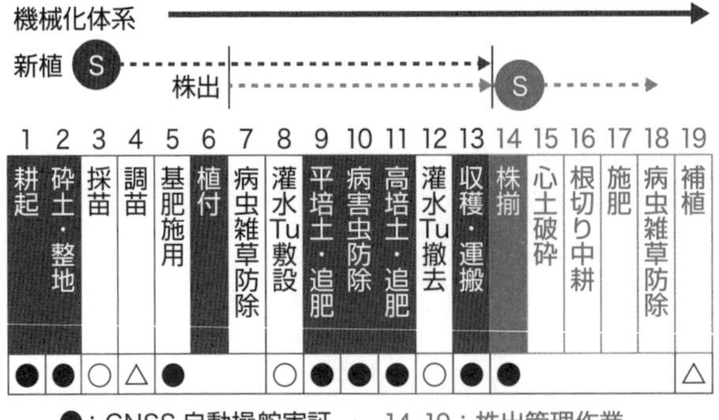

図 8. 19　南大東島のサトウキビ栽培における機械化作業体系。前作を収穫後 1～3 月に「春植え」のための耕起が開始し，その後様々な作業が行われる。S：スタート。

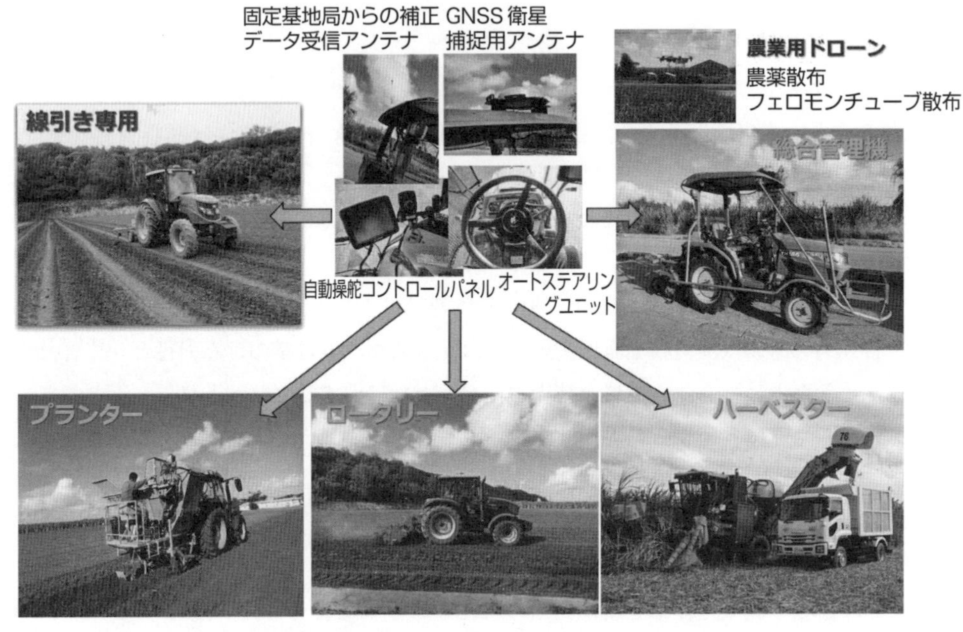

図 8. 20　GNSS 衛星および固定基地局からの GPS データを活用し，整地，植え付けから収穫，次の株出し管理まで一貫した体系を確立するスマート農業。固定基地局は南大東島全体をカバーできるように 4 カ所設置した。

自動操舵コントロールパネルを操作して作業を進める。サトウキビ栽培における作業は，まず，整地された圃場に「線引き」作業を行いながら GPS データを決定し，その後，「植え付け」，「中耕・培土・追肥」，「農薬散布」，「収穫」，「株出し管理」作業を同じ GPS データを活用して行われる（図 8.21）．農薬散布の頃までは圃場内部への農機の侵入は可能だが，台風が襲来するとサトウキビは様々な方向に倒伏し，畝の位置が不明となる。その後，収穫は植え付け時の同じ GPS データを用いてハーベスターで行う（図 8.21）。台風などによってサトウキビが倒伏し畝列を見失った場合でも，ハーベスターのオペレーターは目視による畝の確認なしに操縦でき，ベースカッター，トップカッター，アームの位置変更や，伴走車とのタイミングに集中で

図 8.21　サトウキビ栽培における GNSS 自動操舵技術搭載農機および関連作業

き，自動操舵システムは精神的なストレス解消にもなる。

ハーベスター収穫が終了すると，即座に株出し管理作業がスタートする（図 8.19，図 8.21）。また，ハーベスター収穫後は，収穫原料茎以外の部分（トラッシュ，フスマ）が圃場を覆い，畝列の位置判断は困難を極める。しかし，GPS 搭載の管理機（株揃い，心土破砕，根切り中耕）は，植え付け時の GPS データに基づいて，畝間を判断して耕起し，株を傷つけることはほとんどなく，農家の精神的負担が軽減でき，精神的なスマート化が期待できる。

8.2.3　微気象観測システム

作物生産にとって極めて重要な要素は，作物生理学を理解し，微気象情報から得られる栽培環境の改善を通じて作物生理機能を最大限に発揮させることにある。そこで，南大東島プロジェクトでは 9 地点にスマート農業用**微気象観測システム**を設置し，日射量，降水量，気温，湿度，風向，風速，気圧，CO_2 濃度を 10 分間隔で計測するシステムを開発した[10]（図 8.22）。また，圃場内には移動可能なサブポストを設置し，土壌 pF と地温を同時に計測できるしくみを開発した。サブポストは，スマート農機による管理作業やハーベスターによる収穫時には，一時的に撤去できる可搬式に設計してある。通信は携帯電話回線を経由してサーバーに繋がり，農家はリアルタイムで各ポストの微気象データと画像をチェックすることができる。特にサトウキビの収穫時期である 1 月～3 月は降雨が頻繁に生じるが，製糖工場と農家は降水量と土壌 pF をスマートフォンでチェックしながら，ハーベスターの収穫可能な圃場を決定し，オペレーターに知らせ，効率的な収穫作業が達成できる。

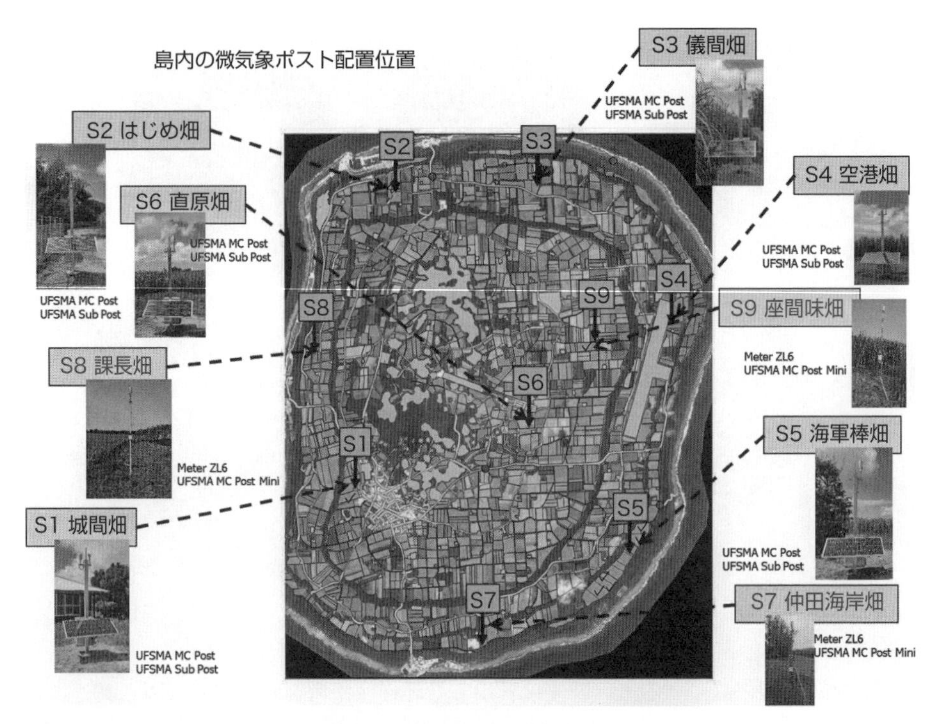

図 8.22　南大東島の 9 地点に設置したスマート農業用微気象観測システム
メインポストでは日射量，気温，風向，風速，湿度，気圧，雨量，CO_2 などを計測し，土壌水分（pF）と多点（30 点）温度センサーを有する移動可能なサブポストは圃場内（50 m 以内）に設置可能である。
口絵 17 参照

8.2.4　スマート灌漑システム

河川のない南大東島では，雨水を人工の貯水池に溜め，水利組合を結成して有効に管理利用している。生産者は，貯水池から各圃場の片隅に設置した貯水タンク（容量 80 トン）に分注し，その後，エンジンポンプを利用して**点滴**（ドリップチューブ）方式によってサトウキビの株元へ灌水する（図 8.23）。本プロジェクトでは，微気象観測装置のデータから蒸発散量を求めて干ばつ状態を感知し，さらに土壌 pF センサーの値が 3.5 に達した時点で農家へアラームを転送するシステムを構築した（図 8.23）。農家はその情報に基づき，スマートフォンによる**遠隔操作**エンジンポンプを起動させ，灌水を開始する。その後，pF 値が 2.0 に達した段階でエンジンを停止することができる（図 8.23）。毎年，農家の操作データが蓄積されると，自動設定にするだけでポンプの ON/OFF が自動操作される。

図 8.23　新しく開発したスマート灌漑システムの概略。微気象観測データ，土壌水分（pF），光合成データから灌水のタイミングを決定し，農家のスマートフォンに通知する。農家は様々なデータとダムの貯水量を参考に判断し，エンジンポンプを遠隔で操作し作動させる。

8.2.5　スマート農業は知恵農業

サトウキビ栽培におけるスマート農業技術の開発・実証内容の枠組みについてまとめた（図8.24）。サトウキビの根を食い荒らす害虫の**ハリガネムシ**を防除する方法として性フェロモン（雌の匂い）を利用して雄成虫を交信かく乱させ交尾の機会を低減させ，生息数を減少させる方法がある。本プロジェクトでは**ドローン**の新しい活用方法として，そのフェロモンチューブを1メートル長に切断し，海岸近くの絶壁や藪林への空中散布に利用している。

最も特徴的な部分としては，サトウキビに関する生産管理情報，生育環境情報，生育情報，作業データはすべて生産法人が運営する「GISベース営農支援システム」に蓄積され，現場オペレーターや農家への作業指示に活用され，農業データ連携基盤（通称WAGRI）へも情報を提供している点である。

スマート農業プロジェクトはサトウキビのほかにも現在，水田作，畑作，露地野菜，施設園芸，果樹，地域作物など，日本各地の様々な地域で実施されている。スマート農業の発展は農業の持続可能性の確保が第一の役割で，いずれの地域でも緊急性の高い事案である。人工知能（AI）やロボット等の先端技術がクローズアップされるため，農家には手の届きにくいイメージが強い。その中にあって，本章で取り上げたサトウキビのスマート農業の例からその輪郭，および，技術面を大まかに把握できたと思われる。スマート農機具はそれぞれの地域や対象作物によって利用形態が異なるため，創意工夫を重ねていくことがスマート農業の成功の秘訣と考えられる。農家および本書の読者は，離島や農村・地域を護り，若者に夢を与えるカッコい

図 8. 24　サトウキビスマート農業技術の開発・実証内容の枠組み

い・スマートな農業「知恵を結集した農業」を育てていく努力が求められる。

参考図書・文献

1）農研機構ホームページ　https://www.naro.go.jp/smart-nogyo/index.html

2）Kortschack, H. P., Hartt, C. C. E., Burr, G. O. (1965), *Plant Physiology*, **40**, 209-213.

3）Hatch, M. D., Slack, C. R. (1966), *Biochemical Journal*, **101**, 103-111.

4）農業産業振興機構（alic）ホームページ　https://sugar.alic.go.jp/world/data/wd_data.htm

5）川満芳信（2004），南方資源利用技術研究会誌，**20**（1），29-34.

6）川満芳信・比屋根真一 他（1994），琉球大学農学部学術報告，**41**，127-137.

7）Hoang, D. T., Takaragawa, H. *et al.* (2018), *Plant Production Science*, DOI 10.1080/1343943X.2018.1540277.

8）Hoang, D. T, Watanabe, K. *et al.* (2019), *Sugar Tech*, DOI: 10.1007/s12355-019-00735-8.　http://link.springer.com/article/10.1007/s12355-019-00735-8

9）Nakabaru, M., Hoang, D. T, *et al.* (2019), *Plant Production Science*, DOI: 10.1080/1343943X.2020.1730699.　https://doi.org/10.1080/1343943X.2020.1730699

10）川満芳信・中原麻衣 他（2019），熱帯農業研究．13（1），8-19.
11）比屋根真一・寺島義文他（2021），熱帯農業研究．印刷中
12）宮里清松（1986），『サトウキビの栽培』，pp. 364，日本分蜜糖業会.
13）大城正市（1995），日本熱帯農業学会第 78 回講演会シンポジウム要旨集.

索　引

【き】

【く】

【け】

【こ】

【さ】

【し】

【編著者紹介】

川満芳信（かわみつ よしのぶ） 8 章

略　歴　1987 年 九州大学大学院農学研究科農学専攻博士課程 単位取得退学

現　在　琉球大学農学部 教授，博士（農学）

専　門　熱帯作物学，作物生理学

実岡寛文（さねおか ひろふみ） 5 章

略　歴　1980 年 広島大学大学院農学研究科畜産学専攻修士課程修了

現　在　広島大学大学院統合生命科学研究科・生物生産学部 教授，博士（農学）

専　門　土壌肥料学，草地学

【著者紹介】

東江　栄（あがりえ さかえ） 6 章

略　歴　1994 年 九州大学大学院農学研究科農学専攻博士課程修了

現　在　九州大学大学院農学研究院・農学部 教授，博士（農学）

専　門　植物生産生理学

上田晃弘（うえだ あきひろ） 3 章，5 章

略　歴　2002 年 名古屋大学大学院生命農学研究科生物情報制御専攻博士課程修了

現　在　広島大学大学院統合生命科学研究科・生物生産学部 准教授，博士（農学）

専　門　植物分子生理学，植物栄養学

菊田真由実（きくた まゆみ） 4 章

略　歴　2016 年 名古屋大学大学院生命農学研究科生命技術科学専攻博士後期課程修了

現　在　広島大学大学院統合生命科学研究科・生物生産学部 助教，博士（農学）

専　門　作物栽培学

齋藤和幸（さいとう かずゆき） 7 章

略　歴　1989 年 九州大学大学院農学研究科農学専攻博士後期課程 単位取得退学

現　在　九州大学大学院農学研究院・農学部 准教授，博士（農学）

専　門　植物生産生理学

諏訪竜一（すわ りゅういち） 1章

略　歴　2006年 広島大学大学院生物圏科学研究科環境制御学専攻博士課程修了

現　在　琉球大学農学部 准教授，博士（農学）

専　門　作物学

冨永るみ（とみなが るみ） 2章

略　歴　1996年 広島大学大学院生物圏科学研究科生物機能科学専攻博士課程修了

2001年 京都大学大学院農学研究科森林科学専攻博士課程修了

現　在　広島大学大学院統合生命科学研究科・生物生産学部 教授，博士（学術）・博士（農学）

専　門　植物分子生物学

長岡俊徳（ながおか としのり） 4章

略　歴　1987年 北海道大学大学院農学研究科農芸化学専攻修士課程修了

現　在　広島大学大学院統合生命科学研究科・生物生産学部 准教授，博士（農学）

専　門　土壌肥料学

植物バイオサイエンス

Plant Bioscience

2021 年 11 月 25 日　初版 1 刷発行

検印廃止
NDC 471.3, 471.4, 613.3

ISBN 978-4-320-05832-3

編著者　川満芳信・実岡寛文　

著　者　東江　栄・上田晃弘・菊田真由実
齋藤和幸・諏訪竜一・冨永るみ
長岡俊徳

発行者　南條光章

発行所　**共立出版株式会社**

〒112-0006
東京都文京区小日向 4-6-19
電話　(03)3947-2511（代表）
振替口座　00110-2-57035
URL　www.kyoritsu-pub.co.jp

印　刷　精興社

製　本　協栄製本

一般社団法人
自然科学書協会
会員

Printed in Japan